林业产业的生态安全效率及其影响因素研究

吴远征 / 著

中国矿业大学出版社
· 徐州 ·

图书在版编目(CIP)数据

林业产业的生态安全效率及其影响因素研究 / 吴远征著. —徐州:中国矿业大学出版社,2023.12

ISBN 978 - 7 - 5646 - 6035 - 2

Ⅰ. ①林… Ⅱ. ①吴… Ⅲ. ①林业—生态安全—研究 Ⅳ. ①S718.5

中国国家版本馆 CIP 数据核字(2023)第 206180 号

书　　名 林业产业的生态安全效率及其影响因素研究
著　　者 吴远征
责任编辑 万士才
责任校对 石梦寒
出版发行 中国矿业大学出版社有限责任公司
(江苏省徐州市解放南路　邮编 221008)
营销热线 (0516)83885370　83884103
出版服务 (0516)83995789　83884920
网　　址 http://www.cumtp.com　**E-mail**:cumtpvip@cumtp.com
印　　刷 江苏淮阴新华印务有限公司
开　　本 787 mm×1092 mm　1/16　**印张** 15.25　**字数** 316 千字
版次印次 2023 年 12 月第 1 版　2023 年 12 月第 1 次印刷
定　　价 48.00 元
(图书出现印装质量问题,本社负责调换)

作者简介

吴远征，1983 年生，男，山东泰安人，管理学博士，金陵科技学院商学院副教授。研究方向为区域产业生态、企业管理工程。主持省、市级教学、科研项目 9 项，参与国家自然科学基金项目 2 项、江苏省科技支撑计划重点项目 1 项。出版学术著作 3 部、教材 1 部，发表学术论文 20 余篇。荣获省级教学成果奖二等奖 1 项、省级教育研究成果奖二等奖 1 项。

前　言

生态安全在经济发展和资源环境的合理利用中起着至关重要的作用。党的十八大以来，我国从新的历史高度出发，做出了大力推进生态文明建设的战略决策。生态文明建设得到了高度重视，一系列重大决策和部署的出台，推动了生态文明建设取得重大进展和积极成效。森林作为陆地生态环境的主体，其生态特征决定了林业生态安全在国家或地区生态安全中具有首要和基础性的独特地位。生态安全的建设与林业产业的健康发展密不可分。林业生态安全的理论体系及林业产业的发展现状，是建立林业生态系统（自然生态系统）和林业产业系统（社会经济系统）复合系统的基础。林业产业-生态的协调发展（即生态与产业的关系安全），进一步提升了林业产业发展水平和林业生态安全，是现阶段加快经济发展方式转变的主要方向。

本研究以林业产业-生态复合系统为研究对象，立足于林业产业与生态共生关系的安全性，借鉴协同发展理论的核心理念，采用数据包络分析（Data Envelopment Analysis，DEA）模型来定量评估林业产业结构对生态安全提升的效率。本研究在对比分析传统 DEA 模型的基础上，充分考虑了复合系统中投入与产出指标的松弛性问题，并选择基于松弛变量的 DEA 模型（Slacks-based-Measure，SBM）来对林业产业的生态安全效率进行静态分析。依据 DEA 模型指标选择的标准，结合现有理论研究，本研究确定了四项投入指标：林业产业经济效益、林业产业高级化指数、营林投资占比、林产工业污染治理投资；两项产出指标：森林空气质量提升贡献和林产工业单位 GDP 废水排放量，以进行静态截面数据分析。数据来源于 2005—2014 年间我国 30 多个省级行政区的投入与产出数据。通过对 SBM 模型计算结果的深入分析，包括整体性分析、区域比较分析以及综合效率值聚类分析，本研究将我国 30 多个省级行政区划分为不同的生态安全效率区域：效率安全区、技术效率主导的效率双高区、规模效率主导的低水平发展区以及技术效率与规模效率双低区。

同时，基于Malmquist指数及其分解计算公式，从效率变化、技术效率和技术进步三个方面分析了林业产业生态安全效率的时序演进过程和区域差异。分析结果表明：① 我国林业产业生态安全效率的Malmquist指数波动较大，地区差异显著；② 我国林业产业生态安全效率的提升主要依赖于技术效率的提高；③ 技术进步指数偏低，技术进步不足成为制约我国林业产业与林业生态协调发展的关键因素。

静态SBM模型和动态Malmquist指数仅对林业产业结构-林业生态安全复合系统内部的投入和产出指标进行了效率测量，未考虑系统外部相关因素的影响。本研究借助PSR模型，从复合系统所处的外部环境对林业产业结构-林业生态安全复合系统所产生的经济发展压力(P)、资源环境的质量与状态(S)以及人类面对环境问题所采取的改进措施(R)等角度选取影响因素作为解释变量。对综合效率值、纯技术效率值和规模效率值等被解释变量，根据其值域限定在[0,1]之间的截尾数据特点，选取Tobit模型进行回归分析。这样，在后续分析林业产业结构优化及林业生态安全提升对策时，能够更加有针对性地考虑外部系统的影响与改进对策。

最后，从林业产业结构优化调整与林业生态安全水平提升两者协调发展的角度出发，借助多维动态创新模型，构建了涵盖目标驱动、影响要素和参与主体的多层对策体系。该体系从政府宏观调控、产业中观规范、企业微观参与提升的角度对影响因素进行系统分析，以期实现林业产业系统和林业生态系统之间的协同发展：① 促进林业科技创新水平和林业产业技术效率提升，实现林业生态资源消耗的持续减量化；② 优化林业产业结构，促进林业产业集聚，实现林业产业规模化效益；③ 推动林业产业和林业生态安全的区域协调发展能力；④ 加大森林资源建设资金投入和财税扶持政策，以调节林业产业发展，保护林业生态安全；⑤ 强化林业产业生态安全建设的一体化和可持续发展。

本书是在作者博士学位论文的基础上深入修改和完善而成，得到了南京林业大学经济管理学院张智光教授的悉心指导。本书的研究过程得到了教育部人文社会科学研究一般项目(青年基金)“长江经济带产业生态安全效率的时空演化趋势与影响机理研究”(22YJC630161)、江苏高校哲学社会科学研究重大项目“长三角地区产业生态安全效率的演化趋势与影响机理研究”(2022SJZD016)、国家自然科学基金“生态文明的阈值和水平双指数测度方法”(71673136)等项目的资助。此外，本书的顺利出版还得到了金陵科技学院商学院“十四五”江苏省重点学科工商管理学科的资助，在此表示衷心的感谢。

鉴于作者的专业学识和理论功底尚有不足，尽管在写作过程中查阅了大量文献并到部分地区、企业进行了实地调研，但研究内容仍存在诸多不足之处。许多问题需要进一步深入探讨，希望各位专家、学者和同行对本书的不足之处提出宝贵的意见和建议。我将以本书为新的起点，重新出发，与国内外同行学者相互学习交流，以期取得更好、更有意义的理论和实践研究成果。

吴远征
二〇二三年十月

目 录

1

绪　论

1.1 研究背景和意义

1.1.1 研究背景

党的十八大以来，以习近平同志为核心的党中央高度重视生态文明建设，将其纳入中国特色社会主义事业"五位一体"总体布局，提出了一系列新理念、新思想和新战略，形成了习近平生态文明思想。党的十九大报告指出："必须树立和践行绿水青山就是金山银山的理念，坚持节约资源和保护环境的基本国策，像对待生命一样对待生态环境，统筹山水林田湖草系统治理，实行最严格的生态环境保护制度，形成绿色发展方式和生活方式，坚定走生产发展、生活富裕、生态良好的文明发展道路，建设美丽中国，为人民创造良好生产生活环境，为全球生态安全作出贡献。"这为我国加强生态文明建设和生态环境保护指明了方向和目标。

林业作为重要的自然资源和战略性产业，是实现国家生态安全、维护国家安全、促进经济社会可持续发展的重要支撑。林业产业包括林木种植、木材加工、森林旅游、森林碳汇等多个子产业，具有多功能性、多效益性和多层次性。林业产业不仅可以提供木材、食品、药品等物质产品，还可以提供水源涵养、气候调节、土壤保持、生物多样性保护等生态服务。同时，林业产业也是农村经济发展和农民增收致富的重要途径。

然而，我国林业产业发展过程中也面临一些问题和挑战。例如，林地面积不足、森林资源结构不合理、森林质量不高等问题制约了林业产业的可持续发展；过度开发利用森林资源、破坏森林生态系统功能、造成森林退化和土地荒漠化等问题威胁了国家生态安全；缺乏科学合理的评价体系、监测手段和政策激励机制等问题影响了林业产业与生态环境之间的协调发展。因此，在当前实现生态文明建设的目标下，如何实现林业产业与生态安全之间的共生关系，如何评价林业产业对国家生态安全的贡献和影响，是亟待探讨的重要问题。

随着全球气候变化、环境污染、资源紧缺等问题的日益突出，各国对生态安全的重视程度不断提高。生态安全是人类社会可持续发展的重要保障，也是全球治理的重要内容。随着全球化进程的加快，气候变化、生物多样性丧失、环境污染等地球危机日益加剧，给人类社会带来了严重的生态风险和挑战。为应对气候变化和保护生态环境，国际社会已经达成了一系列具有法律效力或政治影响力的全球协议和行动计划。例如，《联合国气候变化框架公约》《京都议定书》《巴黎协定》等旨在减少温室气体排放，控制全球气候变暖；《联合国生物多样性公约》《名古屋议定书》等旨在保护和恢复生物多样性，防止物种灭绝；《斯德哥尔摩公约》《巴塞尔公约》等将保护和恢复森林生态系统作为实现生物多样性战略目标的重要途径。联合国《2030年可持续发展议程》将保护地球生命支持系统作为可持续发展目标之一，并强调要促进森林可持续管理。这些国际协议和倡议反映了全球对生态安全问题的关注和解决生态安全问题的紧迫性。同时，一些发达国家在生态安全建设方面也采取了一些可供借鉴的措施，如建立健全的森林法律法规体系，制订科学合理的森林管理计划，实施森林认证制度，推动森林可持续管理；建立完善的森林生态补偿机制，激励森林经营者提供公益性的森林生态服务；加强森林科技创新，提高森林资源利用效率，发展绿色低碳的林业产业；加强国际合作，支持发展中国家开展减排、适应、减灾等方面的工作(Agrawala & Van Aalst,2008)。这些措施对本研究有一定的指导意义，可以为我国林业产业和生态安全之间的共生关系提供一些借鉴和启示。

生态安全是一个国家乃至人类本身安全的重中之重，它为社会的发展、经济的繁荣、自然的平衡提供重要保障。检验一个国家或地区生态是否安全的标准是当地的自然环境状况是否能够满足其经济和社会可持续发展需求。如果能够满足，则当地的生态环境是安全的；否则，就是不安全的。生态安全问题与森林息息相关，主要因为在陆地生态环境中，森林是主体。森林作为陆地上面积最广、构成最复杂、生物种类最为丰富、功能最为强大的自然生态系统，具有防风固沙、减少水土流失、调节气候、促进水循环、净化空气、天然氧吧、保护生物多样性和保护地球物种等多种优势，是一个国家不可或缺的战略资源。因此，一个国家或地区的安全取决于最基本和最重要的林业生态安全的保障。

生态安全的建设与林业产业的健康发展密不可分。了解林业生态安全的理论体系及林业产业的发展状况，建立林业生态系统(自然生态系统)与林业产业系统(社会经济系统)的复合系统，使林业产业与生态(产业-生态安全关系)协调发展，进而实现林业产业生态的协调发展，是现阶段加快经济发展方式转变的主攻方向。因此，在当前实现生态文明建设的目标下，林业生态安全的建设与林业产业的优化升级及两者之间的协调发展是一个亟待探讨的重要问题。

1.1.2 研究意义

生态安全是实现人类社会可持续发展的关键保障，同时在全球治理体系中占据着举足轻重的地位。近年来，我国政府高度重视生态环境的建设与发展，坚持在推动社会发展的同时，同步保护和改善生态环境。在这一进程中，林业作为地球生物圈系统中不可或缺的重要组成部分,其发展状况对生态环境的优化和环境问题的解决具有决定性影响。林业不仅在物质生产方面发挥着重要作用,而且在环境改善、生态多样性维护等方面也扮演着关键角色。从本质上讲,发展林业是改善生态环境、解决环境问题的根本途径。因此,深入分析林业生态安全与林业产业之间的关联,对于提升国家生态安全、解决生态环境改善与林业产业健康发展之间的矛盾、丰富可持续发展理论的内涵,以及培养公众生态与产业协调发展的意识,均具有深远的现实意义和理论价值。

在现实实践方面,开展林业产业的生态安全效率及其影响因素研究,有助于提高我国林业产业的发展水平和质量,促进林业产业与生态环境的协调发展,为实现生态文明建设和绿色发展提供支撑。具体表现在以下几个方面:

(1) 有助于评价林业产业对林业生态系统的影响,找出存在的问题和不足,提出改进措施和建议。通过测算各地区的林业产业生态安全效率,可以反映出林业产业在实现经济效益的同时,对森林生态系统的保护和服务功能的贡献程度。通过分析影响林业产业生态安全效率的因素,可以找出制约和促进林业产业与生态安全协调发展的内外部因素,如资源禀赋、政策支持、技术创新、市场需求、环境压力等。通过对比不同地区的林业产业生态安全效率和影响因素,可以发现各地区在林业产业与生态安全之间的差异和优劣,为制定针对性的政策和措施提供依据。

(2) 有助于优化调整林业产业结构,提高林业产业的附加值和核心竞争力,促进林业产业的转型升级和绿色发展。通过研究林业产业结构对林业产业生态安全效率的影响,可以找出不同类型和层次的林业产品对森林生态系统的利用效率和影响程度,为优化调整林业产业结构提供参考。借鉴国内外先进的经验和模式,可以探索适合我国国情的林业产业发展路径,如发展循环经济、绿色经济、低碳经济等,为提高林业产业的附加值和核心竞争力提供支持。

(3) 有助于增强森林生态系统的稳定性和抵御风险的能力,提高森林碳汇潜力和生态服务功能,为实现国家碳达峰碳中和目标作出贡献。通过研究森林生态系统对林业产业生态安全效率的影响,可以反映出森林资源量、质量、结构、分布等对林业产业发展的支撑作用,为合理利用和保护森林资源提供依据。采取有效措施,如增加森林蓄积量和覆盖率,提高森林质量和碳汇能力,防治森林火灾、病虫害、入侵物种等自然灾害和人为干扰,可以增强森林生态系统的稳定性和抵御风险的能力。完善森林生态服务功能的评估和激励机制,可以促进森林经营者提供公益性的森林生态服务,为社会和经济发展创造更多价值。

在理论研究方面,开展林业产业生态安全效率及其影响因素的研究,有助于丰富和完善林业产业理论、生态安全理论、生态经济理论等相关学科的理论体系,为构建林业产业与生态安全之间的共生关系提供理论指导和方法支持。具体表现在以下几个方面:

(1) 为林业产业的可持续发展提供理论支撑和实践指导。林业产业的生态安全效率不仅反映了林业产业的经济、社会和环境绩效，也反映了林业产业与生态系统之间的协调度和协同度。研究林业产业的生态安全效率及其影响因素，可以从动态、综合、系统的视角，揭示林业产业的发展规律和演变趋势，分析林业产业的优势和劣势，评价林业产业的机遇和挑战，提出林业产业的目标和策略，构建林业产业的评价和监管体系，促进林业产业的创新和转型，实现林业产业的高质量发展。

(2) 为生态安全的保障和提升提供理论框架和方法工具。生态安全与国防、军事安全和经济安全同等重要。生态安全是国防军事安全、经济安全和政治安全的基础和载体，而国防军事安全、经济安全和政治安全则是建立生态安全的条件和保障(盛辉，2017)。对林业生态安全效率及其影响因素进行研究，可以从多层次、多维度、多要素、多机制、多路径的角度，分析林业产业与生态安全之间的相互作用和相互影响，评价林业产业对生态安全的贡献和消耗，识别林业产业面临的生态安全风险和问题，提出林业产业应对的生态安全目标和措施，构建林业产业与生态安全之间的协调发展模式。

(3) 为生态经济的理论创新和实践探索提供理论参考和案例借鉴。生态经济是以自然资源为基础，以环境质量为约束，以生物多样性为保障，以气候变化为背景，以循环经济、低碳经济、绿色经济等为路径，以经济效益、社会效益、环境效益等为目标，以制度创新、技术创新、模式创新等为手段，以人与自然和谐共处为愿景的一种经济形式。研究林业产业生态安全效率，可以从自然科学、社会科学、系统科学等不同学科视角(Haquem，2000；Kullenberg，2002；Jansen，2003)，分析林业产业在生态经济中的地位和作用，评价林业产业在生态经济中的绩效和效果，探索林业产业在生态经济中的创新和突破，构建林业产业与生态经济之间的互动发展关系。

1.2 国内外相关研究综述

1.2.1 生态安全研究

1.2.1.1 国外的研究

自20世纪50年代起,经济发展与生态环境问题之间的关系便受到广泛关注与深入研究。美国著名环境经济学家库兹涅茨对人均收入高低和分配公正与否的关系展开研究,得出了收入不平等现象呈U型曲线的结论,即随着经济增长,收入不均现象先升后降。相应地,当一个国家经济发展水平较低时,这个国家的环境污染通常较轻。环境污染程度会随人均收入的增加而加剧,而当经济发展到达某个临界点(或称"拐点")后,环境污染程度又会随着人均收入的进一步增加而降低,此现象被称为环境库兹涅茨曲线。由此可见,经济发展导致的污染与生态环境治理之间的关系探讨愈发受到重视(巨乃岐,1997)。

自1960年以来,世界各国及国际组织都开始广泛关注生态环境问题。西方国家广泛认可的是以"环境保护与经济发展之间取得合理平衡"为基本理念的可持续发展理论(齐建辉,2005),该理论由挪威前首相布伦特夫人和巴信尔等人率先提出。罗马俱乐部在1972年发表的《增长的极限》研究报告中,最先向世界正式发出警告:"如果世界人口、工业化、污染、粮食生产和资源消耗的趋势照现有程度继续下去,在不久的将来就会达到地球的增长极限"(潘存德,1994)。

1987年,联合国世界环境与发展委员会发布了具有里程碑意义的报告《我们共同的未来》,该报告在国际上引发了对环境安全问题的广泛关注。该报告首次提出了"环境安全"这一概念,强调了生态压力对经济发展与安全性的紧迫和重大影响,标志着对传统经济发展模式的重新审视。报告指出,环境安全问题在国家安全的定义中扮演着不可忽视的角色,与国家主权、政治和军事威胁同等重要(Bohle,2001)。环境污染事故的日益增多促使联合国环境规划署于1988年提出了"阿佩尔(APELL)计划",旨在提高对区域性突发事件的防范和准备意识。美国耶鲁大学历史系教授保罗·肯尼迪(Paul Kennedy)在其著作《大国的兴衰》中强调,21世纪的国家安全不再局限于传统意义上的军事和国防安全,而是扩展到了国家经济与环境安全的新维度。1989年,国际应用系统分析研究所首次引入了“生态安全”的概念,并提出了建立全球生态安全监测体系的构想(任志远,2003)。

自1990年以来,生态安全研究领域取得了显著进展,主要集中在生态安全概念的界定及其与国家安全、民族问题、军事战略、可持续发展和全球化的相互关系等方面。1990年,响应1989年七国集团首脑会议的倡议,经济合作与发展组织(OECD)首次构建了以“压力-状态-响应”(pressure-state-response,PSR)为模型的概念框架。该框架旨在评估生态环境所承受的压力,预测这些压力对生态环境的潜在影响,以及社会对这些影响的可能反应。同年,OECD启动了生态环境指标研究项目,旨在为环境政策制定提供科学依据(Benites & Tschirley,1997)。1992年,在巴西里约热内卢举行的联合国环境与发展大会(UNCED)通过了具有划时代意义的《里约宣言》和《21世纪议程》,明确了生态安全与可持续发展的紧密联系,并提出了生态安全的基本原则和目标,为国际社会合作解决生态安全问题提供了指导方针。1996年,联合国教科文组织(UNESCO)发起了人类与生物圈计划,致力于促进人类与自然环境的和谐共存,并通过建立生物圈保护区,为生物多样性保护和生态安全提供了实践平台。1998年,第四届全球环境部长论坛在肯尼亚内罗毕召开,通过了《内罗毕宣言》,呼吁各国加强应对气候变化、水资源、森林和土地退化等重大环境问题的措施,并建立有效的环境治理机制。

1991年,美国首次将生态环境视为国家利益的重要组成部分,并在《国家安全战略报告》中强调了生态环境因素对国家间政治军事冲突的影响。美国提出,为了保护国家权益,应敦促全球共同承担环境责任。1993年,环境安全办公室成立,并于1995年起,每年向国家总统及国会提交环境安全年度报告。随后,欧盟、日本等地区和国家也相继将环境安全纳入国家安全战略的核心目标(王树义,2007)。

随着新世纪的到来,生态安全在全球发展议程中占据了日益重要的地位。2000年,联合国千年峰会通过的《千年宣言》确立了八项千年发展目标,其中特别强调了环境可持续性的重要性,标志着生态安全正式纳入全球发展的核心议题。进一步地,2002年在南非约翰内斯堡举行的世界可持续发展峰会通过了《约翰内斯堡行动计划》,对《21世纪议程》进行了深入的评估和更新。该计划提出了一系列具体的目标和措施,旨在促进生态安全和可持续发展的实现。2005年,联合国在日本神户召开的世界减灾大会通过了《减灾行动框架》。该框架强调了减少自然灾害风险对于保障人类安全和促进可持续发展的至关重要性,并提出了一系列减灾目标和指标。两年后,即2007年,联合国环境规划署发布了《全球环境展望》。该报告对全球环境状况和趋势进行了全面评估,深入分析了环境变化对人类福祉和发展的影响,并提出了一系列政策建议和行动方案,以应对环境挑战和提升生态安全。这一系列重要的联合国会议和行动将生态安全置于全球议程的前沿,强调了保护环境、减少自然灾害风险以及推动可持续发展的紧迫性。这些举措不仅为全球社会提供了共同的愿景，而且鼓励各国采取行动，共同努力实现这些目标。生态安全已经成为全球发展的一个不可或缺的组成部分，它要求国际社会共同努力和合作，以确保我们的星球能够持续为未来世代提供安全和可持续的生存环境。

国外生态安全研究的领域主要涉及以下几个方面：

(1) 生态安全与国家安全。生态安全作为国家安全的新维度，日益显示出其重要性和深远意义(Mische,1989)。它不仅是国家安全的基石，也是国家利益的核心要素，构成了国家发展战略的关键目标与手段。生态安全的范畴超越了国家生存和发展的单一视角，触及国际关系、地缘政治、军事战略以及人权保障等多个层面。因此，生态安全的研究和实践需要从国家层面扩展至区域乃至全球层面，从环境保护的单一议题拓展至社会经济的多元领域，从政府主导的模式转变为包括社会各界在内的多元参与。

(2) 生态问题与生态政治政策。生态问题位列当今世界最严峻和紧迫的挑战之一，它对人类及其他生物的生存和发展构成了威胁，并引发了一系列社会政治冲突与危机。例如，气候变化导致的极端天气、海平面上升和冰川融化等现象，已经给人类社会带来了巨大的经济损失和人员伤亡(Ruitenbeek,1996)。水资源短缺和污染引发的水权争端、水源竞争和水源恐怖主义等问题，加剧了地区和国家间的紧张关系(Narkevitch,1988)。森林砍伐和土地退化导致的生物多样性丧失、土壤侵蚀和沙漠化等现象，影响了粮食安全和人类健康(Vlek et al.,2010)。为应对这些生态问题，各国政府和国际组织已经制定了一系列生态政策和法规。其中包括旨在减少温室气体排放、促进清洁能源发展、增强应对气候变化能力的《京都议定书》《巴黎协定》《联合国气候变化框架公约》等，以及旨在保护和合理利用水资源、防止和解决水资源争端、防治荒漠化的《联合国水资源开发与管理公约》《联合国跨界水资源公约》《联合国防治荒漠化公约》等。

(3) 区域生态安全研究。学者们对特定区域的生态安全进行了深入探讨，包括亚洲(Wahlqvist et al.,2012)、特别是东北亚地区(Eder,1998)、非洲干旱条件下的粮食安全(Madelia,2004)和湿地安全(Jogo & Hassan,2010)，以及波罗的海区域(Kondratyev,1989)。这些区域由于其独特的自然条件、社会经济状况和政治文化背景，面临着不同程度的生态安全挑战。东北亚地区，作为全球经济发达、人口密集、军事紧张的区域之一，同时也是生态环境脆弱、生态安全较低的地区。该地区面临的主要生态安全问题包括跨界大气和水资源污染、核辐射、海洋污染、资源争端以及生物入侵等。解决这些问题需要加强区域合作，建立有效的区域治理机制，促进政治互信和经济互利，确保社会和平。

(4) 跨领域生态安全研究。生态安全研究已经扩展到食品安全(Kaiser,2011)，包括有机农业(Singandhupe et al.,2008)、农药减量化(Birch et al.,2011)、湿地安全、食品安全法律(Glenna,1999)；能源安全，涵盖可再生能源、能源效率、能源多样化、能源市场;健康安全,包括环境卫生、传染病防控、公共卫生服务;以及文化安全,如文化多样性、文化遗产保护、文化交流与对话等。这些领域与生态安全紧密相连,相互影响。

(5) 生态安全的发展与对策研究。研究者们探讨了生态安全在发展过程中出现的问题及对策,包括从全球化视角提升和改善生态安全(Taylor,2005)、加强生态文化建设和生态安全教育(Barney,2006)、强化生态安全保护的法律措施等。全球化为生态安全问题提供了新的解决机遇,同时也带来了挑战。因此,提升生态安全需要充分利用全球化的优势,建立全球性的合作机制和治理体系。另外,应进一步加强生态文化建设和教育,培养公众的生态意识和责任感,形成尊重和保护自然的价值观。同时,需要完善生态安全保护的法律制度,加强法律执行和监督,提高法律效力,并通过环境监察、审计和执法等手段,加大对生态安全法律法规的宣传和教育。

另外,在生态安全领域的具体工作实践中,国际上已经取得了一系列重要成果,具体表现在以下几个方面:① 生态系统健康度量指标的研究:美国环保局联合华盛顿研究与发展办公室等机构对草原生态系统的防御能力和复原能力进行了深入分析。这些能力被认为是评估生态系统健康状况的关键指标。基于这些指标,研究团队对美国亚特兰大地区的生态健康进行了全面评价(Whitford et al.,1999)。② 生态风险评估模型的应用:魁北克地区采用了综合水生系统模型(CASM)来评估有害化学品对河流、湖泊和水库的生态风险。CASM 模型为理解和预测化学品的环境影响提供了一种有效的工具(Bartell et al.,1999)。③ 区域生态安全评价体系的构建:哥伦比亚河流域从生态安全的角度出发,建立了一套区域尺度的评价指标体系,旨在对生态安全性进行全面评估(Quigley et al.,2001)。④ 生态系统健康评价指标体系的创新:王立新等人(2008)提出了一套包含恢复力、活力、生态系统服务维持、组织结构、资源投入减少、管理、对相邻系统的影响以及人类健康等八项指标的生态系统健康评价体系,为生态系统的健康管理和决策提供了新的视角。

1.2.1.2 国内的研究

国内学界对生态文明建设及生态安全领域的关注日益增加,大量研究成果涌现。通过统计 2000—2017 年间的 3 400 多篇生态安全研究文献,可以观察到该领域的研究文献量整体呈上升趋势(图 1-1)。特别是在 2000—2006 年间,文献量的增长尤为显著,从 2000 年的 21 篇激增至 2006 年的 256 篇,反映出生态安全研究的关注度和应用范围迅速扩大,研究深度不断加强。尽管 2006 年之后文献量的增长速度有所放缓,但整体上仍维持在较高水平。在这一时期,研究方法相对多样性,包括层次模糊综合评价法(邹长新等,2012)、生态足迹法(丁枫华等,2012)、景观格局分析法(曾丽云和韦素琼,2011)、物元模型法(鲁迪等,2012)、BP神经网络法(宫继萍等,2012)以及GIS空间信息技术法(孙芬等,2012)等。研究对象覆盖了多个生态领域,例如耕地生态安全(徐美等,2012)、旅游地生态安全(张晶和罗峰,2012)、湿地生态安全(户超等,2012)、水生态安全(朱翔等,2011)、湖泊生态安全(金相灿等,2012)等。此外,研究区域也十分广泛,包括东北黑土区(章光新,2012)、西北干旱区(杨倩倩等,2012)、西南地区(梁伟恒等,2012)、高原生态区(孙鸿烈等,2012)以及大江大河流域区(张玉珍等,2012)等。

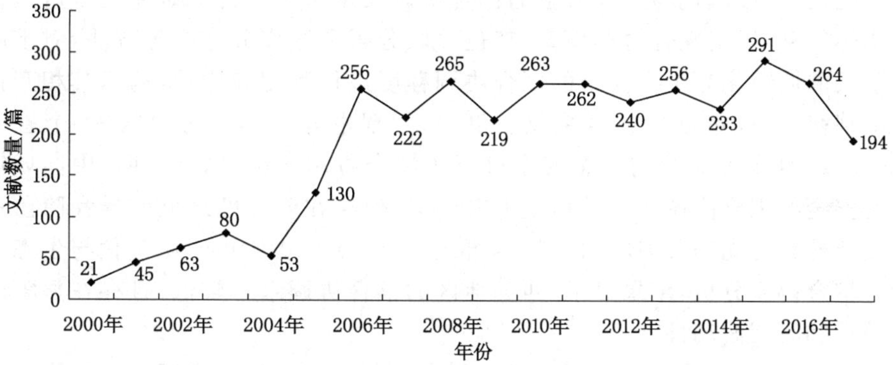

图 1-1 中文期刊网"生态安全"关键词搜索量

在关于生态安全影响因素的评价研究中,土地生态安全受到了广泛关注。这与我国庞大的人口基数密切相关,"解决14亿中国人的吃饭问题始终是头等大事",土地安全在保障粮食安全方面扮演着至关重要的角色。国内在土地生态安全评价方面的研究主要集中在内涵界定和不同视角下评价方法的选择上。① 景观生态学的视角:俞孔坚等(2012)从景观生态学的角度出发,提出了基于景观安全格局分析的土地利用评价方法。该方法将生态用地定义为对保障关键生态过程和提供关键生态系统服务具有重要意义的生态系统(土地单元)及其空间位置。以北京东部三镇为例,分析了雨洪管理和生物保护的生态用地,并计算了不同安全等级的生态用地。② 资源环境经济学视角:张晓平等(2022)从资源环境经济学的角度提出了基于生态足迹法的生态安全评价方法。该方法将生态足迹定义为支持一定水平的消费和废物产生所需的土地面积。以重庆市合川区为例,计算了该区2006—2010年的生态足迹、土地生态承载力、生态赤字和土地生态压力指数,并分析了土地生态安全的趋势及其成因。③ 生态系统服务价值的视角:孙鸿烈等(2014)从生态系统服务的角度提出了基于生态系统服务价值法的国土生态安全评价方法。该方法将生态系统服务价值定义为人类从生态系统功能中获得的利益的货币价值。以青藏高原为例,计算了该地区1990—2010年的生态系统服务价值、土地生态承载力、生态盈余和土地生态安全指数，并分析了土地生态安全的时空变化。

我国城镇化水平持续提高，2000 年至 2011 年间，年均增长率达 1.37 个百分点，2011 年城镇化率达到了 51.27%。城镇化的迅速发展给城镇地区带来了极为显著的自然、经济以及社会压力。作为一个复杂的自然—经济—社会生态系统，快速城镇化区域面临着自然、经济和社会协调发展的艰巨挑战。国内的相关研究主要聚焦于以下三个方面：一是城镇化与生态安全的耦合协调关系；二是分析城镇化与生态安全影响因素的关系；三是研究城镇化与生态安全的协调发展路径和措施。

首先，关于城镇化与生态安全的耦合协调关系研究。此类研究通常通过构建评价指标体系，运用耦合协调模型、灰色关联分析和主成分分析等方法，对不同地区或阶段的城镇化与生态安全的耦合协调程度进行测度和比较，揭示其相互作用和影响规律，为政策制定提供依据。例如，刘耀彬等(2005)对中国 31 个省区市 2000—2015 年的城镇化与生态安全进行了耦合协调分析，结果表明，中国城镇化与生态安全的耦合协调水平总体呈上升趋势，但存在明显的地域差异和阶段性特征。史亚楠和佟光霁(2013)对中国西部地区 2000—2017 年的城镇化与生态安全进行了耦合协调分析，结果显示，西部地区的耦合协调水平较低，且存在显著的空间异质性和时间波动性。

其次，关于城镇化与生态安全影响因素的研究。此类研究通过构建影响因素框架，运用回归分析、生态足迹和数据包络分析等方法，对影响城镇化与生态安全协调发展的主要因素进行定量或定性分析，识别关键因素和驱动机制，为优化协调发展路径提供参考。例如，杨强(2018)以生态足迹为视角，研究了河南省新型城镇化发展的战略选择和动力机制，发现耕地和农机总动力是城镇化过程中重要的正向影响因素，而生态足迹则随着人口数量的增加和城镇化率的提高而增加。在新型城镇化发展过程中，应坚持生态安全优先，保障耕地和基本农田用地，规范土地流转行为，推进农业现代化，完善农业创新机制。王晓云等(2017)以甘肃省 12 个地级市为研究对象，采用 DEA(数据包络分析)模型从人口与土地城镇化协调发展的视角评价城镇化动态效率和静态效率，并通过面板 Tobit 回归模型分析城镇化静态效率的影响因素。结果表明，2009—2014 年间，12 个城市的整体城镇化效率年均下降 9.5%，其中 2014 年有 7 个城市属于非 DEA 有效发展类型；金融发展程度、第二产业比重和第三产业比重与城镇化综合效率正相关，而投资率和产权结构变量与城镇化综合效率负相关。

最后，关于城镇化与生态安全的优化路径和措施研究。此类研究通过构建优化路径模型，运用系统动力学、多目标规划和情景分析等方法，对不同类型或层次的城镇化与生态安全协调发展进行模拟或预测，探索实现协调发展的最优路径，为可持续发展战略和规划提供支撑。例如，周岚等(2018)从新时代大国空间治理的角度，探讨了中国新型城镇化区域协调发展路径，提出了构建“区域均衡、城乡融合、多元开放、合作共赢"的新型城镇化空间格局的构想。赵科科和孙文浩(2017)以坝上地区为例,分析了该地区的区域特征、城镇特点和生态本底,提出了中心集聚型、农牧引导型和生态文明型三种城镇化路径,以期实现该地区的可持续发展。杨佩卿(2017)认为,新农村建设的根本途径在于融入新型城镇化,提出了在新型城镇化视阈下推进新农村建设的路径选择,包括建立以现代农业为主的产业体系、完善基础服务设施、提升基本公共服务和改善生态人居环境等方面。张晓琴和谢煜(2016)探讨了县域城镇化与生态理念的耦合机理,提出了从可持续发展、协同发展和统筹发展三个方面引入生态理念,探寻县域城镇化创新发展的实现路径。

1.2.2 林业生态安全研究

1.2.2.1 国外的研究

近年来,国外学者在林业生态安全领域进行了广泛而深入的研究,研究的内容主要集中在林业生态管理体系、生态压力对林业资源的影响、林业外来物种的生态风险识别与管理以及林业生态创新等方面。

(1) 林业生态管理体系的研究

林业生态管理体系的研究是确保林业可持续发展的关键。现有研究表明,落后的林业管理体制会导致林业产业发展滞后,并对提升林业生态水平造成阻碍(Kravets,2011)。通过森林认证等手段可以建立科学的生态管理框架体系,促进林业生态管理的科学化,并提高管理决策的科学性。这不仅有助于提升整体林业生态水平,还能为野生动植物创造更优的生存条件(Henson et al.,2013)。Mutenje等(2011)的研究揭示了公共资源,如森林、水资源和牧场等,对非洲南部半干旱地区森林边缘社区经济效益的重要性。然而,由于这些资源的公共性质和保护执法的不足,它们面临着退化的风险。研究建议通过提高当地畜牧业收入、加强生态知识教育、实施有效管理以及调节市场结构等措施,可以有效减缓公共资源的退化。

(2) 生态压力与林业资源影响的研究

生态压力对林业资源及产业发展影响深远,在具体实践中如何平衡生态保护与产业发展需求的关系同样具有重要意义。Misra等(2014)通过研究人口压力对林业资源消耗的影响发现,森林资源的累积生物量密度和种群密度遵循Logistic模型。研究进一步指出,随着森林资源累积生物量密度的增加,人口密度和产业化程度也会增加。然而,随着人口压力和工业化水平的提升,林业资源的累积生物量密度会下降。因此,为了避免林业资源的枯竭,应对人口压力和工业化水平进行适度控制,使林业资源的累积生物量密度与人口压力和产业化程度保持动态平衡。

此外，林业产业的无效率发展和不当的管理决策也对部分国家的林业生态和产业发展造成了巨大压力。例如，在俄罗斯，生态压力的传导极大限制了林业产业的发展。2012 年，林业产业产值占 GDP 的比重下降了 7%，林业行业的外汇出口收入减少了 6%，林业部门的综合预算税收下降了 32%。因此，俄罗斯应尽早调整林业部门的管理和职责，在保障林业生态功能的同时，促进林业产业的发展(Li et al.,2019)。

(3) 林业外来物种的生态风险识别与管理

现有研究主要揭示了林业批判主义对现代林业实践的影响，以及外来物种引入在生态安全领域所带来的风险识别与管理的复杂性，强调了综合评估和自适应管理策略在维护生态平衡和推动林业可持续发展中的重要性。首先，林业批判主义的提出与发展。生态学家 John EV. Phillips 于 1935 年提出了林业批判主义，该理论指出非植树造林计划引发的环境生态问题。林业批判主义强调多学科融合的重要性，认为在植树造林计划中引入外来物种可能对当地生态水文、生物多样性管理和入侵物种控制带来复杂挑战。自 20 世纪 80 年代末至 90 年代初，该领域的研究成果对国家水文、林业和环境立法产生了深远影响(Bennett & Kruger,2013)。其次，林业生产中的树种引进与风险管理。Felton(2013)的研究聚焦于瑞典林业生产中引进树种的生态风险识别与管理。研究指出，由于产品多样性的需求，林业生产对木材种类的多样性提出了要求，这促使营林企业引入多种树种。然而，大规模引进树种前必须评估其潜在的生态风险，包括对敏感生态系统的入侵与改变、对原生类群和栖息地的影响，以及害虫和病原体爆发的可能性。最后，风险评估与自适应管理。通过文献回顾和基于场景分析的跨学科方法，Felton 对面临的生态风险进行了深入分析与评估。研究得出了仅考虑树种引进的单一因素可能导致风险评估的重大误导的结论。作者强调了全面风险评估的必要性，并提出了一个基于林业系统自适应管理计划的方法，以限制外来树种使用可能带来的不利生态影响。

(4) 生态创新的研究

相关研究重点关注政府在推动林业创新中的作用，展示创新机制在林业发展中的应用实例，突出了企业社会责任在促进林业生态可持续性方面的重要性。林业和森林行业作为基础产业，其发展与创新亟须政府层面的支持与激励。俄罗斯和瑞士等国家通过深入分析财务、行政、教育和法律等方面的挑战，提出了旨在提高林业和森林部门创业精神和发展创新能力的政府扶持计划(Anatolevna & Roy,2013)。芬兰的林业部门通过独特的纸浆和造纸工业原料定位及制度安排，创新了森林资源的利用方式，显著提升了小径材原料的利用效率，这一实践为林业创新机制的案例研究提供了有益的参考(Åkerman et al.,2010)。另外，鉴于林业的显著外部性，林业行业在企业社会责任(CSR)实践中处于前沿地位。Ranängen 和 Zobel(2014)的研究指出，对环境问题的关注以及企业社会责任的履行，在林业产业的发展和生态提升方面正受到日益增多的学术关注。

1.2.2.2 国内的研究

近年来,我国学者在林业生态安全领域开展了一系列全面而深入的研究工作。这些研究从多维度切入,不仅探讨了林业生态安全的基本理论概念,还涵盖了对其评价体系的构建、测度方法的发展、内在作用机制的解析以及相关政策制定的探讨等多个层面。通过这些综合性研究,学术界对林业生态安全的认识不断深化,为该领域的科学管理和政策制定提供了坚实的理论基础和实践指导。

在林业生态安全的概念阐释方面,学者们从不同视角进行了深入探讨。洪伟等(2003)提出,林业生态安全涉及林业生态系统在自然和社会环境变化压力下,维持其结构和功能的稳定性,并确保能够持续满足人类对林业资源和服务的需求,同时具备避免或减少生态风险的能力。房用和王淑军(2007)则强调了森林资源的保护,将林业生态安全定义为在环境变化下保持森林资源的总量、质量和功能,确保其满足人类需求的能力。黄莉莉等(2009)进一步拓展了这一概念,从森林资源、经济和社会三个维度对林业生态安全进行了界定,认为除了保持森林资源的持续性,还应包括森林经济的稳定发展和森林社会功能的维护,以促进人类经济和社会的全面发展。这些定义不仅丰富了林业生态安全的理论内涵,而且为评估和保障林业生态系统的可持续性提供了多角度的考量,体现了对林业生态系统综合功能的重视和对人类需求的全面响应。

在林业生态安全评价方面,学者们已经发展出多种方法论框架,以量化和评估林业生态系统的健康状况和可持续性。李双作和于亚玲(2008)构建了一个基于压力-状态-响应(PSR)模型的综合性评价指标体系,涵盖自然、社会、经济压力,以及森林资源、经济和社会状态,政府和公众响应等 8 个一级指标和 28 个二级指标,为林业生态安全提供了多维度的评价视角。中国林业科学研究院亚热带林业研究所的魏彬等(2010)通过浙江秀山岛的案例研究,进一步发展了 PSR 模型,明确了海岛林业生态安全的影响因素体系和评价标准。该研究通过系统分析压力(pressure)、状态(state)、响应(response)三者之间的相互作用,揭示了人类活动对环境状态的影响及其随时间的变化。此外,基于经济合作与发展组织(OECD)提出的 PSR 模型,李德一和张树文(2010)强调了环境状态因素作为反映人类活动影响的重要中介。欧洲环境署(EEA)进一步扩展了这一模型,增加了影响(impact)维度,提出了驱动力-压力-状态-影响-响应(DPSIR)概念模型(曹红军,2005),更直接地描述了人类活动与环境之间的相互作用。在这一理论框架的指导下,东北师范大学城市与环境科学学院自然灾害研究所的张继权等(2011)对吉林省白山市的生态安全状态进行了评价,并构建了适用于山地地区的生态安全评价模型,为特定地区的林业生态安全管理和政策制定提供了科学依据。

在林业生态安全的量化测度方面,学者们采用了多种创新方法来评估和理解补偿机制的动态效应。邢玉升和陈东旭(2018)利用演化博弈理论深入探讨了生态林业补偿机制的选择与效果。他们认为生态林业补偿过程是一个涉及政府、林业企业和消费者三方的复杂利益博弈,并构建了一个三方演化博弈模型来评估不同补偿方式对生态林业发展的潜在影响。研究揭示了"生产者支持"补偿方式在长期可能存在的无效性,同时指出"消费者支持"模式通过有效结合制度供给和市场机制,更有可能在长期内实现均衡。陶金华和纳日碧力戈(2018)从历史维度对清水江流域苗侗社会的林业生态补偿机制进行了测度,认为该地区在明清时期已经形成了具有区域特色的林业生态补偿机制,包括市场驱动的生态资源保护和以婚姻礼物为载体的生态行为规范。这两种路径的互补性及其共同作用,为我国现有林业生态补偿机制的完善提供了重要的历史经验和参考价值。

在林业生态安全机制的探索方面,傅一敏等(2017)以福建永安重点生态区位商品林赎买制度的创新试验为案例,深入分析了该地区林业治理制度创新的背景、条件以及改革的制度安排和实施成效。研究总结了制度创新改革的经验和教训,并认为这一试验是生态文明建设背景下地方林业政策试验的新探索,对促进商品林与生态林的协调发展具有重要意义。段伟等(2017)则以武陵山区湘西土家族苗族自治州为例,构建了林业生态工程及其经济效果的结构方程模型(SEM)。研究发现,林业生态工程对山区总体经济发展和基础设施建设具有积极推动作用,但同时也发现这些工程加剧了山区农户的贫困程度。研究指出,政策制定者若忽视林业工程的扶贫作用,将不利于林业工程的持续性。为了实现生态恢复和生计维持的双重目标,必须确保农户(森林所有者)能够获得明确且直接的经济利益。

在林业生态安全政策研究方面,廖冰等(2017)采用了结构化的压力-状态-影响-响应(PSIR)模型和定量化的结构方程模型(SEM),引入森林资源环境作为中介变量,定量确定了林业产业、森林资源环境与森林生态指标之间的相互作用程度及其作用路径系数。研究揭示了这些变量间的相互影响和作用机理,指出各变量在其他两变量关系中发挥的部分中介作用,且其直接效应强度超过了间接效应。研究强调,实现中国的林业生态安全和生态文明状态仍面临重大挑战,需要引起高度关注。董玮等(2017)对中国森林资源丰富的15个省份在2004—2013年间的林业产业集聚水平进行了测算,并运用数据包络分析法(DEA)评估了同期的林业产业生态效率。通过计量模型,研究检验了产业集聚对生态效率的影响。研究发现,公共政策对于提升以个体农户林地面积为主要指标的林业生态效应具有显著正向作用,其中产权政策、管制政策和财政政策的贡献度分别为35.53%、8.63%和8.21%。具体措施方面,造林补贴在生态林方面效果显著,而抚育补贴、集体林权改革和林木资源管制政策对商品林的影响更为明显。研究建议,为了实现林业产业经济效益与社会效益的双赢,需要进一步调整产业结构、增加基础设施投入,并激励企业进行技术和环保创新。

1.2.3 产业经济研究

1.2.3.1 国外的研究

经济发展的核心不仅仅是经济规模的增长，更重要的是经济产业结构的不断调整与优化。产业结构研究是推动经济发展、提升发展水平和质量的关键。国外学者在产业结构领域的研究主要集中在产业结构原理、产业与就业结构的关系、产业结构的整合与改良，以及产业结构调整的影响因素分析等方面。

经典产业结构理论的发展经历了从开放型到封闭型的转变。开放型产业结构理论以亚当·斯密（Smith，1776）的绝对成本说和大卫·李嘉图（Ricardo，1817）的比较成本说为代表，而封闭型产业结构理论则以库兹涅茨（Kuznets，1955）、霍夫曼（Hoffman，1931）和钱纳里（Chenery，1986）等人的贡献为标志。这些理论在形成时受到当时经济发展状况和需求的限制，鲜有关注从工业经济向服务经济转型的后工业化进程，以及国际分工如何影响这一转型。尽管如此，威廉·配第（William Petty）等学者对从农业经济向工业经济转变的工业化进程进行了深入研究（张捷和周雷，2012），为理解产业结构演变提供了宝贵的历史视角。

在经典理论的基础上，近年来对外贸易结构对经济增长影响的研究日益增多。虽然不同学者之间的观点和结论存在差异，但普遍认同对外贸易结构对经济增长具有积极的推动作用。主要理论成果概述如下：① Feder（1982）提出，在出口部门的投资边际生产力高于非出口部门，并指出出口部门对非出口部门存在正向外部性影响，从而促进整体经济增长。② Jong-Wha Lee（1995）在假设生产函数符合C-D形式的前提下，提出对外贸易结构是经济持续增长的关键影响因素之一。③ Mazumdar（1996）将索洛的新古典增长理论与卢森堡的资本积累理论相结合，在两产品、两要素等条件相同的情况下，得出贸易通过增加收入促进经济增长的结论。进一步地，Mazumdar 指出，在特定条件下，即一国出口消费品并进口资本品时，贸易更有可能推动经济增长；反之，则可能抑制经济发展。这些研究表明，对外贸易结构的优化与调整对于经济的持续增长具有不可忽视的作用，尤其是在不同经济发展阶段，贸易结构的调整对经济增长的影响更为显著。

在对外贸易结构与经济增长关系的实证研究领域，学者们通过历史数据和定量分析，提出了一系列有价值的发现。Levin & Raut（1999）基于1965—1984年间数十个半工业化地区的数据，采用索洛增长模型为分析框架，证实了出口贸易对经济发展的显著影响。研究指出，尽管初级产品对经济增长有推动作用，但工业产品的出口比例对经济的推动作用更为关键，制成品出口是出口促进经济增长的核心力量。Webb 和 Khalafalla（2001）应用 VAR 模型分析了 1965—1996 年马来西亚经济与外贸的关系，将出口商品细致地划分为初级品和工业品两大类别，并在整个研究期间应用了因果关系检验方法来分析数据。研究表明，出口增长对经济增长的推动作用在不同时间段表现出不同特点，初级产品的出口对经济的直接影响更为显著，而工业化带来的结构性变化则削弱了出口增长的促进作用。Kali(2007)对外贸结构的主要特征进行了考察，并开展了相关的实证研究。结果表明，贸易结构对经济增长率的影响独立于贸易水平，即使在贸易量不变的情况下，贸易结构的变化也能对经济增长产生影响。De Benedictis 和 Tajoli(2008)通过研究外贸结构日益统一化对国家收入转型期捕获效应的影响，认为相似的外贸结构与收入捕获效应之间存在明显的正相关关系。这种效应主要由主体市场的拓展和生产的非本土化所驱动。

经济增长与产业转型是推动国家和地区发展的关键动力。随着这一进程的深入，产业结构升级已成为众多学者关注的焦点问题。对产业结构升级及其影响因素的研究主要集中于以下几个方面：

① 技术创新在产业结构升级中的作用。技术创新被广泛认为是推动产业结构升级的关键因素。Peneder(2003)通过对 28 个 OECD 国家进行实证分析，揭示了技术革新和经济发展对产业结构的深远影响。研究发现，科技的创新不仅促进了整体收入的持续增长，还改变了特定商品(例如奢侈品)的市场需求量。随着需求收入弹性的变动，产业结构逐渐得到优化，形成了高度化的产业布局。因此，技术创新引起的需求升级和劳动生产率的提高是影响产业结构变动的重要因素。

Greunz(2005)的研究进一步以欧洲 153 个企业和 16 个制造业部门为样本，探讨了欧洲工业结构的演变及其优化升级的驱动因素。结果显示，工业活动的组织方式、高科技专业化和创新是影响产业结构的最主要因素。Altenburg 等人(2008)的研究则指出，通过技术创新和产业创新的推进，技术模仿和原创能力的增强，中国已经在全球范围内显著优化了产业结构并提升了产业竞争力，成为世界上主要的产品供应商。

② 政府财政政策对经济增长的影响。政府的财政政策，特别是公共支出的管理，对经济增长具有重要影响。在探究 OECD 国家经济增长的驱动因素时，Dar 和 AmirKhalkhali(2002)引入了政府规模变量，认为这一变量对全要素生产率(TFP)具有显著影响。他们的研究强调了政府规模在经济增长中的作用，尤其是在全要素生产率的变动中。Baldacci 等(2004)进一步分析了财政政策对低收入国家经济增长的拉动机制。他们发现，要素生产率是评估财政政策效果的关键指标。为了提升要素生产率，低收入国家往往采取扩张性财政政策，特别是通过减少公共支出，尤其是工资支出，以提高生产效率和经济增长速度。

③ 产业扶持政策在经济发展中的作用。产业扶持政策是实现国家经济发展目标的关键工具。美国经济学家 Alice Amsden(1989)和英国经济学家 Robert

Wade(1990)在研究"东亚奇迹"时发现,强有力的国家干预是其背后的实质。政府通过有意识的价格政策和强制性干预限制市场作用,同时对战略性产业给予重点扶持,从而促进了经济的快速增长。选择战略性产业的两个基准理论——收入弹性基准和生产率上升基准,由筱原三代平(Sano Saburō,1957)在《产业结构与投资分配》一书中提出。这两项理论主张,将资本积累投向收入弹性高的行业和生产率增长最快的部门,以实现利润最大化。赫希曼(Hirschman,1958)在《经济发展战略》中提出了区域经济不平衡发展理论,强调为促进经济增长,应提高对稀缺资源的利用效率,将其有效投入到产业关联度高的行业。Rostow(1960)则从经济发展阶段的角度出发,认为每个阶段都有其特定的主导产业,而经济增长的特征体现在主导产业的更迭上。

1.2.3.2 国内的研究

自改革开放以来,中国学术界对产业经济领域的研究呈现显著增长,特别是在2000年左右,研究活动经历了快速的扩张,并在近年来维持了这一持续增长的趋势(图1-2)。通过分析相关数据并设置趋势线,可以观察到学术论文数量的增长与乘幂函数规律基本一致,显示出高度的规律性。此外,可决定系数 R^2 达到0.938 5,表明趋势线与实际数据之间具有很高的拟合优度。

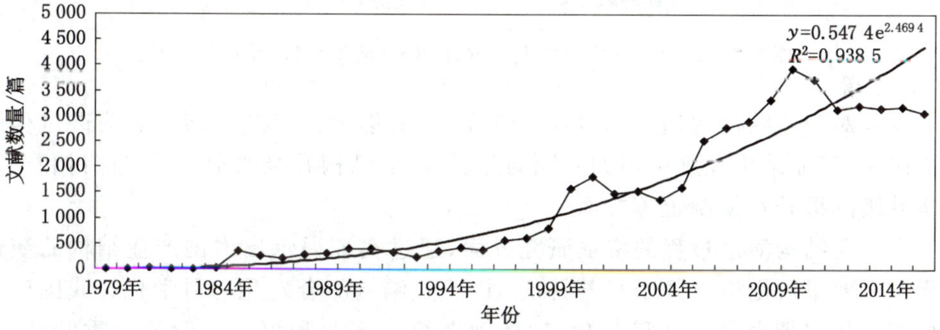

图 1-2 中国知网设置"篇名"关键词"产业经济"的查询结果分析

进一步,采用共现分析理论,对产业结构相关文献进行了分析。该理论基于一个假设:在学术论文中频繁同时出现的术语往往在概念上也密切相关。如图1-3所示,通过构建共现网络,可以直观地识别出"产业结构调整""产业结构升级""产业结构优化"等关键词在研究中的中心地位。这些关键词的频繁共现表明,产业结构的升级在推动经济可持续发展和改善经济发展模式中扮演着重要角色。党的十八大报告,也强调了经济结构战略性调整的重要性,以期在经济发展方式转变中取得实质性进展。然而,尽管政府一直强调三大产业的均衡发展,并推动产业结构的不断升级，实际成效并不如预期。吕炜和王娟(2012)通过计算1978年以来的产业结构相似系数和趋同指标，发现我国第二产业占比过高的现象持续存在，产业结构升级的趋势并不明显。沈坤荣和徐礼伯(2014)的研究进一步指出，在2008—2012年间，尽管国内生产总值增长了65.4%，但三大产业的比重变化较小，仅从11.3%∶48.6%∶40.1%变为10.1%∶45.3%∶44.6%，产业结构升级效果并不理想。因此，当前面临的主要挑战是探索和选择适合我国国情的产业结构调整方式，以及构建有效的产业结构优化机制。

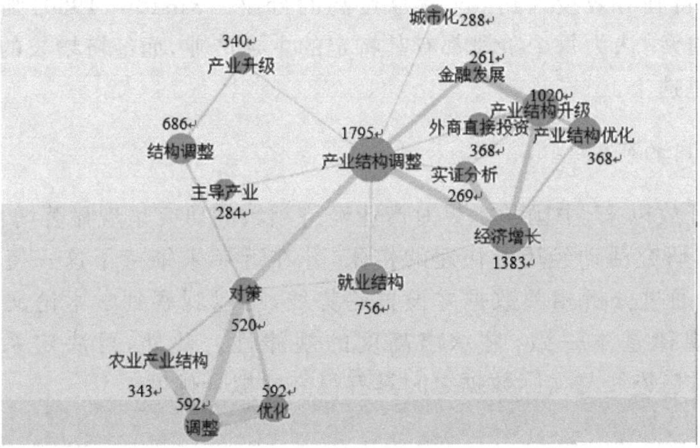

图1-3 产业经济研究的共现网络图示(数据来源：中国知网)

现有对产业结构的理论和实践的研究，主要集中在对产业结构的演进过程的实证研究、产业结构发展中遇到问题的分析、产业结构升级的影响因素探讨和产业结构升级的提升对策制定等方面。

在产业结构演进过程的实证研究方面，通过实证揭示出中国产业结构的演进过程中主要呈现出以下几个显著特征：① 产业结构的合理化与科学化。我国产业结构正逐步实现合理化和科学化，这体现在第二产业和第三产业的双重驱动上。两大产业内部包含了从传统产业到高新技术产业，再到现代服务业的多样化行业，它们之间实现了协调发展和相互促进(马晓河和赵淑芳，2008；刘世锦等，2010)。② 工业化的中后期特征。当前，中国正处于工业化的中后期，已经迈入了以重工业为主导的阶段，重工业的增长速度加快，其在整个工业结构中的比重显著增加，标志着工业化进程的一个关键时期。同时，第三产业的比重已经超过工业，这反映出中国工业化正向中后期阶段过渡(叶林和余江，2016)。③ 产业技术水平的快速提升。中国的产业技术发展经历了快速的提升，其特征可以概括为“强制性技术变迁”。这一模式涉及技术的引进、消化和再创新，有效地推动了技术进步(李光泗和沈坤荣，2013)。这些特点不仅展示了中国产业结构的动态变化，也为理解国家经济发展的深层次动力提供了实证基础。

在产业结构发展中遇到的问题方面，我国产业结构发展过程中存在的不合理现象，主要表现在三次产业间的比重调整上。学术界对于制造业与服务业的发展、定位及产业升级方向的争议颇大。目前，我国第二产业比重相对较高，而第三产业比重偏低。一些学者认为，这一现状是基于我国现实国情的合理选择，强调应优先发展先进制造业（金碚等，2010）。然而，另一些学者指出，我国产业结构不够完善的关键在于第三产业的发展不足，其增加值与发达国家相比存在较大差距。他们认为，虽然优化第二产业可以促进经济增长，但这种增长的潜力有限。要实现产业结构的升级，关键在于将发展重心从第二产业转移到第三产业，后者被视为产业结构升级的核心（郑新立，2011）。除了产业结构比重的问题，我国产业发展层次较低和产业发展可持续性受限的问题也引起了广泛关注（万晖和饶勤武，2012）。

在产业结构升级的影响因素方面，产业结构升级是一个复杂过程，受多种因素的综合影响，主要可分为外部干预因素和内部自然影响因素两大类。① 外部干预因素。政府的产业政策和管理体系对产业结构升级具有显著影响。东亚经济体普遍采用政府制定政策的方式来干预产业结构，以促进产业的优化和发展。然而，政策的主观性导致其科学性、合理性以及市场机制适应性存在不确定性，进而影响政策实施的效果（江飞涛和李晓萍，2010）。另外，体制机制的僵化削弱了产业结构升级的环境基础。如果制度环境不完善，会阻碍经济资源的自由流动，导致产业结构发展不平衡（蒋昭侠，2005）。② 内部自然影响因素。影响产业结构升级的内部因素包括生产要素流动的障碍（曹玉书和楼东玮，2012）、需求结构的扭曲（李静，2012）、技术创新能力的不足（梁双陆和张梅，2017）以及开放模式的固化（陈飞翔等，2011）。这些因素共同作用于产业结构的自然演进过程，影响产业的升级和转型。综合来看，产业结构升级是一个受内外部因素共同作用的动态过程，需要政策制定者综合考虑各种因素，制定科学合理的政策，优化制度环境，以促进产业结构的健康发展和持续升级。

在产业结构升级的提升对策方面，为有效推动产业结构升级，相关研究提出了一系列对策建议，主要集中在以下几个方面：① 市场体制改革。强化市场体制的改革，转变政府在产业结构升级中的角色，以更好地发挥市场在资源配置中的决定性作用（俞静和马瑞，2016）。② 制度改革。加强制度建设，为产业结构升级提供坚实的环境基础，确保产业政策与市场机制的有效对接（沈坤荣和李震，2017）。③ 生产要素市场完善。完善生产要素市场，提升产业结构升级的供给机制，促进劳动力、资本、技术等要素的高效流动和配置（张幼文和薛安伟，2013）。④ 需求结构调整。调整需求结构，优化产业结构的拉动机制，以需求侧管理促进产业结构的合理化和高级化（张礼涛，2015）。⑤ 技术研发创新。加大技术研发和创新的投入，强化产业结构升级的驱动力，通过技术创新推动产业向高端化、智能化转型（白俊红等,2010)。

1.2.4 林业产业经济研究

1.2.4.1 国外的研究

(1) 国外林业产业经济的研究进展

国外对林业产业经济的研究起步于森林可持续利用理论。普鲁士王国的汉里希·冯·卡洛维茨(Henri de Carolitz)在1713年首次提出了森林永续利用原则,并提出了人工造林思想。卡洛维茨强调了营造和保持能被持续地、不断地、永续地利用的森林的重要性,被誉为“森林永续利用理论”的创始人。他主张持续且稳定地生产高质量木材,为林业资源的合理开发利用开辟了新视野。1811年,林学家哈尔蒂希出任普鲁士国家林业局局长时,选择了材积生长量高的树种,大规模组织营造针叶人工纯林,并提出了森林资源代际公平的生态伦理,是“木材培育论”的先驱。然而,这一理论在实践过程中也遭遇了问题,大面积种植人工纯林特别是针叶林,后来被认为是一项非常失败的政策,导致了生态效益差、抗性差、自然景观差等问题。1867年,普鲁士林学家海因里希·冯·哈根(Heinrich von Thünen)提出了具有深远影响的“法正林”学说(董智勇,1992)。这一理论以其对森林经营的系统化和科学化方法而著称,成为森林效益永续经营理论的经典之作。哈根的理论不仅为林业经营提供了一种全新的视角,而且对后世的林业政策和实践产生了深刻的影响。“法正林”学说的核心在于实现森林资源的合理利用与保护,确保木材和其他林产品的供应能够长期满足社会的需求。哈根强调,林业经营的目标不应仅仅局限于即时的经济利益,而应着眼于森林资源的长期稳定与持续产出。这种经营模式要求林业工作者在进行森林经营活动时,必须考虑到森林生态系统的整体健康和生物多样性的保护。

二战后,德国林学家第特利希(Dietrich)提出了开创性的“林业政策效益论”,这一理论首次全面地系统化了林业与社会关系的复杂纽带。进入20世纪70年代,森林经营理论迎来了新的发展,森林效益永续经营理论演化为“森林多功能理论”,由美国林学家克劳森、塞乔和海蒂等人提出,这一理论强调森林除了提供木材外,还具有生态保护和社会服务等多重功能。随着森林多功能理论的提出和推广,它迅速在全球范围内引发了多功能森林经营的热潮,对日本、美国、瑞典等国家的林业产生了深远的影响(邱俊齐,1998)。到了70年代后期,海蒂(Heidi)对不同林业理论在实践中的应用差异进行了深入分析,为实现林业分工协同合作提供了科学依据。他提出不应以统一的效益标准来管理所有森林,而应集中经营优质森林资源,实现专业化和高品质的林地集约经营,以明确经营目标的分工。

20 世纪 80 年代,国外林业产业经济的研究取得了显著进展,其中杰瑞·富兰克林(Jerry Franklin)教授的新林业理论成为该时期的标志性成就。杰瑞·富兰克林,被誉为“新林业之父”,在华盛顿大学担任森林生态学教授,他的理论强调了森林生态系统的综合管理和保护,提出了生态系统服务价值的保护、森林健康与木材行业的关系、生物多样性的保护以及森林生态系统管理等关键理念。他主张经济生产与生态保护的融合,反对“林业分工论”的分而治之思想,推动了国有林管理向生态系统管理的根本目的转变,这一理论被美国林务局接受并推广(Tokuchi et al.,2006;Okore et al.,2007;Wubet et al,2006;Bini et al.,2006;Mori et al.,2005)。同时,20 世纪 80 年代全球环境恶化问题,如大气污染和森林破坏,引起了国际社会的广泛关注。为应对这些问题,联合国成立了世界环境与发展委员会,专门讨论生态环境与可持续发展的系列问题。1987 年,挪威前总理格罗·哈勒姆·布伦特兰女士领导的委员会提交了《我们共同的未来》报告,即著名的布伦特兰委员会报告,系统阐述了可持续发展的定义和原则。该报告的核心思想是,在不损害子孙后代满足需求的能力的前提下,满足当代人的需求,强调了经济发展与环境保护的平衡。

1992 年,联合国环境与发展会议在生态环境领域达成了前所未有的国际共识,积极推动了全球范围内的生态环境可持续发展议程。会议明确指出,森林作为环境保护的主体,在促进经济发展、维护生物多样性方面发挥着关键作用,是经济可持续发展的重要组成部分。因此,森林的可持续发展被强调为满足当代及后代人类需求的必要条件。会议倡导以可持续的方式管理森林资源,这一理念迅速成为全球林业研究的核心。不同国家的森林研究人员从多学科角度出发,探索可持续森林管理的理论与实践。尽管他们对可持续森林管理的具体内涵理解存在差异,但对于“森林可持续发展”这一核心概念却有着广泛的共识。

国外林业产业经济的研究经历了从早期的可持续森林利用理论到多功能森林经营论、林业分工论、新林业理论直至林业可持续发展理论的演进过程。这些理论不仅反映了不同历史时期对林业产业经济的认识和实践,也体现了不同国家、不同地区对林业资源管理和利用的深刻洞察。

(2) 国外林业产业经济的实践过程

国外林业产业经济的发展大致经历了以下几个阶段:森林初始利用、林业产业雏形形成、林业产业中断和复兴、林业产业全面发展以及生态与经济效益协调发展等阶段(廖葱葱和周景喜,2003)。当前,林业产业已从单纯的木材开发转向木材的综合利用,进入了一个生态与经济效益协调发展的新时代。在这一阶段,不仅木材的综合利用能力得到了显著提升,其他木材产品、森林旅游业和森林养殖业等相关行业也从中受益。发达国家目前的林业产业结构主要表现出以下特征。

林业第一产业。尽管发达国家并未明确提出“林业分类管理”理论,但在森林管理实践中，他们采纳了类似的思维方式，以实现森林多重效益的可持续利用。这些国家通过发展人工林来提高木材产量，如巴西和芬兰在人工林领域取得了显著成就，智利的人工林则被誉为“拉丁美洲的林业榜样”(Thiele，2004)。新西兰的辐射松人工林和澳大利亚的松树及桉树人工林对本国木材供应作出了重大贡献(Jorgenson & Wilcoxen，1992)。即使在林业资源相对匮乏的英国，也在积极扩大人工林种植面积。这些国家拥有高品质的苗木和先进的自动化技术，为提高人工林产量提供了有力支持。一些国家甚至能够通过人工林生产向国外出口木材和纸浆。例如，巴西的人工林提供了国家60%的工业用材，但其占地面积仅为国家森林总面积的1.63%，约为700万平方公里(James，2004)。智利的人工林年木材产量占全国年产量的80%(侯元兆等，2003)，但其面积仅为180万公顷，占林业用地的8%(柴禾，2003)。这些数据表明，发达国家的森林和林地设计合理，管理水平高，森林利用率极高。例如，瑞典的森林面积占林地面积的98%，日本为96%，美国为95%(FAO，2003)。

林业第二产业。在林业发达国家，林业第二产业的产值占据了林业总产值的绝大部分，通常超过70%，有些情况下甚至高达90%(魏远竹和朱用法，2001)。这些国家林产工业的发展主要体现在以下几个方面：一是产品升级。传统的原木和锯材等初级产品逐渐被更高附加值的精加工产品所取代，如造纸和人造板等。在美国，人造板与木材的产值比例为1∶11，而日本为1∶7(蒋峥，1996)。二是技术革新。林产工业通过采用先进的机械化和自动化生产工艺，显著提升了加工产品的利用率。例如，芬兰森林国防木业公司的胶合板工厂通过自动化流程，在剥离、单板分拣、涂胶、胶合、热压、切割、研磨、饰面等环节实现了高效率生产，从而提高了板材的整体利用率(唐怀民，2002)。三是林工贸一体化。林业工业与森林生产业紧密结合，实现了从种植到加工再到贸易的一体化经营。大型加工厂通常拥有私家林区，并与专门的苗木供应商合作，确保原材料供应的稳定性和均衡生产。工厂的第一车间往往指定为培育资源，进行有针对性地种植，以满足后续生产的需求。这些发展策略不仅提高了林业第二产业的产值和效率，也促进了林业资源的可持续利用和林业产业的整体竞争力。

林业第三产业。20世纪80年代起，国外林业产业经济的实践过程体现了多方面的创新和发展。其中，林业第三产业的兴起，尤其是森林旅游业，成为这一时期的重要特征。以英国和美国为例，英国每年吸引约3.5亿人次参与森林旅游，而美国则高达20亿人次(杨继平，2003)。这不仅促进了当地经济的发展，也丰富了林业功能的多样性。除了森林旅游，林业第三产业还涵盖了林产品深加工、林业金融服务、林权流转交易等多个领域。在德国，林业作为生态文明建设的主阵地，承担着保护自然生态系统等职责。德国的森林管理机构从联邦到地方林区建立了完善的管理体系，实行严格的职业资格制度，强调维持森林多种所有制和林权稳定的私有林保护与资助制度。而在美国，国有林由联邦政府直接管理，由林业部和内政部管理，通过法律手段支持林业活动，保护森林，发展林业。新西兰的林业发展则由多效经营模式转向分治经营的道路，实行了林业分类经营改革，私有化改革主要针对人工林，而天然林作为生态资源主要由国家所有。日本则强调森林多种效益的可持续利用，提出了满足国民多样化需求的健康森林培育、保证国土安全的治山对策以及推进国产木材扩大利用为中心的林业-木材产业发展对策。这些实践不仅提升了林业产业的经济效益，还加强了生态保护和社会发展的协调统一，体现了林业产业经济在第三产业中的多元化发展和创新实践。

发达国家林业三次产业的快速发展，离不开林业产业政策的监测与改革。林业政策的有效实施需要依赖于严格的监督和完善的规章制度。若缺乏这些机制，政策的预期效果将难以完全实现。因此，政府在制定新的政策和法律时，必须加强对现有森林政策的执行情况进行监测和评估(Turyahabwe & Banana，2008)。提升林业经营水平的关键在于建立一个全面的林业监测体系和评估机制，确保林业发展的各个方面都能得到合理定位和科学管理。面对市场准入限制和国内林业在全球产业中竞争力下降的挑战，许多国家和地区已经开始实施林业产业经济的改革。例如，不列颠哥伦比亚省政府在 2003 年推出了一项全面的林业改革计划——森林恢复计划(FRP)。该计划旨在重新分配森林资源权利，调整林业产业结构，并放宽对森林管理体系的控制，以更好地适应市场需求和提高市场竞争力(Niquidet，2008)。

国外林业产业经济的发展历程不仅映射了理论的演进，也体现了不同国家和地区在林业产业经济领域的特色与优势。从最初的森林资源开发利用，到当前生态与经济效益的和谐共生，国外林业产业经济在第一产业(林木种植与采伐)、第二产业(林产品加工)、第三产业(林业服务与贸易)等方面均取得了显著成就。同时，各国也在不断加强政策监测和改革，以适应市场和环境的不断变化。国外在林业产业经济的实践为我国提供了宝贵的经验和启示，同时也带来了新的挑战和要求。通过学习国外在林业产业经济方面的先进理念和方法，可以更有效地利用我国丰富的森林资源，推动林业产业向多元化、高效化、绿色化方向发展，实现林业产业经济与生态环境的协调发展。

1.2.4.2 国内的研究

国内关于林业产业结构的研究在 2000 年至 2017 年间呈现出波动上升的趋势(图 1-4)。总体来看，研究文献数量逐年增加，反映了这一领域的研究热度和关注度逐渐提高，也体现了我国林业产业结构的变化和发展。从年度变化来看，研究文献数量在不同年份之间存在较大差异，从 2000 年的 71 篇增加至 2017 年的 150 篇，增长速度显著。这表明在此期间，林业产业结构的研究和应用不断增多，研究层次逐步深入，应用范围也更加广泛。近年来，研究文献数量整体保持在较高水平。2010 年达 186 篇，这与当年的国家政策、社会经济和林业市场等因素密切相关。例如，2010 年是我国实施退耕还林工程和天然林保护工程的第十二个年头，也是《国家林业产业发展规划(2009—2015)》实施的第二个年头，这些政策为林业产业结构的研究提供了良好的环境和契机。

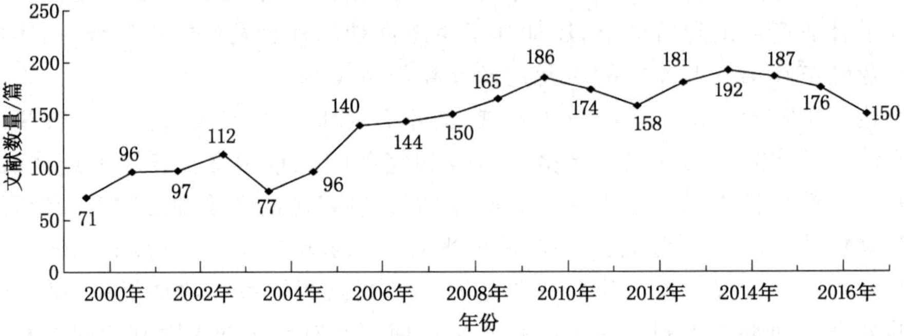

图 1-4　2000—2017 年中国知网“林业产业结构”研究数量统计

2000 年至 2017 年间发表了约 2 552 篇林业产业结构研究文献，其中载文量居前 11 位的期刊名称及其载文数量如表 1-1 所列。

表 1-1　2000—2017 年间林业产业结构研究刊载前 11 位的期刊列表

排名	期刊名称	载文量/篇
1	中国绿色时报	108
2	现代园艺	58
3	中国林业	56
4	现代农业科技	45
5	内蒙古林业	44
6	绿色中国	40
7	黑龙江科技信息	39
8	中国林业经济	37
9	农业与科技	35
10	农民致富之友	35
11	林业经济问题	31

根据表 1-1 的统计，国内林业产业结构研究主要发表在 11 种期刊上，其中9 种专注于林业或农业领域的专业期刊，如《中国林业》《中国林业经济》《林业经济问

题》等。这些期刊不仅是林业产业结构研究成果发布的重要平台，也是该领域研究者获取信息和知识的主要来源。此外，还有2种以社会或科技为主题的综合性期刊，例如《中国绿色时报》和《现代农业科技》，它们为林业产业结构研究提供了更广泛的传播渠道和应用场景，显示了该研究领域的广泛性和实用性。

通过分析国内对林业产业结构的研究领域与实践情况，发现相关研究主要集中在林业产业结构的概念、分类、影响因素和研究方法等方面。

① 林业产业结构概念的研究。林业产业结构主要包括三大产业：第一产业涵盖森林培育、病虫害防治等；第二产业涉及木材加工、林产化工、林业机械制造等；第三产业则包括餐饮、金融、旅游等，主要服务于第一、第二产业。关于林业产业结构的概念界定，国内外学者有不同的理解和表述。一般来说，现有研究普遍从以下几个方面来理解和划分林业产业结构：从资源依托性来看，林业产业结构是以森林资源为基础，利用森林资源提供各种产品和服务的活动组合（吕盈，2013）；从生态环保性来看，林业产业结构是将经济发展融入生态环境建设，使经济、社会、环境效益协同发挥的活动组合（林清波，2018）；从经济性和公益性来看，林业产业结构是商品性和非商品性产品或服务相互交织、相互促进的活动组合（余吉安等，2015）；从产业关联性来看，林业产业结构是各条产业链之间相互联系、相互影响、相互促进的活动组合（张广来等，2015）。

② 关于林业产业结构分类的研究。按照三次产业的分类依据，林业产业结构可分为三大类：第一产业包括育苗、森林培育、经营、护林防火和病虫害防治等；第二产业涵盖森林采伐、运输、木材加工、综合利用、纸浆、造纸、林产化工、林业机械制造及其他工业；第三产业则为第一、第二产业提供服务，主要包括林区建筑业、物资运输业、商业、餐饮、金融保险、森林旅游、森林勘测和规划设计等部门。关于林业产业结构的分类，国内外学者有不同的划分方法和标准。例如，根据林业活动的对象和目的，林业产业结构可分为森林培育与采伐、非木材林产品培育与采集、林业生产辅助服务、林业旅游与休闲服务、林业生态服务、林业专业技术服务、林业公共管理及其他组织服务等七个大类。根据林业活动的投入和产出，林业产业结构可分为木材加工及木制品制造，以木（竹、苇）为原料的浆纸产品加工制造，以竹、藤、棕、苇为原料的产品加工制造，野生动物产品的加工制造，以其他非木材林产品为原料的产品加工制造等五个大类。根据林业活动的生态效益和经济效益，有的学者将林业产业结构分为木质资源生态接续产业、非木质资源替代产业和森林生态资源产业等三个大类。不同的分类方法反映了不同的研究视角和关注点，对于理解和评价林业产业结构的变化和优化具有重要参考价值。

③ 林业产业结构影响因素的研究。影响经济发展的因素同样会对产业结构产生影响，反之亦然。这些因素主要包括经济发展水平、资源状况、市场供需、劳动力水平和技术水平等。要实现森林的可持续发展，必须在社会、经济、资源和环境

等方面实现协同发展。国内学者对林业产业结构的影响因素进行了多方面的分析和探讨。例如，刘铁铎和张越杰(2018)运用偏离-份额分析法和熵值指数的模糊综合评价法，研究了林权改革期间吉林省林业产业经济增长与产业结构优化调整状况，发现林权改革促进了吉林省林业经济向良性方向发展，林业产业结构竞争力逐渐增强。熊立春等(2018)采用面板数据分位数回归方法，实证分析了林业产业结构升级的影响因素，认为人均 GDP、人口规模、R&D 内部经费支出、林业站个数和森林覆盖率是影响林业产业结构升级的主要因素。赵正等(2014)运用灰色关联分析方法，分析了黑龙江省非木质林产品产业与林业产业结构的关联度，认为非木质林产品产业对林业产业结构的影响程度较大。这些研究从不同角度和方法探讨了影响我国林业产业结构的因素，并为优化调整提供了有益的参考。

④ 林业产业结构研究方法的研究。研究林业产业结构的方法多种多样，不同的方法可以从不同角度和层面分析林业产业结构的现状、变化、影响因素和优化对策。近年来，常用的研究方法包括灰色关联分析法、灰色预测模型、偏离-份额分析法、面板数据分位数回归方法和耦合协调度模型等。灰色关联分析法可以计算林业三次产业或其子产业与林业总产值之间的关联度，反映各产业对林业经济增长的贡献程度和影响力，以及各产业之间的协调性。例如，张雨竹等(2016)、刘云龙等(2014)、赵正等(2014)都运用了该方法来研究林业产业结构。灰色预测模型则根据历史数据预测未来一定时期内的林业产值或其比例，反映林业产业结构的发展趋势和演变规律，如朱曼和苏喜友(2013)、邵砾群等(2012)的研究。偏离-份额分析法可以分解林业经济增长的来源，反映各产业或其子产业的增长效率、竞争力和结构优势，例如刘铁铎和张越杰(2018)、丁贺等(2014b)的研究。面板数据分位数回归方法可以考虑不同水平或区域的异质性，揭示影响林业产业结构升级的主要因素和作用机制，如熊立春等(2018)的研究。耦合协调度模型则综合考虑林业产值、资源、环境等多个方面的指标，反映林业产业结构与林业经济之间的耦合关系和协调程度，例如连素兰等(2016)的研究。

上述方法基于数据和模型的定量分析，有助于客观反映林业产业结构的特征和规律，但也需要注意数据的可靠性、模型的适用性和结果的解释性。除了定量分析方法外，还可以运用定性分析方法，如文献综述、案例分析和逻辑推理等，对林业产业结构进行深入探讨和理论创新。

1.2.5 林业生态安全-产业结构关联研究

1.2.5.1 国外的研究

林业发达国家普遍拥有较先进的林业产业系统和较为完整的林业生态系统，

如瑞典、加拿大和芬兰等。芬兰的森林覆盖率约为 80%，每年森林资源增加量达 2 000 万立方米，其林业产业总出口、造纸和硬纸板出口分别占世界总量的 5%、10%和 15%。许多林业发达国家也有类似情况，一个重要原因是林业生态与产业形成了良性互动，实现了森林资源在采集的同时保持可持续经营。然而，这些国家的林业发展历史中也经历了一些波折（李世平和石磊，2005）。例如，芬兰的森林在 18 世纪至 20 世纪初期受到人类活动的严重影响，树木被用于生产焦油和采矿，人们砍伐、焚烧森林以开发农田，导致被砍伐和破坏的森林面积达 50% 至 70%。20 世纪初，芬兰通过加强立法保护森林、强调科学经营、提供经济支持和加强环境监测等措施，逐步实现了林业生态与产业的平衡。在近 100 年的时间里，芬兰的林业逐渐恢复并形成良性快速发展。其他发达国家如德国和新西兰也有类似的发展进程。这些国家的经验表明，注重林业生态与产业的平衡协调发展，可以同时实现生态、经济和社会效益，使林业在促进 GDP 增长的同时不断改善环境。

1992 年，联合国环境与发展会议明确指出林业可持续发展应是林业产业与生态平衡发展的方向，这也是世界各国林业经济领域专家学者的共识。然而，不同文献对林业可持续发展的涵义存在不同理解。Mcmahon(1999)认为，林业可持续发展是在森林资源可持续经营的前提下，利用森林资源时应符合其自身发展规律，运用科学的经营及技术方法，实现生态、经济和社会三者的效益，即既要满足当代人的需求，又要考虑子孙后代的生存和发展需要，同时保持林业发展的巨大潜能。然而，如何实现林业可持续发展并保持生态与产业的平衡发展，各国采取的方法各不相同。

在发达国家，随着对林业的进一步研究，对林业产业与生态之间关系的理解也在不断加深。Wohifahrt(1996)认为，林业产业与生态之间遵循着从对立到共生、相辅相成的发展规律。林业发达国家的实践情况也印证了这一关系的研究和发展。早期的林业发展历史表明，过度砍伐森林会导致森林面积减少，形成森林生态与产业之间的对立关系。然而，自 20 世纪初以来，随着林业加工业的发展，森林面积不断增加。例如，瑞典在 1920 年之后，通过木材加工业促进收入增长和提高就业率，同时政府大力宣扬并实施植树造林，森林覆盖率迅速提升至 60%。通过出售林产品获得的收入，林业产业能够提供森林可持续经营所需的资金。随着森林面积的增加，环境恶化现象也有所改善。在发展中国家，由于经济发展水平较低，林业产业与生态之间的关系尚未得到充分重视和认识。许多国家为了追求经济增长，忽视了森林资源的保护和利用，导致森林面积减少和退化，林业产业结构失衡和低效，林业经济滞后和困境。这些国家需要加强对林业可持续发展的理解和实践，制定合理的林业政策和法规，调整和优化林业产业结构，提高林业产业的附加值和竞争力，促进林业经济与生态环境的协调发展。

发达国家林业的发展表明，林业生态与产业的平衡发展可以有效实现生态、经济和社会三者的效益，从而促进 GDP 增长和社会发展。因此，林业可持续发展是一个复杂而重要的课题，不同国家应根据自身实际情况采取不同的方法和措施。在保护森林的同时利用森林资源并非不可能，只需采用可持续的方式，就能实现良性循环、相辅相成。

1.2.5.2　国内的研究

为了实现林业产业和林业生态两个系统的协调发展，林业产业发达国家做出了很多有益的探索，如建立林业循环经济模式，实施森林认证体系，建设促进两大系统协调发展的政策支持体系等。20 世纪 80 年代出现的"生态林业"理论被广泛传播，受到各国林业专家的重视。中国森林科学家张建国在《现代林业论》一书中对这一时期的"生态林业"主要理论进行了总结：生态林业以"生态利用"为原则，以森林经营利用为体系，即以生态经济为原则，充分运用当地的自然资源，促进林产品开发，并为人类发展创造良好环境，是现代林业的一种基本经营模式（张建国和吴静和，1996）。自然森林生态系统达到生态平衡是生态林业的一个特征，同时人造森林生态系统的生态平衡也是生态林业的一项基本特征。当森林生态系统生物量达到较高水平，即森林达到其演替的顶峰时也是一个良好的平衡状态。生态林业所发挥的现代林业的功能是保护森林资源和林产品。

然而，国内对林业产业和林业生态关系的研究才刚刚开始。1995 年，原国家林业部部长徐友方提出，建设较为完善的林业生态系统和林业产业体系，并作出相关注解。但是由于国内学者及公众对此并没有太多的关注，再加上林业经济方面的短缺，效果并不显著。曹建华和王红英（2005）认为林业政策就是将有限的森林资源在经济和生态方面合理分配，同时实现经济和生态效益的最大化，因此便认为林业产业与林业生态是相互对立的。王兆君（2001）对两者关系进行进一步研究，指出两者是有共同点的，即二者都以森林资源为载体，所以不仅仅是对立关系，而是一种对立统一的关系；"两大体系"主导功能上分（蒋敏元，1996），目标上合；"两大体系"因子上分，系统上合。目前我国林业产业发展过程中最主要的问题就是使林业产业和林业生态两者能够协调发展。

近年来，随着我国林业经济的增长与资源、环境矛盾的日益突出（雷加富，2005），优化林业产业结构成为林业建设的重点任务，而森林生态安全则是林业产业结构优化升级的前提与基础（张大红，2005；孙建，2003）。因此，探讨林业产业与森林生态系统之间的相互关系和影响机制具有重要的理论意义和实践价值。我国学者和林业专家基于我国具体国情，对林业生态建设的研究不断深入，为优化林业产业结构、提高林业生态效率、保障森林生态安全、实现林业可持续发展提供了理论支持和政策建议。概括起来，主要包括以下几个方面的研究内容和特点：

首先，林业产业与森林生态系统是一个复杂的耦合系统，需要运用多种方法和模型进行测度和分析。研究者分别采用ECM模型、VAR模型(姜钰和耿宁,2017)、DEA模型(郑宇梅等,2017)、灰色发展决策模型(董沛武和张雪舟,2013)、投影寻踪模型(宋彩平和朱超平,2015)、态势感知可视化模型(耿玉德和张朝辉,2014)等,从不同角度评价了林业产业与森林生态系统之间的长期均衡关系、短期动态关系、效率水平、集聚水平、和谐性水平及演化因子,揭示了两者之间的相互作用机理和影响因素。

其次,林业产业与森林生态系统之间存在正向促进作用和负向制约作用,需要在保护森林资源环境的前提下实现产业结构优化和升级。研究者分析了不同产业部门对森林生态系统的影响程度和方向,指出林业第二、第三产业相对于第一产业对森林生态系统具有更明显的正向促进作用(姜钰和耿宁,2017;耿玉德和张朝辉,2014),建议在保证森林资源环境可持续利用的基础上,加大对林业第二、第三产业的投入和支持,提高其在林业产业结构中的比重和地位。

最后,林业产业与森林生态系统之间存在地域差异和时序变化,需要根据不同地区的实际情况制定相应的发展策略和措施。宋彩平和朱超平(2015)以黑龙江省为例,分别从大小兴安岭生态功能区、国有林区等不同层面进行了实证分析,发现不同地区的林业产业与森林生态系统之间的耦合度、效率水平、和谐性水平等存在较大差异,且随着时间的推移也呈现出不同的变化趋势。因此,需要根据各地区的具体情况制定适宜的发展目标和调整路径。

尽管我国学者和林业专家在林业生态建设方面取得了一定的成果,但仍存在一些不足和问题,如研究方法的创新性、研究指标的科学性、研究结果的可操作性等。因此,未来需要进一步加强对林业产业与森林生态系统之间复杂关系的深入探索,为我国林业生态文明建设提供更有力的理论指导和实践参考。

1.2.6 国内外相关研究的评价

通过对生态安全、林业生态安全、产业经济、林业产业经济以及林业生态与林业产业之间关联的层层递进研究,进行了国内外理论和实践的综述。对综述内容总结如下。

(1) 国内外生态安全研究方面

自20世纪60年代以来,以环境库兹涅兹曲线为代表的理论研究对生态安全进行了多方面、多领域的研究与实践。研究内容主要聚焦于生态安全与国家安全的关系、生态政治与政策、不同区域及领域的生态安全问题的影响因素及评估指标体系,以及应对生态安全问题的对策,特别是针对河流、湖泊等进行了生态安全评价分析。相对而言,国内生态安全的研究起步较晚。进入21世纪以来,随着我国经济的快速发展和生态环境压力的逐渐增大,生态安全问题受到重视,研究领域主要集中在土地安全、城镇化建设等方面。相比国外多年来开展的研究，我国的理论体系相对薄弱，研究内容相对单一，体现出我国在生态安全研究领域的时间和操作层面的局限性。

(2) 国内外林业生态安全研究方面

具体到林业生态安全，国外研究起步较早，研究内容相对宽泛，涵盖了林业生态管理体系、生态压力与林业资源压力体系、外来物种风险识别、生态制度创新等方面，开展了大量有意义的研究。相对而言，国内林业生态安全的研究在近十几年才逐渐展开，研究内容主要集中于林业生态安全影响因素的选取和系统评价等。虽然起步较晚，但近年来在借鉴国外同类研究的基础上，国内在研究方法和定量分析方面也开展了一些相对深入的研究。然而，整体而言，国内研究仍缺乏理论的系统性和研究内容的广泛性。

(3) 国内外产业经济研究方面

关于产业经济的研究，从综述来看，国内外均开展了较为长期的研究，特别是国内在21世纪以来研究数量呈现明显增长。从国内外研究的重点来看，二者相对吻合，均聚焦于产业经济转型升级、产业结构调整与优化、产业结构演进规律等，这与当今世界经济发展的全球化高度相关。

(4) 国内外林业产业经济研究方面

国外关于林业产业经济的研究起步于18世纪初期，经历了200多年的发展历史，涌现出了森林永续利用理论、森林多功能理论和林业可持续发展理论等一系列林业产业经济理论。具体实践也经历了森林原始利用阶段、林业产业形成阶段、林业产业停滞和恢复阶段等。特别是近年来，国外林业产业政策方面的研究从实践出发，针对林业产业政策进行了大量监测和评价，为政策调整和林业竞争力水平的提升提供了理论和实践依据。相对而言，国内对林业产业的研究近年来取得了快速增长，但研究内容较多局限于概念、分类、影响要素及评价方法等方面，林业产业相关研究与实践结合度相对较弱。

(5) 国内外林业生态安全-林业产业关联研究方面

国外林业发达国家对生态与产业之间的关联进行了大量研究与实践，取得了显著成果，实现了林业生态与林业产业的良性互动。林业产业的发展不仅没有减少森林面积，反而通过两者的协调发展，实现了林产加工业的快速发展，同时森林面积也得到了增加。近年来，国内对林业生态与林业产业的互动关系也进行了定性的研究探讨，为我国新时期林业产业发展与林业生态安全建设指明了方向。然而，研究的系统性和深度仍有待提升。

通过上述层次明晰的总结对比，现有关于林业生态、林业产业及其相互关联的研究既有值得借鉴之处，也存在不足和需要进一步深化研究的要点。

从研究内容来看，需要加强如下几个方面的研究。

① 林业生态与林业产业系统的评价问题。现有研究对影响因素的选取及单一系统的评价进行了大量研究，但对林业产业与生态系统之间的关联是否协调、林业产业发展对林业生态安全的影响程度、各区域林业产业发展对林业生态安全的影响差异等问题尚未深入探讨。因此，后续需要对林业产业发展对林业生态安全的投入与产出之间的内部关联进行测算，同时分析影响两者关联的外部因素，从产业与生态内部投入产出及外部影响因素的角度进行全方位测量，以指导后续林业生态安全提升政策的制定。

② 林业产业生态协同发展的路径研究。从国内外研究和实践的成功经验来看，林业产业的健康和可持续发展对林业生态安全的长期健康发展是有利的。然而，我国林业建设及林业产业发展仍处于较为初级的水平。如何实现林业产业和林业生态安全的协同健康发展，既要借鉴国外林业发达国家的先进经验，又要考虑到我国林业产业和森林资源区域差异较大的具体国情。特别是要实现林业产业升级和林业生态安全提升，需要重点关注技术提升、规模集聚、区域协调等因素的协调提升和调控，实现良性互动。这些方面应得到充分研究和重视。

③ 林业产业生态协调发展的支撑体系研究。林业产业与生态的协调发展是一个多维度、多层次的系统工程，它需要政府、行业组织、企业以及社会公众的共同参与和努力。这一过程不仅涉及金融保障和财税支持等经济手段，还包括文化环境和创新管理等软实力因素。这些要素相互交织，共同构成了一个复合支撑体系，旨在推动林业产业的优化、提升林业资源环境的质量，以及确保林业生态系统的安全。在这一体系中，通过不同主体的协同配合和不同要素的深入推进，才能最终实现林业产业优化、林业资源环境提升和林业生态系统安全的目标。然而，现有研究在探讨这一复合支撑体系时，往往未能充分认识到其综合性和复杂性。提出的对策和建议往往缺乏针对性，难以有效应对实际问题。

林业产业生态安全效率的测度是一个多维度、跨学科的研究领域，涵盖了社会、经济、林业产业、森林资源、森林环境和生态等多方面问题。在研究过程中，学者们融合了协同发展理论、产业结构理论、生态健康理论以及生态创新理论等多学科理论。国外学者在评估和预测生态风险及环境影响方面发挥了重要作用，使用了模型应用、政策分析和案例研究等方法。例如，综合水生系统模型(CASM)、生态系统健康度量指标和生态风险评估模型等工具被广泛应用于生态风险评估。在政策分析方面，研究了《京都议定书》《巴黎协定》等国际法规对林业产业和生态安全的影响。案例研究深入探讨了芬兰、瑞典等国家的林业实践，提供了宝贵的经验和启示。国内研究者采用了定量分析、模型构建和实证研究等方法。定量分析方法如层次模糊综合评价法、生态足迹法和景观格局分析法等，用于对林业生态安全进行量化评估。模型构建方面，基于 PSR 模型的林业生态安全评价体系、DEA 模型和结构方程模型(SEM)等，用于分析林业产业与生态安全之间的相互关系。实证研究通过收集数据，运用统计和计量经济学方法，分析了林业产业结构的演变和影响因素。尽管已有研究取得了一定进展，但仍存在一些挑战，包括数据的可靠性、模型的适用性、方法的创新性和结果的可解释性。定量分析方法的有效性依赖于数据的质量和可靠性，而数据的不足或不准确可能影响研究结果的准确性。此外，不同模型的适用性和局限性也限制了研究结果的普遍性。因此，未来的研究需要在数据收集、模型选择和方法创新上做出更多努力。

综上所述，现有研究在林业产业和林业生态方面进行了初步探讨，为我国新时期林业发展奠定了有益的理论基础，既有可借鉴之处，也存在许多不足。本研究将对林业产业生态安全效率进行测度，从林业产业生态系统的内部投入与产出的角度出发，对投入产出效率进行测算。同时，对系统外部影响生态安全效率的因素，从经济压力、资源状态、人类对策反应等方面进行回归分析，综合考虑系统内外部时间维度和区域维度的多重因素，考虑其综合性和复杂性，以期为林业产业发展和林业生态安全提升的研究作出积极探索。

1.3 研究目标与研究内容

1.3.1 研究目标

本研究以林业生态安全的系统机理分析为基础，关注林业产业与林业生态安全发展过程中遇到的矛盾，借鉴协同理论，探索实现两者协调发展和可持续发展的新思路，具有较强的理论和现实意义。

(1) 为林业生态安全的深入研究提供基于林业产业视角的理论框架

本研究梳理了国内外关于林业生态安全和林业产业发展的相关文献，分析了两者之间的内在联系和相互影响，从理论上研究了林业产业和森林生态协调健康发展的基础支撑条件。借助协同理论、生态系统健康理论和环境风险评价理论，构建了一个包含林业产业子系统、森林资源环境子系统、社会经济子系统的林业生态安全投入产出绩效评价模型(张智光，2013)。该模型有助于更好地理解和分析林业产业生态安全的问题，揭示林业产业与生态安全之间的关系，为深入研究林业生态安全提供理论支持。

(2) 为林业生态-产业复合系统的机理分析提供可靠的逻辑和数据支撑

在构建的林业生态-产业复合系统理论框架体系下，从投入与产出的角度分析林业产业子系统(包括林业三次产业内部及相互之间的影响)对林业生态安全的影响效率(如水土流失治理、空气质量影响、湿地面积影响等)，有助于定量分析林业生态与产业复合系统的内部关联。同时，通过构建 PSR 模型框架，从林业产业与经济发展压力(P)、资源环境状态(S)、人类生态安全响应(R)的角度，分析影响林业产业(投入)生态安全(产出)效率的相关因素。综合考虑投入与产出的内部关联及相关因素的外部影响，准确掌握林业生态安全-林业产业协调发展的系统运行机理，使林业产业的投入(如产业结构比例调整、生态安全的投资建设等)进一步提升林业生态安全的产出效率。

(3) 为促进林业生态安全-林业产业协调发展提供新的思路

兼顾林业产业发展和生态保护，是现阶段我国产业发展过程中面临的复杂难题。本研究借鉴协同发展理论，探索林业生态安全与林业产业协调发展的新思路。通过构建林业产业生态共同提升的多维对策体系，为实现旧体系的非平衡发展向

"新系统"的和谐共生转变提供可借鉴的思路。

1.3.2 研究内容

本研究围绕林业生态安全与林业产业协调发展的理论体系构建、林业产业生态安全效率的定性和定量分析、外部影响因素分析等展开，并将分析结果应用于林业产业的调整转型和林业生态安全建设的提升。研究内容涵盖以下几个方面：

（1）林业产业-生态复合系统的理论体系构建

从生态系统健康理论、生态创新理论、产业结构理论和协同发展理论等角度出发，构建林业生态-林业产业协调发展的理论框架。首先，将林业生态安全的理论从森林生态安全（狭义生态安全）扩展为林业生态安全（广义生态安全），以更全面地考虑林业产业对生态系统的影响和依赖关系。其次，进一步深化林业产业-生态复合系统的构建，强调林业产业调整和林业生态安全建设的总体协调正向影响，以及林业产业内部结构体系对林业生态安全的细化影响。最后，通过这一理论体系的构建，可以更好地理解和分析林业生态安全与林业产业之间的关系，为后续研究提供理论基础和指导。

（2）国内外林业生态安全与林业产业关联研究综述

对国内外关于生态安全建设和产业结构优化升级方面的研究进行综述，通过汇总国外在生态安全建设和产业经济结构优化方面表现较好的国家和地区的经验，借鉴其成功经验并加以分析。同时，对照我国经济社会发展中生态建设及林业产业发展过程中遇到的问题，可以发现存在的差距和不足之处。这将为后续的林业生态安全与林业产业协调发展研究提供理论和实践支撑，并为制定相应的政策和措施提供参考。

（3）林业生态安全建设与林业产业发展现状及问题分析

为了对林业生态安全与林业产业之间的作用机理进行定性与定量分析，本研究将全面梳理我国林业产业的发展情况和林业生态的建设情况。通过对林业产业的发展情况进行分析，可以了解其发展水平和存在的问题。同时，对林业生态的建设情况进行分析，可以评估生态环境的状况和存在的问题。特别是要分析林业第一、第二、第三产业内部及产业系统之间结构不协调对林业生态安全建设带来的问题。通过这一分析，可以为后续的研究提供定性和定量的数据支持。

（4）基于 DEA-SBM 模型对林业产业生态安全效率进行静态分析

从林业产业-林业生态安全复合系统的投入和产出角度，对林业产业生态安全效率进行分析，旨在通过对林业产业结构及其三次产业变动对生态安全的影响进行定量分析，为优化林业产业投入和提升生态安全产出提供理论依据。考虑到时间和区域等变动因素，使用 SBM 数据包络分析方法，从静态角度对不同地区林业产业生态安全效率进行分析。同时，根据效率值的区域分布情况，对不同地区的林业产业投入带来的生态效益提升效果进行区划分析，实现对林业产业优化和林业生态安全提升的针对性调整，为后续林业产业政策的制定提供借鉴依据。

(5) 基于 DEA-Malmquist 指数的林业产业生态安全效率的动态分析

Malmquist 指数可以反映出效率的变化趋势，从而揭示林业产业生态安全效率的发展趋势和区域差异。通过计算 Malmquist 指数，可以评估不同年度和不同地区林业产业生态安全效率的动态变化情况。同时，将 Malmquist 指数分解为技术效率指数和技术变动指数，可以更全面、准确地分析效率变化的趋势和规律，深入了解技术进步对林业产业生态安全效率的影响，为推动林业产业的可持续发展和生态安全建设提供理论支持。

(6) 基于 Tobit 模型的林业产业生态安全效率的外部影响因素分析

静态 SBM 模型和动态 Malmquist 指数仅对林业产业-林业生态安全复合系统内部的投入和产出指标进行了效率测量，未考虑系统外部相关因素的影响。本研究借助 PSR 模型，从复合系统所处的外部环境对林业产业生态系统所产生的经济发展压力(P)、资源环境的质量与状态(S)和人类面对环境问题所采取的改进措施(R)等角度出发，选取影响因素进行回归分析。这样，在后续分析林业产业优化及林业生态安全提升对策时，可以更加有针对性地考虑外部系统的影响与改进对策。

(7) 构建林业产业与林业生态安全协调提升的多层对策体系

从林业产业优化调整与林业生态安全水平提升的协调发展角度出发，借助多维动态创新模型，构建了涵盖动因驱动维、影响要素维和参与主体维的多维动态对策体系。通过政府调控、产业规范、企业与公众微观参与提升的主体维度，对影响因素进行系统分析，旨在实现以下调整方向：① 实现社会经济发展对资源环境消费的持续减量化；② 提高资源环境保护对社会经济发展的保障能力；③ 强化生态文明建设，提升资源环境的承载能力；④ 实现林业生态安全对社会经济发展的强化作用。

1.4 研究的理论依据

林业产业生态安全效率概念的提出主要立足于林业产业与生态安全之间的紧密关联。两者之间的逻辑关系依托于生态系统健康理论、生态创新理论、产业结构理论和协同发展理论等理论基础(图 1-5)。对于林业生态安全-林业产业(Forestry Ecological Security - Forestry Industry,简称 FES-FI)这样一个紧密关联的系统而言,生态系统健康理论是 FES-FI 系统健康发展的物质基础;产业结构理论有助于理清 FES-FI 系统的内部关联;协同发展理论关注林业生态安全和林业产业之间的协调发展;而生态创新理论则着眼于 FES-FI 系统的未来发展。只有这四种理论共同作用,才能造就一个理想状态的 FES-FI 复合系统。

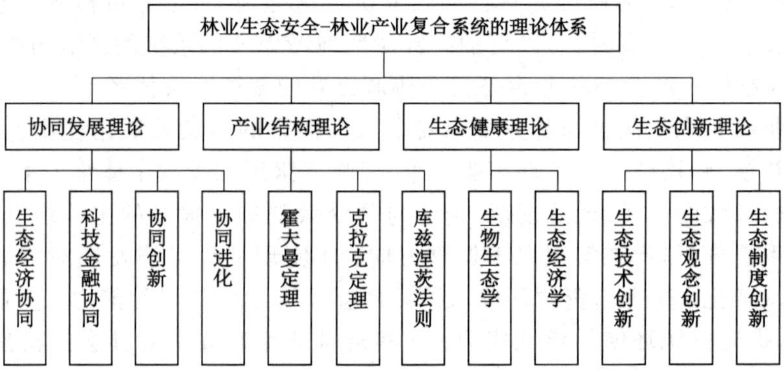

图 1-5　林业生态安全-林业产业复合系统的理论体系

1.4.1 协同发展理论

长期以来,人们从不同角度深入探索了若干系统的协同特征,积累了丰富的经验和知识。近年来,合作协同的定量研究逐渐兴起,例如耗散结构理论、突变理论、平衡相变理论和微分方程等,这些理论分别来自非平衡热力学、数学、物理学和系统动力学。协同发展理论是前联邦德国科学家赫尔曼·哈肯于 20 世纪 70 年代创立的一门综合性跨学科科学。它解决了完整系统内部及不同子系统之间的相互联系和共同运作问题，并由此产生一系列规律和序列问题。协同发展理论已成为当今世界许多国家和地区实现社会可持续发展的基础。

哈肯在其研究中提出了协同开发的概念，这一理论专注于探讨子系统之间的协同进化过程。具体来说，协同理论旨在分析子系统如何在时间、空间和效能三个维度上实现相互促进和共同发展。这种协同进化不仅涉及子系统间的相互作用，而且通过自我升级机制，推动整个系统向更高层次的功能转变。值得注意的是，这种自我升级带来的新功能往往不会在每个独立的子系统中单独显现。相反，它们是从系统整体的角度出发，通过宏观层面的观察才能发现的。这些新功能的出现，正是协同作用所带来的一种质的飞跃，体现了系统作为一个整体在功能上的不可预测性和创新性（Haken,1977）。

协同效应是推动事物发展的关键因素，它通过促进子系统之间的耦合和共生，实现了一致性的产生。这种一致性不仅仅是局部的，而是一种整体效应，它使得各个子系统能够在互助中工作，相互补充不足，共同推进系统向更有利的功能趋势发展。为了实现这种协同效应，建立一个完整而高效的制度结构至关重要。这样的结构主要依赖于系统的自组织能力和自适应效能。自组织能力使得系统能够在没有外部指导的情况下，内部各部分能够协调一致地工作。自适应效能则确保系统能够根据环境变化获取信息，并进行自我完善，从而维持持续的自我优化运行。因此，系统具备了自我控制和自我调节的能力，在稳定有序的方式下，相互作用和调整子系统的层次和要素。这种自我调节机制使得系统能够更好地适应环境，实现长期的稳定和发展。

整体而言，协同发展理论为本研究提供了一个全面框架，用以理解和推动系统内部各个子系统之间的协同作用和相互影响。在林业领域，这一理论尤为重要，因为它强调了林业生态安全与林业产业之间的相互依存和相互促进关系。通过这种协同作用，可以实现整体效益的显著提升。

在本研究中，协同发展理论在林业生态安全与林业产业的协同发展中具有重要的指导作用。通过协同发展理论的指导，可以实现林业生态安全与林业产业的良性互动，推动林业产业的可持续发展和生态安全建设。协同发展理论的指导作用体现在以下几个方面：

首先，协同发展理论提醒我们，发展应着眼于整个系统，而非孤立的组成部分。在林业生态安全与林业产业的协同发展中，需要综合考虑系统的需求和目标，通过协同作用实现系统整体的优化和提升。

其次，协同发展理论强调了不同组成部分之间的协调性和互补性。生态安全是林业产业发展的基础，而林业产业的健康发展又为生态安全提供了必要的支撑。在协同发展理论的指导下，可以通过优化产业结构、提升技术水平等措施，实现林业生态安全与林业产业的协调发展。

最后，协同发展理论还突出了相互依存和相互影响的重要性。林业生态安全的提升为林业产业提供了更好的生态环境和资源，而林业产业的健康发展也为生态安全提供了经济和技术支持。在协同发展理论的指导下，加强合作与协作，可以促进林业生态安全与林业产业之间的良性互动。

1.4.2 产业结构理论

20 世纪 30 年代是西方产业结构理论的开创性时期，其中以霍夫曼定理、克拉克定理和库兹涅茨法则等为代表。德国经济学家霍夫曼在这一时期对工业结构的演化规律进行了深入探讨，并提出了著名的霍夫曼定理。霍夫曼观察到，在工业化进程中，信息产业的净产出与资本比率相对于消费者信息净产出的比率呈现下降趋势，这揭示了重工业在工业化结构中的主导地位。

美国经济学家克拉克，被誉为现代工业经济学的先驱，在 20 世纪 40 年代对产业结构理论作出了重要贡献。克拉克的研究聚焦于经济发展与产业结构变化之间的关系，他发现随着经济的增长和人均国民收入的提升，劳动力从第一产业向第二产业转移，进而随着人均收入水平的进一步提高，劳动力又逐渐转向第三产业。这一过程体现了行业内劳动力分布的变化趋势：第一产业劳动力减少，而第二和第三产业劳动力相应增加(Clark，1940)。

库兹涅茨，被誉为“国民生产总值之父”，从国民收入和劳动力两个维度，详细分析了三次产业结构的变化规律，并提出了库兹涅茨法则。他指出，在大多数国家中，尽管劳动力的相对比重持续上升，但国民收入的相对比重可能不会同步上升，两者的相对比重在某些情况下保持大致相同或有所上升(Kuznets，1971)。

产业结构理论的进一步发展引入了工业生态学的概念。Allenby 和 Erkman (2001)对工业生态学进行了初步研究，随后，学者们提出了构建模仿自然生态系统的工业生态系统，以促进产业结构的可持续发展。例如，Gertle(2004)提出构建生态产业结构，Meadows 等人(2013)讨论了产业结构的生态文明建设，而 Dai(2004)和 Yao(2009)分别探讨了生态产业结构和促进产业结构生态文明建设的重要性。

到了 20 世纪 80 年代，生态产业结构理论在世界范围内广受欢迎，并发展成为多种生态经济理论。许多西方学者认为，面对日益严重的生态危机，工业社会的转型和建立新的社会理论至关重要(Lowenthal & Kastenberg，1998；Suren，2001；Peter，1997)。

产业结构理论提供了一个理论框架，用以研究经济中不同产业间的相互关系及其演变规律。该理论体系对于林业生态安全与林业产业的协同发展具有显著的指导意义。通过应用产业结构理论，可以促进林业产业的可持续发展和生态安全建设。

首先，产业结构理论揭示了不同产业间的相互依存与促进关系。在林业生态安全与林业产业的互动中，这些产业之间存在紧密的依存关系和相互促进的潜力。林业产业的繁荣不仅依赖于其他产业的支持，而且其健康发展也为其他产业提供了必要的资源和市场需求。在产业结构理论的指导下，通过优化产业结构，可以实现产业间的协同效应，促进林业生态安全与产业的良性互动。

其次，产业结构理论强调了产业结构演变的重要性。在林业生态安全与林业产业的协同发展过程中，必须关注产业结构的动态变化，并根据经济发展和生态安全的需求进行合理调整。产业结构的调整可以通过扶持新兴产业的发展和推动传统产业的转型升级来实现，进而达到产业结构的优化和产业间的协同发展。

最后，产业结构理论还突出了可持续发展的核心地位。在林业生态安全与林业产业的协同发展中，实现经济发展与生态保护的和谐统一至关重要。产业结构的调整和优化应以促进可持续发展为目标，通过发展绿色产业、提高资源利用效率、减少环境污染，实现经济与生态效益的双重增长。

在产业结构理论的指导下，可以通过深入研究产业结构的演变规律，制定并实施有效的政策和措施，以推动林业生态安全与林业产业的可持续发展。这不仅涉及政策层面的制定，也包括对市场机制的引导和激励，确保林业产业在促进经济增长的同时，也能够维护和提升生态安全。

1.4.3 生态健康理论

生态环境的恶化和生态系统管理理论与方法的滞后，催生了生态健康理论的出现和发展。早期的生态系统健康观点将生态系统视为一个有机体，认为健康的生态系统具备恢复力（resilience）和内在稳定性（homeostasis），能够抵抗疾病和维持平衡状态（Odum et al.，1979）。当生态系统的指标变化超出正常范围时，预示着生态系统健康的下降。

20 世纪 80 年代末，加拿大学者 Schaeffer（1988）和 Rapport（1989）首次提出生态系统健康的概念，指出一个健康的生态系统具有稳定性、多样性和可持续性，能够维持其自身的结构和功能，同时为人类提供各种生态服务。他们首次探讨了推进生态系统健康的措施，但并未明确界定生态系统健康的具体状态。随后，Rapport 等（1999）进一步概括了生态系统健康的概念，认为它应包括满足人类社会和生态系统合理需求的能力。

20 世纪 90 年代初，生态系统健康成为全球管理的新目标，并被众多学者推崇为分析生态系统的新方法。Haskell 等（1992）认为，健康的生态系统应不受疾病影响，保持稳定和可持续性，并能适应压力。Costanza 和 Ruth（1998）提出，稳定和可持续的生态系统，能够长期保持活跃和稳定，具有抗压性，这样的系统是健康的。

他们总结了生态系统健康的特征:生态稳定性、非疾病状态、多样性或复杂性、活力或增长潜力,以及系统元素间的平衡。

至今,生态系统健康理论已超越了单纯的生态学定义,它不仅包括生态系统的物理要素,还融合了生物学、物理学、艺术、哲学、伦理学和经济学等多个学科的视角。人类作为生态系统的一部分,并非与之独立。生态系统健康的关键任务之一是促进对人类活动与生态变化的协调,以及深化对这些活动与人类健康关系的理解(张硕辅,2011)。生态系统健康的概念可分为生态学定义和生态经济学两大类。生态学定义主要集中在生物物理学领域,强调生态系统的自然属性,而生态经济学则综合考虑自然生态、生态系统服务、人类活动,以及生态系统间的相互作用。

综上,生态系统健康理论是一个综合性的理论体系,旨在评估和管理生态系统的状态与功能。在林业生态安全领域,该理论提供了重要的指导作用,有助于全面评估林业生态系统的健康状况,并制定相应的管理策略,以实现林业生态安全与林业产业的协同发展。

首先,生态系统健康理论提供了一套评价方法和指标体系,用于评估生态系统的健康状况。评估过程需综合考虑生态系统的结构、功能、过程及其对环境变化的响应能力。关键评价指标包括物种多样性、生态系统稳定性、能量流动和物质循环等。通过这些评价指标,可以全面了解林业生态系统的健康状况,识别存在的问题和潜在风险,为制定科学管理策略提供依据。

其次,生态系统健康理论强调生态系统的可持续发展和适应能力。一个健康的生态系统不仅需要维持稳定和健康状态,还应具备对外部压力和干扰的适应能力。在林业生态安全与产业协同发展中,保护和恢复生态系统的健康,提高其抗干扰能力,对于实现可持续发展至关重要。

最后,生态系统健康理论还关注人类活动与生态系统的相互关系。生态系统健康不仅涉及内部状态,还包括人类活动对生态系统的影响及其依赖性。在林业生态安全与产业协同发展中,合理规划和管理人类活动,减少负面影响,促进人与自然的和谐共生,是实现生态健康的关键。

整体来看,生态系统健康理论为实现可持续发展目标提供了理论支持,强调了人与自然的和谐共生,为林业生态安全和产业的可持续发展提供了科学指导和实践路径。

1.4.4 生态创新理论

国外对生态创新(eco-innovation)的研究起步较早。Fussler 和 James(1996)最早提出了这一概念,将生态创新定义为能够显著减少环境污染的新产品和新工艺,这些创新对客户和企业都具有重大价值。一些学者更狭义地认为,生态创新专指生态技术的改进和资源利用效率的技术进步(Norberg-Bohm,1999)。而广义上的生态创新理念则涵盖了将生态学原理应用于技术创新的方方面面,它不仅提高了资源利用效率,还引入了新的生产方式和生态文明,其价值不仅体现在产品创新上,还包括开拓新市场和建立新体系。这一理念涉及开发新理念、新流程,并持续改进产品和服务(James,1997;Rennings,2000;Hellstrom,2007)。基于这些研究,经济合作与发展组织(OECD)在2009年发布的《生态创新研究报告》中明确指出,生态创新包括新产品(商品和服务)的开发、市场方法的创新、流程、组织结构的创新,这些创新能够带来环境绩效的改善。

2009年12月的哥本哈根气候大会曾被寄予厚望,被誉为"拯救人类的最后机会"。然而,会议并未达成预期成果。这一结果凸显了全球发展体系面临生态转型的紧迫性、复杂性和难度。这种转型并非仅靠单纯的技术创新就能实现,也不能依赖于渐进式的创新。实际上,从全球到国家、产业乃至企业层面的生态转型,已经成为一种以竞争为导向的生态创新行为。世界领先企业和中国企业的经验均显示,生态创新是企业构建全球竞争优势的有效策略。同时,随着创新理论与环境管理理论的融合,生态创新逐渐发展成为一个独立的学术概念,其研究重点在于探索生态创新机制的功能和作用。

生态创新理论的价值不仅体现在学术层面,更在实践层面上显现出其深远意义,它是连接生态文明与中国特色社会主义的内在纽带。加强生态创新与维护生态安全是21世纪人类共同面临的挑战。对此,党中央、国务院以及各级政府均给予了高度重视,通过投入资金、制定优惠政策来激励创新并提供坚实支持。与此同时,中国经济的快速增长和人民生活水平的不断提升,使得林业的地位愈发凸显,林业发展迎来了前所未有的机遇。相应地,林业生态创新理论也面临着巨大的发展空间。

生态创新理论是一个综合性的理论体系,旨在通过融合生态学理论与技术创新,解决环境问题并推动经济与社会的可持续发展。该理论在促进林业生态安全与林业产业的协同发展中扮演着至关重要的角色。

首先,生态创新理论提供了解决环境问题和实现可持续发展的新途径。它鼓励开发环保和资源节约型的生产工艺与产品,减少对生态系统的负面影响。在林业领域,生态创新可以改进生产方式,降低森林资源消耗,提高资源利用效率,为林业的可持续发展提供支持。

其次,生态创新理论强调生态系统与经济系统的协同发展。它不仅关注解决环境问题,也重视经济与社会的可持续发展。在林业生态安全与产业协同发展中,生态创新有助于实现经济效益与生态效益的双重目标。通过发展生态旅游、生态农业等新兴产业,促进林业产业的升级与转型,形成经济增长与生态保护的良性循环。

最后,生态创新理论进一步强调了创新的开放性和合作性。它认为生态创新需要政府、企业、社会组织和公众等多方的共同参与和合作。在林业生态安全与产业协同发展中,建立多方参与的合作机制至关重要。这有助于促进知识与技术的共享与交流,优化创新资源的配置与利用。

生态创新理论为林业生态安全与产业发展提供了一个全面的框架,强调了环境保护与经济发展的平衡,以及多方合作在推动创新中的重要性。通过实施生态创新,可以促进林业产业的可持续发展,同时维护和增强生态安全。

1.5 研究方法与技术路线

1.5.1 研究方法

(1) 运用系统集成的思路实现多学科的理论融合

生态与产业的发展涉及多学科的交叉融合。为了促进林业产业与林业生态安全建设的协同进步,关键在于综合运用系统集成的方法论,实现多学科理论的深度融合。这包括生态系统健康理论、生态创新理论、产业结构理论以及协同发展理论等。通过全面梳理和整合现有研究成果,可以对林业生态安全的内涵进行准确界定,并构建一个系统化的理论框架。在此基础上,采用系统工程的视角,综合考虑内外部因素的相互作用,更准确地评估林业产业的生态安全效率。最终目标是实现林业产业生态安全的协调发展,确保产业进步与生态环境保护相得益彰。

(2) 定性测度与定量测度的紧密结合

定性方法通过深入分析事物发展的历史脉络、经验推理以及系统内部的逻辑联系,提供了对研究对象的宏观把握和理解。这种方法能够揭示林业产业生态安全效率的潜在动因,并为进一步的分析提供方向性指导和理论假设。定量方法则通过精确的数据分析,对林业产业生态安全效率的内部投入和产出要素进行静态和动态的量化评估。此外,它还能够对外部影响因素进行回归分析,从而实现对系统内外因素的全面和系统性分析。通过这种结合,不仅能够识别和测量影响林业产业生态安全效率的关键变量,还能够评估这些因素如何相互作用和影响整体系统的效能。通过定性测度和定量测度的紧密结合,能够更全面地评估林业产业的生态安全效率,不仅增强了研究的深度和广度,还提高了评估结果的准确性和可靠性。

(3) 拓展数据包络分析的模型应用

数据包络分析(DEA)作为一种强大的效率评估工具,其独特之处在于能够处理多种投入和产出,而无需将它们转换为统一的计量单位。这种方法通过将投入和产出分别作为效率比率的分子和分母,为衡量林业产业生态安全效率提供了一种直观且清晰的视角。本研究进一步拓展了 DEA 模型的应用范围,特别采用了基于松弛变量的 DEA 模型 SBM(Slacks-Based Measure)模型和 Malmquist 指数模型,以更精确地测算和评估林业产业生态安全效率的提升。

SBM-DEA 模型的一个特点是其效率值范围限定在 0 到 1 之间,这导致数据截断现象。为了解决这一问题，并深入分析外部影响因素对林业产业生态安全系统的作用，本研究引入了 Tobit 回归模型。Tobit 回归模型适用于处理截断数据，能够更准确地估计外部变量对系统效率的影响，从而为林业产业生态安全效率的全面评估提供了一种有效的分析方法。

1.5.2 技术路线

通过回顾和梳理我国林业生态安全的发展历程，并结合当前具体情况，本研究围绕林业产业的可持续发展与森林生态的健康协调，对林业生态-林业产业复合系统的影响因素进行了定性分析，构建了林业产业子系统-林业生态子系统复合系统。通过对林业产业-林业生态复合系统的发展过程及现状的分析，了解系统内部的投入指标与产出指标，并分别通过 SBM 模型和 Malmquist 指数进行系统内部的静态和动态效率分析。同时，利用 Tobit 回归模型对影响林业产业-林业生态复合系统的外部因素进行回归分析，以测定外部因素对系统的影响程度。最后，根据定性和定量分析结果，建立了体现林业生态-产业协调发展程度的多维对策提升体系。该体系旨在及时反映两者的动态关联，提升生态安全预警能力和林业产业的转型升级，预防因产业结构失衡导致的林业生态安全问题，并提供相应的政策建议(图 1-6)。

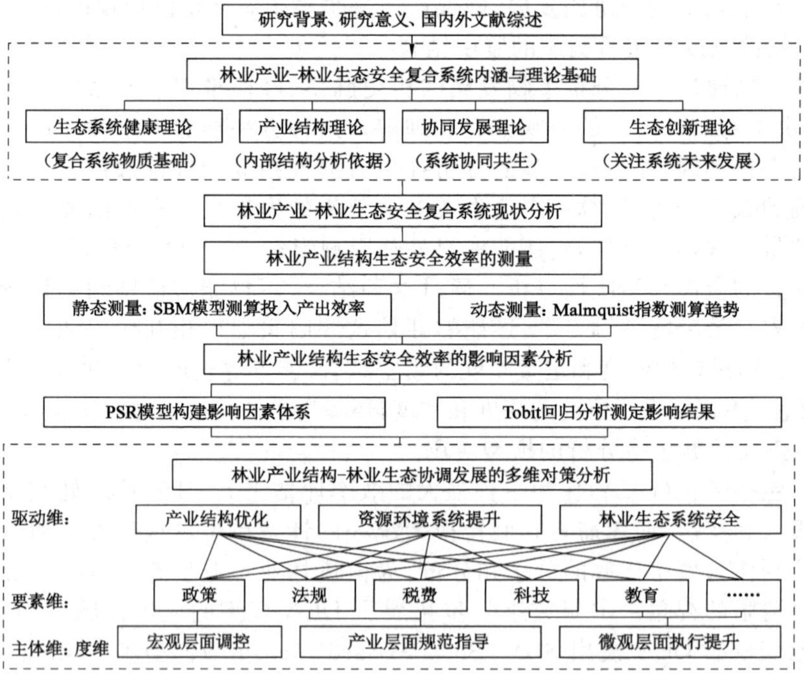

图 1-6　研究的技术路线图

2

我国林业产业生态安全的现状及问题分析

2.1 我国林业及其三次产业发展的现状分析

2.1.1 我国林业产业发展的现状分析

林业产业的发展历程与国家政策的演变密切相关。从1949年至今,我国林业产业经历了三个主要的发展阶段,每个阶段都伴随着政策的调整和优化。

1949年至1977年的恢复与发展阶段,我国林业以木材生产为中心,这一时期的政策主要聚焦于产业的基础建设和产量提升。1978年至1998年进入快速发展阶段,其中"三北"防护林体系建设工程成为林业发展的重要里程碑,标志着政策开始重视生态建设与木材生产并重。自1998年起,随着可持续发展理念的深入人心,林业政策转向以生态建设为中心。通过对不同阶段政策的背景、决策过程、理念及其效果的深入对比,可以发现我国林业不同阶段的政策经历了从"以生产木材为主"到"生产木材与建设生态环境并行",再到"以生态建设为主"的转变。同时,政策实施主体也从"政府主导"逐步过渡到"全民参与",并且政策形式正不断向"法制化"方向发展。

2.1.1.1 我国林业产业发展的三个阶段

(1) 第一阶段:恢复与发展阶段(1949—1977)

在新中国成立之初,国家面临着重建家园的艰巨任务,林业产业作为国家建设的重要组成部分,其恢复与发展受到了高度重视。1949年至1977年,中国林业产业处于恢复与发展阶段,这一时期的林业政策主要集中在基础建设和木材生产上,以满足国家经济建设的需要。政策的制定与实施,紧密围绕国家的经济恢复和发展需求,重点加强了林业基础设施的建设,包括林业教育、科研以及种苗基地的建立。政府大力推广植树造林,实施了一系列林业重点工程,如"12年绿化运动",旨在提高森林覆盖率,增加木材储备。此外,通过实施"青山常在、永续利用、越采越多、越采越好"的森林经营原则,确立了林业可持续发展的基础。在这一时期,中国政府还特别强调了林业的科技支撑作用,加大了对林业科研的投入,培养了一批林业科技人才,推动了林业科技的进步。这些措施为林业产业的健康发展奠定了坚实的基础。

在恢复与发展阶段，木材生产是林业产业的核心。为了满足国家建设对木材的大量需求，政府采取了一系列措施来增加木材产量。这包括实施大规模的植树造林活动，推广适宜的树种，以及改进森林经营和采伐技术。特别是在1958年，毛泽东主席提出了“绿化祖国”“实行大地园林化”的号召，进一步推动了林业产业的发展。在这一时期，中国林业产业的木材产量得到了显著提升，为国家的基础设施建设、家具制造以及其他木制品行业提供了重要的原材料。同时，政府还注重提高木材的利用率和加工水平，建立了一批木材加工企业，延长了林业产业链，提升了木材的附加值。这些措施不仅增加了木材的供应量，也推动了林业产业的多元化发展。

通过这一阶段的政策推动和产业发展，中国林业产业在基础建设、木材生产等方面取得了显著成就，为后续的快速发展奠定了坚实的基础。

(2) 第二阶段：快速发展阶段(1978—1998)

1978年至1997年，中国林业产业经历了显著的快速发展阶段。在这一时期，国家林业政策由单一的木材利益转向木材培育与利用并重的多元化发展模式。通过大力建设防护林体系，原木产量得到了有效控制，并维持在稳定范围内。1986年，中国颁布了新的林业经营方针，即“以林为主，综合利用，多种经营，立体开发，全面发展”，这一方针的提出标志着林业产业转型的明确方向。1989年，《林业部贯彻国务院〈关于当前产业政策要点的决定〉的办法》的制定，进一步明确了林业产业调整的原则、重点和保障措施。随着政策的推动，传统林业产业如木材加工和林业机械制造开始进行结构调整。同时，经济林和森林旅游等第三产业得到了国家的大力支持，促进了林业产业的多元化发展。

“三北”防护林体系建设工程是这一时期中国林业发展的重要标志。三北防护林工程，即指在华北、东北和西北地区构建的大型人工林业生态工程，其目的是改善生态环境，防止沙漠化，以及提高森林覆盖率。三北防护林体系的建设不仅在生态上起到了重要作用，也在社会经济层面产生了深远影响。通过大规模的植树造林活动，有效遏制了沙漠化的扩张，保护和恢复了生态平衡。据统计，到1995年，三北防护林体系建设已累计完成造林面积达到1.2亿公顷，森林覆盖率显著提升，由1977年的5.05%增加到1995年的10.4%。此外，三北防护林工程还带动了当地林业产业的发展，促进了木材加工、林产品贸易等相关产业的兴起，为地区经济增长提供了新的动力。政策上，国家相继出台了一系列扶持林业发展的政策措施，如《森林法》的颁布实施，为林业的可持续发展提供了法律保障。

随着改革开放的深入，中国林业产业政策也进行了相应的调整，以适应经济发展的新需求。政策调整主要体现在以下几个方面：首先，政策开始注重林业的生态效益，强调森林资源的合理利用与保护。政府提倡科学造林，注重森林质量和生物多样性的保护，逐步减少对天然林的依赖，推动林业向可持续发展转型。其次，政策鼓励林业产业的多样化发展。除了传统的木材生产，政策还支持发展经济林、竹林、花卉等产业，以及林产品的深加工，提高林业产业的附加值。这一时期，林纸一体化、林板一体化等新型产业模式开始出现，林业产业结构得到优化。再次，政策推动了林业管理体制的改革。实行了林权制度改革，明确了林地使用权和林木所有权，激发了社会各界参与林业建设的积极性。同时，政府加大了对林业科研和技术推广的投入，提高了林业科技含量。最后，政策还加强了国际合作与交流。中国积极参与国际林业组织和活动，引进国外先进的林业管理经验和技术，提升了国内林业的整体水平。

1978 年至 1997 年间，中国林业产业在政策的引导和支持下，实现了快速发展，不仅在生态建设上取得了显著成就，而且在产业多样化、管理体制改革以及国际合作等方面都取得了积极进展。这些政策的实施，为后续林业产业的可持续发展奠定了坚实的基础。

(3) 第三阶段：以生态建设为中心的可持续发展阶段(1998—至今)

自 1998 年起，中国林业政策迈入了以生态建设为核心的可持续发展新阶段，这一时期政策的转变深刻体现了生态文明建设的重要性，强调人与自然和谐共生的理念。国务院在 1998 年提出改善生态环境的方针，如退耕还林、退田还湖等，同时实施了六大工程，标志着林业发展迈向新阶段。2003 年进一步出台了《关于加快林业发展的决定》，明确提出了林业发展的目标和任务。这些政策不仅注重森林资源的保护和生态功能的恢复与提升，还推动了林业产业的多元化发展，包括速生丰产林的集约高效利用、森林食品和经济林等产业的发展，以及林纸结合和现有技术改造，促进产业结构的调整和产业升级。

在这一阶段，政策制定更加注重生态保护与修复，并推动林业产业向更加可持续的方向发展。政策制定过程中，公众参与度逐渐提高，政策制定更加透明和民主。生态文明思想的提出标志着中国林业政策的根本转变，不仅关注林业产业的经济效益，更加重视生态效益和社会效益。同时，政府加大了对林业生态工程的投入，实施了如天然林保护工程、退耕还林还草工程等，有效改善了生态环境，增加了森林覆盖率，提高了生态系统服务功能。此外，政策制定者也重视科技创新在林业发展中的作用，鼓励采用先进的林业技术和管理方法，提高林业资源的利用效率和产业的附加值。政策的实施也更加注重法律法规的完善，如修订《中华人民共和国森林法》等，以法制手段保障林业的可持续发展。

在过去的 70 多年里，中国林业产业取得了显著的发展成果。累计生产木材达到 327 689.57 万立方米，竹材 2 925 870 万根，锯材 113 679.97 万立方米，人造板 212 597.94 万立方米，展现了林业产业的庞大规模和生产能力。截至 2015 年，中国林业产业的总产值达到了 5.94 万亿元，这一数字不仅体现了林业产业的整体经济贡献，也反映了其在国民经济中的重要地位。具体来看，第一产业产值为 2.02 万亿元，占总产值的34%，显示出传统林业产业依然保持着一定的比重。第二产业产值为2.99万亿元，占总产值的50%，凸显了加工制造业在林业产业中的主导作用。第三产业产值为0.93万亿元，占总产值的16%，表明服务和旅游等新兴领域正逐渐成为林业产业的新增长点。

在第一产业中，经济林产品的种植与采集领域呈现出显著的增长趋势。截至2013年年底，经济林的种植面积已扩展至3 781万公顷，总产量高达1.48亿吨，这一产量的增长不仅体现了经济林在农业结构中的重要地位，也反映了其在推动地方经济发展中的积极作用。经济林业的种植和收集业在第一产业中的产值达到了9 240.37亿元人民币，占据了相当大的市场份额。这一产值的实现，不仅促进了农村经济的多元化发展，而且为当地农民提供了稳定的收入来源，成为他们主要的经济支柱。

在第二产业中，木材加工及相关制品制造业经历了快速的发展。至2015年，该行业的产值达到了1.15万亿元人民币，其中，人造板制造业的产值为0.60万亿元，木材加工产值为0.22万亿元，木制品制造业产值为0.25万亿元人民币，而竹、藤、棕、苇制品制造业的产值则为806.42亿元。木竹加工业的主要产成品涵盖了木制品、竹藤苇制品等，总产量达到了1 186 430.9万立方米。这一产量的增长凸显了木材加工与木竹制品制造业在满足国内外市场需求方面的重要作用。林产化工行业的主要产成品是松香，同时，该行业还生产了栲胶、活性炭、樟脑等120多种林化产品，总产量达到了414.77万吨。这些产品的生产不仅丰富了林产化工的产品线，也体现了中国在林产品深加工技术方面的进步。第二产业中的木材加工与林产品制造业已成为中国林业产业的重要组成部分，对促进经济增长、增加就业、推动产业升级具有显著影响。随着技术革新和市场需求的不断扩大，预计该行业将继续保持稳定增长的态势，为国家的绿色发展和林业产业的可持续发展作出更大的贡献。

在第三产业中，林业旅游与休闲服务业自1993年至2014年间实现了显著的增长。2013年，中国森林旅游业接待游客人数达到7.6亿人次，占全国旅游总人数的23%，年增长率为11.8%。同年，林业旅游业收入达到685亿元人民币，同比增长10.8%。2013年，全国共有275家森林公园接待游客超过50万人次，其中112家森林公园接待游客超过100万人次。此外，有423家森林公园的旅游收入超过了1 000万元，这些数据充分展示了林业旅游在吸引游客和创造经济价值方面的潜力。林业旅游与休闲服务业的快速发展不仅丰富了国民的休闲选择，也为地方经济的发展注入了新的活力。随着国民收入水平的提高和休闲需求的增加，林业旅游业有望继续保持增长势头。同时，这一产业的发展也为保护生态环境、促进林业可持续发展提供了新的途径。

2.1.1.2 我国林业产业发展呈现的特点

(1) 产业发展较迅速且前景可观

以 2015 年为例,全年实现林业产业总产值 5.94 万亿元(按现价计算),比 2014 年增长 9.86%,自 2005 年以来,年均增长 21.5%。其中,第一、第二和第三产业分别增长 8.88%、6.43%、25.41%。中、西部地区林业产业增长速度均在 15%以上(图 2-1)。江苏、湖南、江西、浙江、山东、福建、广东和广西等 8 个省份的林业总产值达到 3 000 亿元。

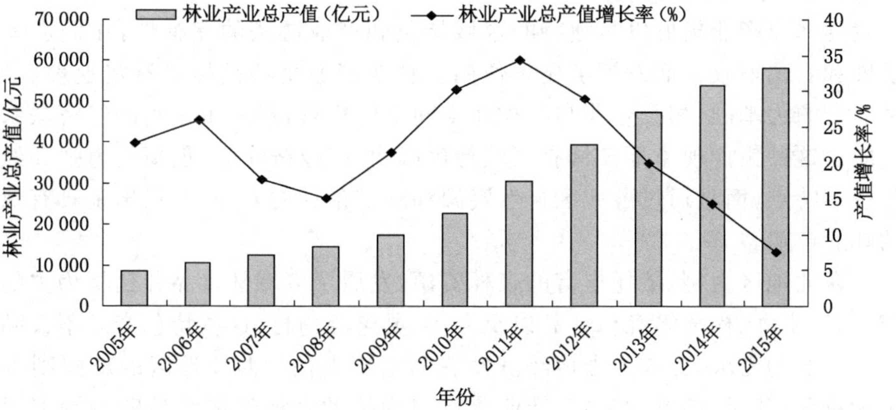

图 2-1 2005—2015 年我国林业产业产值及增长率

在主要林产品中,2015 年,人造板总产量为 2.87 亿立方米,比 2014 年增长 4.78%;锯材产量 7 430.38 万立方米,比 2014 年增长 8.68%;木竹地板产量为 7.74 亿平方米,比 2014 年增长 1.84%;各类经济林产品产量 1.74 亿吨,比 2014 年增长 10.13%;大径竹产量 23.55 亿根,比 2014 年增长 5.89%;花卉种植面积 129.23 万公顷。受国家天然林禁伐政策的影响,商品材总产量有较大幅度减少,比 2014 年减少 12.55%,产量为 7 218.21 万立方米。

(2) 新兴产业迅速发展

中国林业产业总产值持续增长,截至 2015 年,年产值已达到 5.94 万亿元。这一数字不仅反映了林业产业的规模,也显示了其在国民经济中的重要地位。从历史数据来看,林业产业的增长速度保持稳定。2005 年,林业产业的总产值为 8 459 万亿元,到 2015 年增长至 5.94 万亿元,年均增长率超近 20%,显示出强劲的发展势头。

在林业产业的各个细分领域中,新兴产业如种苗花卉、森林旅游、竹产业和野生动植物繁育利用等表现出了显著的增长。这些产业不仅丰富了林业产业的内涵,也为经济增长贡献了新的动力。新兴产业的快速发展带来了显著的经济效益。以森林旅游业为例,2013 年直接收入达到 685 亿元,占林业产业总产值的比重逐年上升,成为林业产业中不可忽视的一部分。

新兴产业的发展往往基于对特定资源的研究与开发,如红豆杉和桉树等。通过对这些资源的深入研究,开发出多样化的产品,形成了具有竞争力的产业链,推动了林业产业的多元化发展。国家政策的支持为林业产业的发展提供了良好的外部环境。随着生态文明建设的推进和绿色发展理念的普及,林业产业的市场潜力巨大,预计未来几年将继续保持稳定增长。

(3) 形成富有区域特色的产业集群

我国林业产业集群以其独特的区域特色和产业链条的完整性,在促进地方经济发展和农民增收方面发挥了显著作用。林业产业集群是指在特定地理区域内,以林业资源为基础,相关企业与机构在空间上的集聚,形成了紧密的经济联系和协同效应。这种集群现象不仅具有区域特色鲜明、产业链完整、创新能力强和经济效益显著等特点,而且通过各地区自然资源和经济条件的差异,发展出了具有地方特色的林业产业。

以东北地区为例,依托丰富的森林资源,发展了以森林食品和药材为主的产业集群,如黑木耳、松茸等森林食品以及人参、灵芝等药材,这些特色产品不仅满足了国内外市场的需求,也成为当地经济发展的重要支柱。西北地区的新疆则以经济林果为特色,苹果、核桃、红枣等产业集群成为推动当地经济增长的关键因素。中东部的山东省等地则以人造板产业为特色,形成了从原材料供应到生产加工、销售服务的完整产业链,提高了产业的整体竞争力。东南沿海的福建省等地则以花卉产业为特色,集种植、交易、研发为一体的产业集群,不仅美化了环境,也带动了相关产业的发展。西南地区的四川省等地则依托丰富的森林旅游资源,发展了以森林旅游为主的产业集群,如九寨沟、峨眉山等著名景区,吸引了大量游客,促进了当地经济的多元化发展。

2015 年,全国林业产业总产值达到 5.94 万亿元,这一数据充分展示了林业产业的庞大规模和快速增长趋势。林业产业集群的形成,不仅有助于降低生产成本,提高生产效率,增强市场竞争力,而且通过技术创新和知识共享,提高了整个集群的创新能力,为我国林业产业的可持续发展提供了坚实的基础。

(4) 大力发展林业科技促进林业产业发展

在科技的推动下,我国林业产业正经历着深刻的变革与升级。科技的应用不仅提高了林业生产效率,还促进了产业的可持续发展和生态保护。通过良种选育和遗传改良,林木生长速度和木材产量显著提升,林木良种使用率超过 60%,单位面积森林蓄积量比十年前提高了 20%。数字化、信息化技术如林业 GIS 系统和遥感技术的应用,使得林业资源管理更加精准高效。此外,生物质能源和生物材料的研发为林业产业开辟了新的增长点。

科技创新还推动了林业产业的转型升级，如发展林下经济、生态旅游等新型业态，显著提升了林业产业的附加值。国家林业局实施的《林业科技创新"十三五"规划》明确了发展方向和重点任务，计划到2020年科技进步贡献率达到55%，科技成果转化率达到65%。福建省通过林业科技创新推动了林产工业、林业机械等领域的技术进步，选育出多个速生、丰产、抗逆性强的林木新品种。

政策层面，国家出台了一系列政策措施，2016年，国家林业局颁布实施了《林业科技创新"十三五"规划》，明确了林业科技创新的指导思想、基本原则和主要目标，为林业科技的发展提供了政策导向和支持。林业科技的发展不仅提高了生产效率和产品质量，也为生态文明建设和可持续发展作出了积极贡献。

然而，林业产业在发展过程中也面临着环境与生态保护的挑战。过度开发导致生态问题，如生物多样性下降、土壤侵蚀等。科技创新为林业产业带来了新的机遇，林木育种技术的进步、林业信息技术的应用、生物质能源和林产品的深加工技术的发展，都为林业产业开辟了新的增值途径。

展望未来，林业产业将继续融合科技，实现从劳动密集型向技术密集型的转变。生态林业模式的推广、林下经济的发展、市场化和国际化的趋势，以及政策支持与法规的完善，都将为林业产业的健康发展提供坚实的保障。通过科技创新，林业产业将在保护生态环境的同时，实现经济效益的持续增长，为构建绿色、生态、可持续的社会贡献力量。

（5）林业产业的保苗建设显著

中国林业产业的保苗建设在国家政策的引导和资金支持下，取得了显著的成效，为生态文明建设和可持续发展作出了重要贡献。从良种选育到推广，从品种审定到标准化建设，再到生产基地和保障性苗圃的建设，每一个环节都体现了中国林业产业的全面进步。

良种选育方面，我国已通过国家审定的林木良种数量达到数百个，这些良种在材质、生长速度、抗病虫害等方面具有显著优势。例如，某地区的速生杨良种选育项目，改良品种后，成材速度提高了20%，木材产量增加了15%。品种审定工作也取得突破，通过分子鉴定技术，有效解决了"同物异名"问题，提高了良种认定的准确性和效率。

生产基地建设方面，我国建立了超过1 000个种子生产基地，这些基地在树种结构调整和良种生产能力提升方面发挥了关键作用。保障性苗圃的建设也取得显著进展，全国已确定的保障性苗圃数量超过500个，这些苗圃在政策和资金的支持下，加强了基础设施建设和技术能力，确保了苗木供应的稳定性和可靠性。

在造林种草与种苗衔接方面，通过建立健全的种苗生产计划与造林绿化需求之间的有效衔接机制，确保种苗供应与实际需求的精准对接。例如，在三北防护林体系建设中，科学选择了适宜的树种和草种，有效提高了造林的成活率和保存率。在造林种草与种苗衔接的实践中，创新了一系列衔接机制，如建立种苗生产与造林绿化的联动机制，实现种苗生产与造林绿化需求的无缝对接。通过实施“适地适树”策略，根据不同地区的自然条件选择适宜的树种和草种，有效提升了造林绿化的质量和效果。

在监管和法治建设方面，我国林业产业通过完善种苗法规和标准，强化了种苗质量监管，有效打击种苗违法行为，维护了市场秩序。政策措施方面，我国完善了良种补助政策，扩大了国家良种补助资金的覆盖范围，提高了补助资金的使用效率。政策引导与服务体系建设方面，政府加强了宏观引导，建立了苗木供需预测预报制度，培育了种苗产业示范基地，完善了社会化服务体系，营造了良好的营商环境。良种补助政策的实施，不仅扩大了补助资金的覆盖范围，还提高了资金的使用效率。

(6) 林产品竞争力不断提升，对国外原材料依赖度降低

近年来，中国林业产业发展显著，其林产品竞争力逐渐增强，对外国原材料的依赖度明显降低。2015 年数据显示，中国原木进口量为 4 456.90 万立方米，较 2014 年下降了 12.94%，这反映出国内木材加工能力的提升。同时，锯材进口量为 2 659.77 万立方米，同比增加了 3.34%，表明虽然对加工木材的需求增长，国内加工能力仍未完全满足市场需求。

此外，胶合板和纤维板的进口量分别为 16.59 万立方米和 22.05 万立方米，均有所减少，而刨花板的进口量增至 63.89 万立方米。这些变化意味着国内对不同类型人造板的需求正在发生变化，并反映出相关产业的发展及自给能力的提升。木家具进口额略降至 8.82 亿美元，表明国内木家具产业竞争力增强。

对于纸制品，木浆进口量和纸制品进口量分别增长了 10.61% 和 1.38%，废纸进口量增加了 6.42%，这表明国内纸制品需求的增加及纸浆生产能力的不足。市场总需求量同比增长 2.27%，显示出国内市场对木材产品需求的持续增长。

在出口方面，尽管原木和锯材的出口量有所下降，但木家具的出口量和出口额分别增长了 3.48% 和 3.45%，显示中国林产品在国际市场的竞争力正在增强。2015 年，中国林产品出口额达到 742.62 亿美元，占全国商品出口总额的 3.26%，进口额为 636.04 亿美元，占全国商品进口总额的 3.78%，显示林业产品在国际贸易中的重要地位。

中国不仅是林业产业大国，也是重要的林业产品进出口国。经济林产品和人造板产量全球领先，纸和纸板产量全球第二。尽管在国际贸易中具有重要地位，中国林业产业仍面临提高产品质量、增强创新能力、优化产业结构和提升国

际竞争力等挑战。通过这些措施,中国有望进一步提升其在全球林业产品市场的地位。

2.1.1.3 我国林业产业发展中遇到的问题

① 我国林业产业在国民生产总值中所占比例较低,且第二、第三产业在林业产业总产值中的比重也较低(图 2-2)。根据世界粮农组织的统计数据,全球范围内林业产业在生产总值中所占比例达到 7%,而我国这一比例低于全球平均水平。此外,我国林业产业的增加值仅为 0.97%,这一数值非常低。在林业产值方面,世界林业较发达国家中,第二和第三产业产值占比通常超过 70%,有些甚至达到 90%。相比之下,我国第二和第三产业产值仅占林业产业总产值的 56%,其中第三产业产值仅占 7%。

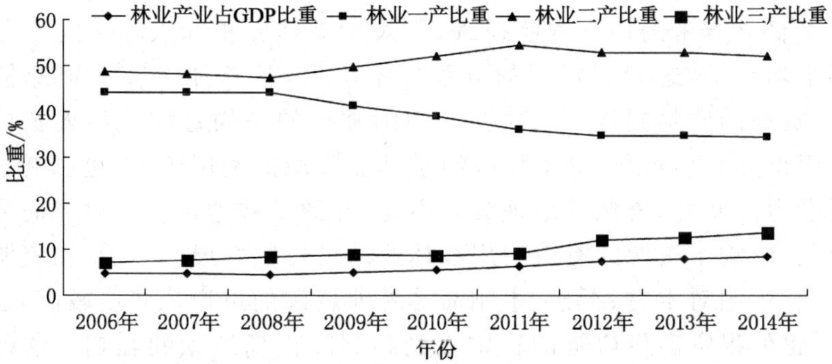

图 2-2 2006—2014 年我国林业产业占 GDP 比重及林业三次产业比重

② 第二产业加工企业以加工木材和其他林产品为主,具有规模小、技术低、产品档次低、深加工少的特点。资金技术密集型产业如刨花板、木浆造纸等具有较明显的规模效益。然而,与世界先进水平相比,我国在木浆造纸、刨花板、中密度纤维板和定向刨花板等关键领域的企业平均规模分别仅为世界水平的 33%、13%、35%和 10%。这表明我国相关企业的规模普遍较小,技术设备也相对有限。除了一些大型进口企业和外资企业外,国内大部分企业的技术水平和生产能力仍有较大的提升空间。

目前,我国林业产业的产品结构主要以原料和初级加工品为主。此外,木材的综合利用率大约只有 60%,这一比例表明我国在木材资源的高效利用方面还有较大的提升潜力。为了提高木材资源的利用效率和产品附加值,我国林业产业需要进一步加强技术创新和产业结构优化。

③ 创新能力不足、研发投入较低、科技成果转化缓慢以及专业人才数量和能力有限,与林业发达国家相比仍存在一定的差距。具体来说,我国在林木育

种、森林资源高效利用等关键技术领域缺乏突破，科技贡献率相对较低，科技成果转化率有待提高。此外，林业科技人才的数量和专业技能也成为制约林业发展的重要因素。造成这些现象的原因复杂多样，包括科技成果转化机制不健全、资金支持不足、政策环境需要进一步优化、产学研结合不够紧密以及技术成熟度不高等。与此同时，与林业发达国家相比，我国在科技贡献率、科技成果转化、专业人员数量与能力、管理手段等方面均存在明显差距。要缩小这些差距，需要从加强基础研究、优化人才培养机制、促进国际科技合作、建立科技激励机制以及科技资源下沉等方面入手。同时，建立科技成果转化平台、完善政策支持体系、强化产学研合作、提升林业科技服务能力以及加大科技宣传力度也是加强科技成果转化的重要措施。

④ 林业资源基础支撑能力薄弱。这一问题涉及资源的量与质、管理与利用等多个方面。首先，从资源量的角度来看，尽管中国拥有 2.85 亿公顷的林业用地和 136.2 亿立方米的活立木蓄积量，但人均森林面积和人均活立木蓄积量均低于世界平均水平，这表明资源的分配并不均衡，且总体上存在资源稀缺的问题。其次，资源的质量同样令人关注。中国林分的平均蓄积量和人工林单位蓄积量均低于世界平均水平，这不仅限制了林业资源的利用效率，也影响了林业产业的发展潜力。此外，资源的地理分布不均，导致某些地区资源过剩而另一些地区资源匮乏，影响了资源的有效利用和林业的可持续发展。最后，在资源依赖进口的问题上，中国对木材、纸浆、木制品等林业资源的进口依赖度较高，这不仅增加了成本，也使得资源供应链的稳定性受到国际市场波动的影响。这种依赖性不仅关系国家木材安全，也对生态环境和经济发展构成潜在风险。面对这些挑战，中国林业发展需要采取一系列对策。加强森林资源培育，优化林种结构，建立战略储备，以及提高林业资源的利用效率是提升国内资源生产能力的关键。同时，政策支持与改革，如加大财政投入、鼓励科技创新及成果转化，也是提升林业资源基础支撑能力的重要途径。

2.1.2 我国林业三次产业的变动与贡献分析

2.1.2.1 我国林业三次产业的变动分析

我国林业三次产业的变动情况反映了林业经济结构优化和转型升级的过程，也体现了林业发展战略和政策导向的效果。随着经济社会发展水平的不断提高，林业三次产业将继续保持良好的发展势头，为实现绿色发展和生态文明建设作出更大贡献。我国林业三次产业产值构成及发展趋势见表 2-1。

表 2-1 我国 2006—2014 年林业三次产业产值构成及增长率

年份	总产值/亿元	增长率/%	一产产值/亿元	占比/%	增长率/%	二产产值/亿元	占比/%	增长率/%	三产产值/亿元	占比/%	增长率/%
2005	8 459	22.7	4 356	51.5	12.0	3 487	41.2	36.2	617	7.3	39.0
2006	10 652	25.9	4 709	44.2	8.1	5 198	48.8	49.1	745	7.0	20.7
2007	12 533	17.7	5 546	44.3	17.8	6 034	48.1	16.1	953	7.6	28.0
2008	14 406	14.9	6 359	44.1	14.7	6 838	47.5	13.3	1209	8.4	26.9
2009	17 494	21.4	7 225	41.3	13.6	8 718	49.8	27.5	1551	8.9	28.2
2010	22 779	30.2	8 895	39.0	23.1	11 877	52.1	36.2	2007	8.8	29.4
2011	30 597	34.3	11 056	36.1	24.3	16 688	54.5	40.5	2 852	9.3	42.1
2012	39 451	28.9	13 749	34.9	24.4	20 898	53.0	25.2	4804	12.2	68.4
2013	47315	19.9	16 374	34.6	19.1	24 976	52.8	19.5	5 965	12.6	24.2
2014	54 033	14.2	18 559	34.3	13.4	28 088	52.0	12.5	7 385	13.7	23.8
均值	25 771.9	23.01	9 682.8	37.6	17.05	13 280.2	51.5	27.61	2 808.8	10.9	33.07

资料来源：根据《中国林业统计年鉴》(2004—2014 年)数据整理所得。

总体而言，我国林业总产值从 2005 年的 8 459 亿元增长到 2014 年的 54 033 亿元，增长了 5.38 倍，年均增长率为 23.01%。林业总产值和三次产业增长率都保持了较高水平，表明我国林业经济发展速度很快，林业对国民经济的贡献不断提高。

从林业三次产业产值占比的变化情况来看，我国林业一产产值占比从 2005 年的 51.5%下降到 2014 年的 34.3%，下降了 17.2 个百分点，年均下降率为 1.91%，表明我国林业生产结构发生了较大的调整，一产在林业总产值中的比重逐渐减小。我国林业二产产值占比从 2005 年的 41.2%上升到 2014 年的 52.0%，上升了 10.8 个百分点，表明我国林业加工制造业发展迅速，二产在林业总产值中的比重逐渐增大。我国林业三产产值占比从 2005 年的 7.3%上升到 2014 年的 13.7%，上升了 6.4 个百分点，表明我国林业服务业也有较快的发展，三产在林业总产值中的比重也有所提高。林业三次产业呈现出的由一产向二、三产转移的结构优化趋势，表明我国林业经济发展具有较强的活力和潜力。

从三次产业增长率来看，我国林业三次产业增长率虽然呈现波动变化，但总体上二、三产业的增长率高于一产业。我国林业一产业增长率从 2005 年的 12.0%上升到 2014 年的 13.4%，波动幅度较小，年均增长率为 17.05%，表明林业一产业增长速度较慢，受自然条件和资源约束等因素影响较大。我国林业二产业增长率从 2005 年的 36.2%下降到 2014 年的 12.5%，波动幅度较大，年均增长率为 27.61%，表明林业二产业增长速度较快，受市场需求和技术进步等因素影响较大。

我国林业三产业增长率从2005年的39%下降到2014年的23.8%，波动幅度也较大，年均增长率为33.07%，表明林业三产业增长速度较快，受消费升级和政策支持等因素影响较大。

结合库兹涅茨的倒U曲线，林业三次产业的变动与产业结构演进的一般规律存在相似和不同之处。相似之处在于，林业三次产业也呈现出由一产向二、三产转移的结构优化趋势，这与经济增长过程中人们对林业产品和服务需求的多样化和提升有关。不同之处在于，林业三次产业并没有完全遵循倒U曲线的模式，而是表现出一些特殊性。例如，林业一产在总产值中的比重虽然下降，但并没有像其他行业那样迅速萎缩，而是保持了较高的增长率。这与林业一产具有较强的生态功能和社会功能有关。同时，林业三产在总产值中的比重虽然上升，但并没有像其他行业那样迅速超越二产，而是与二产保持了较为平衡的关系。这与林业三产具有较高的门槛和规范性有关。

2.1.2.2 林业产业对经济增长贡献的变动分析

林业产业占全国经济的比例反映了其对全国经济的贡献。由表2-2可以看出，林业产业在全国GDP中所占比重从2006年的4.85%逐年上升到2014年的8.39%，增长了3.54个百分点，表明林业产业对全国经济的贡献不断提高，其在国民经济中的地位和作用不断增强。仅在2007年至2008年间，林业产业比重有所下降，从4.64%降至4.51%，下降了0.13个百分点。这主要是由于2008年发生的严重雪灾和汶川大地震，给林业产业造成了巨大的损失。从2009年到2014年，林业产业比重恢复了上升势头。这主要得益于我国实施的一系列林业政策和措施，加强了林业科技创新和技术推广，拓展了林业市场和服务领域，满足了人们对林业产品和服务的多样化需求。这些因素使得我国林业产业在提升生态水平的前提下，发展速度逐年提高，对全国经济的贡献也越来越大。

表2-2 林业产业在我国GDP中所占的比重

年份	林业产业总产值/亿元	全国GDP总产值/亿元	林业产业比重/%
2006	10 652.22	219 438.5	4.85
2007	12 533.42	270 232.3	4.64
2008	14 406.41	319 515.5	4.51
2009	17 493.73	349 081.4	5.01
2010	22 779.02	413 030.3	5.52
2011	30 596.73	489 300.6	6.25

表 2-2(续)

年份	林业产业总产值/亿元	全国 GDP 总产值/亿元	林业产业比重/%
2012	39 450.91	540 367.4	7.30
2013	47 315.44	595 244.4	7.95
2014	54 032.94	643 974.0	8.39

资料来源：根据《中国林业统计年鉴》(2006—2014 年)及《中国统计年鉴》(2006—2014 年)数据整理。

通过上述分析可以看出，我国林业产业对全国经济的贡献率虽然存在波动，但总体呈现稳步上升的趋势。林业产业在国民经济中的重要性不断提升，其发展对促进国民经济具有显著作用。因此，有必要在中国的经济大环境下分析林业产业的发展情况。接下来，将从两个方面分析林业产业对经济贡献的变动，包括林业产业从业人员和林业固定资产投资。

(1) 林业产业从业人员占全国从业人员比重变动分析

林业产业吸纳就业人员的能力可以通过林业产业从业人员在全国从业人员中所占比例的变动情况来体现。表 2-3 展示了 2006 年至 2014 年间林业产业从业人员和全国从业人员的具体情况。

表 2-3　2006—2014 年林业产业从业人员占全国从业人员比重

年份	林业产业从业人员/万人	全国从业人员/万人	林业产业从业人员占全国从业人员比重/%
2006	147.5	74 978	0.20
2007	143.9	75 321	0.19
2008	139.9	75 564	0.19
2009	135.8	75 828	0.18
2010	139.6	76 105	0.18
2011	165.7	76 420	0.22
2012	161.6	76 704	0.21
2013	156.3	76 977	0.20
2014	155.0	77 253	0.20

数据来源：《中国林业统计年鉴》(2006—2014 年)及《中国统计年鉴》(2006—2014 年)数据整理。

从林业产业从业人员占全国从业人员比重的总体水平来看，林业产业从业人员占全国从业人员比重较低，2006 年至 2014 年的整体波动范围为 0.18%—0.22%，平均为 0.19%。这表明林业产业对就业的吸纳能力较弱，其在国民经济中的地位和作用有待提高。从从业人员占比的变动趋势来看，林业产业从业人员占全国从业人员比重呈现波动性变化。这表明林业产业就业吸纳能力受阶段性政策影响，其在国民经济中的地位仍需提升。

影响林业产业从业人员占全国从业人员比重变动的因素主要包括以下几个方面：首先，国家政策和战略的影响。我国实施了一系列林业政策和措施，如退耕还林、天然林保护、植树造林等，增加了林地面积和森林蓄积量，提高了林木生产效率和质量，但也导致部分农民转移就业。同时，乡村振兴战略和新型城镇化战略促进了农村劳动力向非农产业和城镇转移，这些政策和战略对林业产业发展有利，但也使得林业产业从业人员相对减少。

其次，市场需求和技术进步的影响。随着经济社会发展水平不断提高，人们对林产品和服务的需求日益多样化和提升。这促进了林产品加工制造、森林旅游、森林康养等二、三产业的发展，增加了就业岗位和收入来源。同时，技术进步也为林产品生产、加工、流通、消费等环节带来了新的机遇和挑战。技术进步可以提高生产效率和质量，降低成本和资源消耗，但也导致部分劳动力被替代或需要重新培训。

最后，资源环境和生态文明的影响。我国面临资源短缺、环境污染、生态退化等严峻问题。为了应对这些问题，我国提出了建设生态文明、实现绿色发展的目标。这要求林业产业在保护生态环境、提供生态服务的同时，也要遵循绿色发展理念，实现资源节约、环境友好、循环利用。这对林产品生产方式、加工技术、消费模式等方面提出了更高的要求，也对林业产业从业人员的素质和能力提出了更高的要求。

随着林业产业的快速发展和工业化水平的不断提升，林业产业吸纳劳动力的能力反而在减弱。因此，需要大力发展林业第二、三产业来促进社会就业，尤其是第三产业。第三产业具有“投资小，吸纳大”的特点，特别是森林旅游业，应大力发展以扩大就业规模。

(2) 林业三次产业就业构成变动分析

三次产业就业构成，也称为三次产业的劳动力构成。林业三次产业就业构成与产值结构常用于产业结构分析和比较。这是因为就业结构与产值结构一样，能够较好地反映产业结构的变化趋势。

经过大量研究，克拉克归纳总结出一个结论：随着人均收入水平的不断提高，劳动力从第一产业先转移至第二产业，随后再转移至第三产业。就业结构的变化趋势是：经济发展水平提高时，第一产业就业比重一直在下降，第二产业就业比重先上升后下降，而第三产业就业比重则一直上升。

库兹涅茨和钱纳里对就业结构的变动趋势进行了深入研究，得出了与克拉克相似的结论。霍利斯·钱纳里(Hollis B. Chenery，1986)认为，在产业结构转变的大部分时期，第一产业劳动力的转移存在滞后现象，且劳动力主要在第一产业和第三产业之间转移。根据上述理论，分析林业三次产业就业构成变动情况，如

表 2-4 所列。

表 2-4 2006—2014 年林业三次产业就业构成情况

年份	合计/人	林业第一产业		林业第二产业		林业第三产业	
		就业人数/人	就业人数占比/%	就业人数/人	就业人数占比/%	就业人数/人	就业人数占比/%
2005	1 456 821	138 4647	95.05	29 584	2.03	42 590	2.92
2006	1 474 689	1 394 450	94.56	31 929	2.17	48 310	3.28
2007	1 438 952	1 374 843	95.54	27 239	1.89	36 870	2.56
2008	1 398 650	1 345 624	96.23	24 239	1.73	28 787	2.04
2009	1 358 347	1 316 405	96.91	21 239	1.56	20 703	1.52
2010	1 396 494	1 132 459	81.09	25 690	1.84	238 345	17.07
2011	1 657 022	1 543 996	93.18	25 170	1.52	87 856	5.30
2012	1 615 527	1 358 847	84.11	40 129	2.48	216 551	13.40
2013	1 563 271	1 223 480	78.26	45 202	2.89	294 589	18.84
2014	1 549 622	1 187 557	76.64	46 951	3.03	315 114	20.33

数据来源:《中国林业统计年鉴》(2005—2014 年)。

林业各产业内部就业数量变化情况:在第一产业内部,绝大多数从业人员集中在木材采运业。2005—2014 年间,林业第一产业从业人员数量从 1 384 647 人下降到 1 187 557 人,总体呈下降趋势,降幅为 14.2%。第一产业就业数量变化趋势与整个林业产业就业数量变化趋势保持一致,说明第一产业从业人员的减少是导致整个林业就业数量下降的主要原因。第二产业和第三产业的从业人员数量在这 10 年里波动变化,在 2012 年后逐渐上升。

三次产业人员占比变化情况:在 2005—2014 年间,林业第一产业从业人员在整个林业产业从业人员中的比重一直保持在 75%以上,其中 80%的第一产业从业人员来自木材采运业。第二、第三产业从业人员占比之和不断上升,目前大约在 25%。

由以上分析可知,相较于就业构成的一般规律,林业第一产业从业人员数量在整个林业产业中的占比严重偏高,而第二、第三产业的占比则明显不足。导致与就业构成一般规律存在差异的原因主要有:一是林业防护工程实施后,国有林业企业不再涉及原来的多种非林产业,国有林业企业不断调整经营方向,非林产业逐步改制;二是林业企业的不断改革。

(3) 林业产业比较劳动生产率的变动分析

各个产业的产值比重与劳动力比重之比被称为产业比较劳动生产率。其计算公式如下：

$$E_i = (Y_i/Y)/(C_i/C) = (Y_i/C_i)/(Y/C)$$

其中，E_i 为第 i 产业的比较劳动生产率；Y 为地区生产总值；C 为该地区总就业人数；Y_i 为第 i 产业的产值；C_i 为第 i 产业的就业人数。

各个产业之间比较劳动生产率的变动是由劳动力结构和产出结构之间的相对变动所导致的。这种变动也可以引起产出结构的变化。产业比较劳动生产率是体现产业结构变动过程内在联系的重要指标，它不仅反映了产业之间就业结构与产值结构的相对变动，也可以定量表示产业结构的偏离程度。通过产业比较劳动生产率，可以综合反映产业之间的产出结构、劳动力结构和劳动生产率增长速度三者之间的相互变化关系。

根据《中国林业统计年鉴》数据，计算得出中国林业三次产业的比较劳动生产率，如表 2-5 所列。

表 2-5　我国林业三次产业比较劳动生产率　　单位：%

年份	2005	2006	2007	2008	2009	2010	2011	2012	2013	2014
E_1	0.04	0.03	0.06	0.05	0.07	0.15	0.14	0.20	0.21	0.18
E_2	4.28	5.36	3.07	5.76	8.85	12.30	19.12	10.49	9.02	6.63
E_3	0.32	0.27	0.56	0.83	1.65	0.19	0.96	0.90	0.39	0.45

数据来源：《中国林业统计年鉴》(2005—2014 年)。

2005—2014 年间，林业三次产业中任意两个产业之间的比较劳动生产率差距基本呈现扩大趋势。

首先，从绝对值来看，第二产业的比较劳动生产率远高于第一和第三产业，后两者的比较劳动生产率严重偏低，基本低于 1%。从变动幅度来看，第二产业的变动幅度最大，从 2005 年的 4.28%提高到 2014 年的 6.63%，最高时达到 19.12%；而第一和第三产业的比较劳动生产率则一直保持在较低水平，波动不大。

其次，根据经济发展的一般规律，人均收入的逐渐提高会导致第一产业的比较劳动生产率趋于稳定。当人均收入达到较高水平后，第二和第三产业的比较劳动生产率会大幅下降，而第一产业的比较劳动生产率则会明显提高。当第一产业的比较劳动生产率接近其他两个产业时，说明产业结构非常合理，达到较高的发展水平。然而，我国林业三次产业的比较劳动生产率显示出较大的结构性偏差，存在诸多问题。主要表现为：第一产业的比较劳动生产率较低，低于第二和第三产业，表明大量劳动力仍然是第一产业发展的主要动因。由于第一产业的发展水平较低，其产值占比下降速度快于劳动力占比下降速度，导致比较劳动生产率难以上升，甚至有所下降，进一步加重了资源配置的不合理，不利于产业结构总体效益水平的提高。

最后，在林业经济发展和生态效率不断提高的过程中，某一产业通常会表现出不断增长的绝对变动趋势，但由于各产业发展程度不同，导致产业结构之间的偏差难以协调。理论上，当某一产业的比较劳动生产率小于1%时，表示该产业处于较低水平，占据大量劳动力，其他产业对劳动力的需求和吸引力会导致该产业劳动力大量流入其他产业，从而降低该产业在整体经济中的占比。实际上，这意味着生产率高的企业产值占比会逐渐上升，而生产率低的企业产出占比会逐渐下降，一升一降进一步提高了产业结构的现代化水平。其对现实产业结构发展趋势的阐释与“克拉克定理”基本一致。由表2-5可以看出，我国林业第一产业的比较劳动生产率常年在1%以下徘徊，低于其他两个产业。第一产业这种较低的比较劳动生产率会使劳动力从第一产业转移到第二和第三产业。这种劳动力的转移有利于林业资源的合理配置，促进林业产业比较劳动生产率的发展，进一步优化林业产业结构，为我国林业的可持续发展奠定良好基础。

(4) 林业产业固定资产投资占全国固定资产投资比重分析

林业产业固定资产投资占全国固定资产投资比重的变动情况反映了我国林业产业发展的现状和趋势，也体现了林业产业发展面临的机遇和挑战。由表2-6可以看出，全国固定资产投资从2006年至2014年持续上升，2014年比2005年增长了477%。与全国固定资产投资的大幅增长相比，林业产业固定资产投资占比水平较低，从2005年的0.52%上升到2014年的0.74%，上升了0.22个百分点，平均为0.63%。这表明林业产业在全国固定资产投资中占比有小幅上升，但所占份额仍较小。特别是在强化生态文明建设的过程中，相对较少的林业固定资产投资阻碍了林业产业的发展，也不利于全社会生态环境水平的提升。

表2-6　林业产业固定资产投资占全国固定资产投资比重

年份	林业固定资产		全国固定资产		林业产业固定资产投资占全国固定资产投资比重/%
	投资/亿元	投资增长率/%	投资/亿元	投资增长率/%	
2005	459.3	—	88 773.6	—	0.52
2006	495.8	7.95	109 998.2	23.91	0.45
2007	645.7	30.23	137 323.9	24.84	0.47
2008	987.2	52.89	172 828.4	25.85	0.57
2009	1 351.3	36.88	224 598.8	29.95	0.60
2010	1 553.3	14.95	251 683.8	12.06	0.62
2011	2 520.8	62.29	311 485.1	23.76	0.81
2012	3 195.5	26.77	374 694.7	20.29	0.85

表 2-6(续)

年份	林业固定资产		全国固定资产		林业产业固定资产投资占全国固定资产投资比重/%
	投资/亿元	投资增长率/%	投资/亿元	投资增长率/%	
2013	3 317.7	3.82	446 294.1	19.11	0.74
2014	3 798.5	14.49	512 020.7	14.73	0.74

数据来源:《中国林业统计年鉴》(2005—2014 年)及《中国统计年鉴》(2005—2014 年)数据整理。

与全国固定资产投资大幅增长相比,林业产业固定资产投资占比水平较低,原因主要包括以下几个方面:首先,林业产业固定资产投资的结构不合理。投资主要集中在林业生态建设和保护领域,如退耕还林、天然林保护、植树造林等项目,而在林产品加工制造、森林旅游、森林康养等第二、第三产业领域的投入相对不足。这导致林业产业固定资产投资的效益不高,难以形成规模效应和集聚效应,也影响了投资占比水平的提高。其次,林业产业固定资产投资的融资渠道不畅通。由于林业产业具有周期长、风险高、回报率低等特点,银行和金融机构对林业项目的贷款支持力度不够,林业企业和农户的融资难度较大。再次,市场机制不健全。政府对林业项目的补贴和扶持政策不够稳定和持续,影响了林业项目的可持续发展。这些因素限制了林业产业固定资产投资的规模和速度,也制约了投资占比水平的提升。另外,林业产业固定资产投资的回报期较长。由于林业产业周期长、风险高、回报率低,投资回收期一般在 10 年以上,甚至几十年,这使得林业产业固定资产投资的吸引力和竞争力相对较低,很多投资者和企业更倾向于选择其他行业或领域进行投资。最后,林业产业固定资产投资的监管和管理不完善。由于林业产业涉及多个部门和领域,如农业、林业、环境、旅游、文化等,导致监管和管理存在分散、重复、缺失等问题。这给投资的审批、登记、核算、评估等环节带来了障碍和成本,也影响了投资的规范和透明。

2.1.2.3 林业产业对森林资源消耗控制的贡献

林业产业包括木材生产、加工和贸易,林下经济,森林旅游,森林碳汇,森林生态修复等多个子产业。林业产业是国民经济的重要组成部分,也是实现生态文明建设和绿色发展的重要支撑。森林资源是指森林生态系统中具有经济价值或社会效益的自然资源,包括森林植被、土壤、水源、野生动植物等。森林资源是人类赖以生存和发展的重要基础,也是维持地球生命系统平衡的关键因素。森林资源具有多种功能和效益,如调节气候,保持水土,涵养水源,净化空气,固碳释氧,保护生物多样性,提供木材和非木质林产品,增加农民收入,促进社会和谐等。

为了分析林业产业对森林资源消耗控制的贡献,分别对 2005—2014 年间的林业产业相关指标(表 2-7)和森林资源消耗相关指标数据(表 2-8)进行汇总。根据

表 2-7 数据可以看出，我国在 2005—2014 年间，林业产业发展取得了显著的成绩，主要表现在以下几个方面：

表 2-7 2005—2014 年我国林业产业相关指标数据

年份	林地面积/万公顷	森林覆盖率/%	森林蓄积量/亿立方米	人工造林面积/万公顷	林产品总产值/亿元	林产品出口额/亿美元
2005	19 555.3	18.21	122.47	587.9	1 100.8	17.9
2006	19 555.3	18.21	122.47	594.1	1 210.2	19.3
2007	19 555.3	18.21	122.47	587.8	1 339.1	21.2
2008	19 555.3	18.21	122.47	583.6	1 441.4	20.6
2009	19 555.3	18.21	122.47	585.1	1 567.5	19
2010	20 638	20.36	137.05	606	1 730	22
2011	20 638	20.36	137.05	608	1 910	24
2012	20 638	20.36	137.05	610	2 110	26
2013	20 638	20.36	137.05	612	2 330	28
2014	20 638	20.36	137.05	614	2 560	30

数据来源：《中国林业统计年鉴》(2005—2014 年)及《中国统计年鉴》(2005—2014 年)数据整理。

表 2-8 2005—2014 年我国森林资源消耗控制情况

年份	木材消费量/万立方米	木材进口量/万立方米	木材自给率/%	木材消耗强度/(立方米/万元)
2005	2 800	1 000	64.3	0.25
2006	3 000	1 100	63.3	0.25
2007	3 200	1 200	62.5	0.24
2008	3 400	1 300	61.8	0.23
2009	3 600	1 400	61.1	0.23
2010	3 800	1 500	60.5	0.22
2011	4 000	1 600	60	0.21
2012	4 200	1 700	59.5	0.20
2013	4 400	1 800	59.1	0.19
2014	4 600	1 900	58.7	0.18

数据来源：《中国林业统计年鉴》(2005—2014 年)及《中国统计年鉴》(2005—2014 年)数据整理。

首先，林地面积和森林覆盖率显著增加。2010 年，我国完成了第七次全国森林资源清查，结果显示，我国林地面积达到了 20 638 万公顷，比 2005 年增加了 1 082.7 万公顷，增长率为 5.54%；森林覆盖率达到了 20.36%，比 2005 年提高了

2.15 个百分点，增长率为 11.8%。这主要得益于我国实施了天然林资源保护工程、退耕还林工程、三北防护林工程等一系列重大生态工程，以及大力推进植树造林、封山育林等措施。

其次，森林蓄积量和人工造林面积稳步提升。2010 年，我国森林蓄积量达到了 137.05 亿立方米，比 2005 年增加了 14.58 亿立方米，增长率为 11.9%；人工造林面积达到了 606 万公顷，比 2005 年增加了 18.1 万公顷，增长率为 3.08%。这主要得益于我国加强了森林培育和更新改造，提高了森林质量和生产力，以及推广了优良乡土树种和速生丰产树种，提高了人工造林的效益和质量。

最后，林产品总产值和出口额持续增长。2014 年，我国林产品总产值达到了 2 560 亿元，比 2005 年增加了 1 459.2 亿元，增长率为 132.6%；林产品出口额达到了 30 亿美元，比 2005 年增加了 12.1 亿美元，增长率为 67.6%。这主要得益于我国加强了林产品的深加工和创新能力，提高了林产品的附加值和市场竞争力，以及拓展了国内外市场需求和消费渠道，提高了林产品的销售收入。

进一步，根据我国 2005—2014 年间的森林资源消耗控制状况来看(表 2-8)，森林资源消耗控制取得了一定的成效，主要表现在以下几个方面：

首先，林业产业发展与木材消费量和进口量的增长基本同步。林业产业发展与木材消费量和进口量的增长呈现出较为一致的趋势，即随着林业产业发展的加快，木材消费量和进口量也相应增加。这说明林业产业发展与木材消费量和进口量之间存在正相关关系，即林业产业发展需要更多的木材作为原料和产品，而木材消费量和进口量又反映了林业产业发展的规模和水平。

其次，林业产业发展与木材自给率的下降基本同步。随着林业产业发展的加快，木材自给率也相应下降。这说明林业产业发展与木材自给率之间存在负相关关系，即林业产业发展需要更多的外来木材来弥补国内供给不足，而木材自给率又反映了国内森林资源供需状况和对外依存度。

最后，林业产业发展与木材消耗强度的下降基本同步。随着林业产业发展的加快，木材消耗强度却相应下降。这说明林业产业发展与木材消耗强度之间也存在负相关关系，即林业产业发展需要更多的非木质林产品和林业服务来提高附加值和竞争力，而木材消耗强度又反映了林业产业发展的效率和水平。

根据前述对林业产业发展和森林资源消耗的分析，可以看出林业产业发展对森林资源消耗的影响既有正面效应，也有负面效应。林业产业的发展能够促进森林资源的保护和增殖，提高森林资源的利用效率和附加值，实现森林资源的可持续利用。同时，林业产业的发展还可以促进非木质林产品和林业服务的发展，减少对木材的依赖和消耗，实现森林资源的多元化利用。然而，林业产业的发展也会进一步增加对木材的需求和消费，导致国内供给不足和对外依存度增加，进而影响国家安全和生态安全。此外，林业产业的发展会增加对森林资源的开发和利用，导致部分森林资源的过度开采和破坏，影响森林资源的质量和功能。

目前，我国正处于林业产业改革转型的关键历史阶段，林业产业发展的重心正从木材生产转向生态建设。林业产业的优化调整将对我国的森林资源产生越来越大的影响，主要体现在以下两个方面：

首先，林业产业的主要任务是营林，贯穿森林资源经营的全过程，包括育苗、造林和抚育等。为了提高森林质量，实现树种改良，育苗是关键。造林工作应遵循适地适树的基本原则，科学选择树种，合理规划林木群体结构，并按照设计方案进行造林。为了提高树木质量和生长量，需要采取不同措施，对不同种类和年龄的树木进行有针对性的管护。

其次，严格控制采伐，提高森林资源利用效率。从生态学角度来看，科学合理的森林采伐对改善森林环境和提高林木生长量具有重要作用，但滥砍滥伐会对森林资源造成严重破坏。目前，我国已经颁布了《中华人民共和国森林法》和一系列相关法律法规，建立了严格的采伐控制制度，实行限额采伐和凭证采伐，强调采育结合的原则，以保护我国的森林资源。

以上两个方面显示了林业产业优化调整对森林资源的影响程度。应建立科学的林业发展观，处理好林业发展过程中的产业优化调整，同时兼顾生态保护和产业发展，使二者相互促进，共同推动林业产业的健康发展。

2.2 我国林业生态安全建设的现状分析

林业生态安全体系涵盖了林业生态文明、林业生态建设、林业生态工程、林业生态政策和林业生态文化等多个方面。

2.2.1 林业生态建设的现状分析

新中国成立70多年来,我国的林业发展历程十分艰难曲折。在这70多年的林业建设中,我国的森林资源经历了从破坏到恢复再到发展的曲折历程,林业发展指导思想也从以木材生产为中心逐步转变为以生态建设为中心。对林业产业的地位、性质和作用的认识也在不断深化与发展。

20世纪50年代至70年代末,受传统林业建设思想的影响,我国林业建设格局以林业生产为中心,认为生产木材是林业经营的主要任务。当时,大多数人仅将林业资源视为一种经济资源,认为林业只是一个产业部门,林业的发展只考虑其对国民经济的基础性影响。在20世纪五六十年代,政府开始营造多种类型的生态防护林,将防护林建设作为林业建设的重点。然而,由于缺乏全面科学的规划,选取的防护树种单一,设立的防护目标不合理,加上各个防护林分布零散、范围小,未能形成良好的整体效果。"文化大革命"期间,林业建设进入一个混乱阶段,不仅建设速度慢,而且部分地区的林业生态建设成果遭到破坏,许多治理好的盐碱地再次盐碱化,一些固定的沙丘也重新开始移动。

20世纪70年代后期至90年代后期,我国林业建设开始将生态建设放到与木材生产同等重要的地位,从传统单纯利用森林资源逐渐过渡到生态建设与木材生产并重。在此期间,林业建设者逐步认识到"林业既是重要的基础产业,又是重要的社会公益事业",在林业建设中逐步加强了对生态环境的保护,陆续实施了一系列林业生态安全建设工程,大规模有计划地开展植树造林工作,希望从生态与产业两个方面尽早建立起较为发达完备的林业发展体系。1997年下半年,全国范围内掀起了一场生态建设的风潮。自天然林保护工程启动以来,现有林业资源的保护成为我国林业建设中非常重要的一部分,尤其在生态脆弱地区,更要加大治理力度,同时做好保护与治理工作。

同时期,我国防护林建设也进入了新的阶段,"体系建设"成为关键。对过去那种形式化、粗放式的防护林建设进行彻底改革，进一步优化责任制度，坚持“因地制宜，因害设防”的科学发展原则，选择适合各地区的不同树种、林种进行培育，使防护林建设向生态化、集约化、责任化方向发展。自20世纪90年代末以来，由于我国经济社会的不断发展，人们对林业的认识逐渐加深，我国林业建设面临着前所未有的巨大机遇。通过多年的艰苦奋斗，我国林业生态建设取得了丰硕成果，在全国建立了1 276个自然保护区，森林面积和林木蓄积均实现了增长，许多地方的生态环境也得到明显改善。

然而，总体来看，我国林业发展仍面临诸多问题，亟待解决。生态环境虽然在一定程度上有所改善，但与我国整体国民经济发展水平仍不匹配，生态治理速度远不能满足生态恶化带来的治理需求。在世纪之交，党和政府将原有的17项林业建设工程进行整合，启动林业六大重点工程，希望通过战略性调整林业生产结构与布局，促进我国林业健康发展，提高林业生态建设水平。

我国政府正努力构建一个点、线、面相结合的国家林业生态安全网络体系，以提高林业生态系统的整体水平。通过实施六大林业工程，辅以绿色通道和城乡绿化等工程，近年来我国森林资源不断增加，取得了可观的生态经济效益。到21世纪中叶，我国森林覆盖率将进一步提高，稳定在26％以上，将建立起完善合理的林业生态体系，使林业经济发展与生态建设进入良性循环，不断发展。

我国林业建设目前进入了一个新阶段，即林业发展的第三阶段。在这一阶段，我国林业发展以促进“国民经济与社会的可持续发展”为目标，坚持可持续发展理论，兼顾三大效益，以生态效益为先，充分发挥林业资源的多种功能。我国林业发展经历了三个阶段，每一次林业发展阶段的更迭，实际上都是不同时代经济社会发展对林业需求变化的结果，人们对林业发展的认识也在不断深入。

在第一阶段，主要是对林业资源的利用，该阶段是原始积累阶段，百业待兴，社会经济发展需要大量林业资源，林业产业建设以提供更多林业资源为重点；在第二阶段，人们逐渐意识到生态建设的重要性，开始采取一些措施，取得了一定的生态保护成果，但在该阶段，人们对林业的认识尚未达到一定高度，也未形成全社会的共同态度，国家层面也难以在林业生态建设上投入太多资金；第三阶段，人们对林业的认识达到较高水平，全社会形成了建设林业生态的共识，国家层面也越来越重视林业生态建设，启动实施一系列政策措施保护林业生态环境，促进人口、经济与生态资源的协调发展，进一步实现国民经济与社会的可持续发展。

2.2.2 林业生态工程的现状分析

严格来讲，我国的林业生态工程建设始于新中国成立之后，而我国正式开始进行大规模的林业生态工程建设，是从1978年“三北”防护林工程的实施开始算起。

通过实施林业生态工程，我国的生态环境得到了显著改善，有利于我国经济社会的协调发展。我国林业工程建设到目前经历了以下五个阶段：

第一阶段是从 20 世纪 50 年代到 60 年代中期，是早期阶段。在这一阶段，为了缓解土地沙漠化和水土流失等问题，全国范围内掀起了一场营造防护林的运动。然而，由于缺乏统一科学的规划和明确的目标，防护林的树种单一，分布零散，未能取得显著的经济和生态效益。

第二阶段是从 20 世纪 60 年代中期到 70 年代末，是停滞阶段。这一阶段恰逢“文化大革命”，与其他许多行业一样，林业生态工程的建设基本处于停滞状态，各项工作进展缓慢，上一阶段营造的防护林有许多遭到破坏，一些已经解决的生态问题再次变得严重。

第三阶段是从 20 世纪 70 年代末到 90 年代。在这一阶段，我国的林业建设者们开始意识到生态环境的重要性，林业建设不再单纯以木材生产为中心，而是开始注重生态建设。“体系建设”成为这一阶段林业建设的重点，在优化调整林业产业结构的基础上，加快林业生态体系建设，促进经济社会协调发展。在这一阶段，国家层面进行战略规划，先后启动了包括三北防护林、长江中上游防护林、沿海防护林、珠江流域防护林在内的十大国家级防护林建设工程，涉及 73.5%的国土区域。在这十大防护林工程实施的 10 余年里，我国的水土流失得到明显缓解，生态环境大幅改善。

第四阶段是从 20 世纪 90 年代后期到 21 世纪初的近十年，是大发展阶段。在这一阶段，为了实现林业产业的可持续发展，政府通过重新整合原来的林业重点工程，对林业生态工程的原有布局进行优化调整，先后确立并实施了包括天然林保护工程、重点地区速生丰产基地建设工程在内的六大林业重点工程。除重点地区速生丰产基地建设工程侧重于木材生产，强调在林业生态建设过程中也要保证林业产业的发展，其他五个工程均侧重于林业生态安全保障，属于林业生态工程。

第五阶段是党的十八大以后，林业生态工程建设进入了新阶段。在这一阶段，我国林业生态工程建设进入了一个新的历史时期，以习近平生态文明思想为指导，深入贯彻落实党的十八大和十九大精神，坚持绿水青山就是金山银山的理念，实施国家森林城市、森林县、森林乡村建设工程，推动林业生态文明建设和林业绿色发展。在这一阶段，我国林业生态工程建设取得了以下主要成就：

首先，林业生态工程规模和质量不断提升。我国累计完成造林 9.6 亿亩，森林覆盖率由 16.55%提高到 24.02%，森林碳汇能力由 3.8 亿吨增加到 7.4 亿吨，森林生态效益显著增强。我国实施了天然林资源保护工程、退耕还林工程、退牧还草工程、京津风沙源治理工程、珠江流域防护林工程等一系列重大生态工程，有效改善了水土流失、沙漠化、荒漠化等生态问题，提高了国家生态安全水平。

其次，林业产业结构和模式不断创新。我国加快了林业产业结构调整和转型升级，大力发展木材加工、竹藤加工、经济林果、中药材、食用菌、花卉苗木、森林旅游、森林康养等多种形式的现代林业产业，形成了一批具有特色和优势的区域性产业集群。我国推广了以农户为主体的家庭经营模式，以合作社为载体的集体经营模式，以企业为主导的市场经营模式等多种形式的现代林业经营模式，提高了林农收入和社会效益。

最后，林业科技创新和人才培养不断加强。我国加大了对林业科技创新的投入和支持，加强了林业科技成果的转化和推广，提高了林业科技对林业生态工程建设的贡献率。我国培育和推广了一批优良乡土树种和速生丰产树种，提高了人工造林的效益和质量；开发和利用了一批高附加值的非木质林产品和林业服务，提高了林产品的附加值和市场竞争力。我国加强了对林业人才的培养和引进，提高了林业人才的素质和能力，为林业生态工程建设提供了人力资源保障。

2.2.3 林业生态政策的现状分析

近年来，人们开始反思过去 30 多年来粗放式的发展方式，整个社会逐渐意识到生态建设的重要性与紧迫性，越来越多涉及生态建设的林业政策议题出现在人们的视野中。党中央、国务院颁布实施了《关于加快林业发展的决定》《推进生态文明建设规划纲要（2013—2020 年）》《关于全面推进集体林权制度改革的意见》等一系列政策，标志着我国的林业生态政策正式进入以生态建设为主的阶段，生态建设将成为我国林业未来一段时间的建设方向。2009 年 6 月，在中央林业工作会议上，林业被赋予了四个新的定位，再次强调了我国林业建设在生态安全与应对气候变化方面的重要作用。2003—2014 年我国主要的林业生态政策如表 2-9 所列。

表 2-9 2003—2014 年我国主要林业生态政策

时间	政策名称	政策目标
2003 年	《中共中央 国务院关于加快林业发展的决定》	生态建设
2004 年	《天然林资源保护工程森林管护管理办法》	森林工程管护
	《全国森林资源经营管理分区施策导则（试行）》	森林资源管护
	《全国林业产业发展规划纲要》	林业产业发展
2007 年	《林业产业政策要点》	林业产业发展
2008 年	《中共中央 国务院关于全面推进集体林权制度改革的意见》	林权明晰
	《林业及相关产业分类（试行）》	产业分类
2009 年	首次中央林业工作会议	林业改革
	《林业产业振兴规划（2010—2012 年）》	林业产业发展

表 2-9(续)

时间	政策名称	政策目标
2010 年	《关于全国林地保护利用规划纲要(2010—2020 年)的批复》	林地保护
2011 年	《关于加快发展森林旅游的意见》	发展森林旅游
2012 年	《全国极小种群野生植物拯救保护工程规划(2011—2015 年)》	林业专项规划
	《全国湿地保护工程“十二五”实施规划》	林业专项规划
2013 年	《推进生态文明建设规划纲要(2013—2020 年)》	生态文明规划
2014 年	《新一轮退耕还林总体方案》	林业重点工程
	《关于引导农村产权流转交易市场健康发展的意见》	林业产业发展

(1) 林业认识的新飞跃——《中共中央 国务院关于加快林业发展的决定》

2003 年对于我国的林业建设来说是具有重大意义的一年。在这一年的 6 月,党中央、国务院下发了《关于加快林业发展的决定》(下称《决定》),9 月份召开的全国林业工作会议上,再一次明确了我国当前林业建设的战略目标、指导思想和具体的政策支持,“以生态建设为主”正式确立为我国林业的发展战略。《决定》强调:森林作为陆地生态系统的主体,在生态建设中的作用不容小觑,林业生态的建设既关乎国民经济的发展,也是一项具有基础意义的公益事业。要充分重视林业的这种基础性的作用,在生态建设、西部大开发和贯彻可持续发展战略中,赋予林业以重要的地位。党和政府充分意识到目前我国对于林业的生态需求是第一需求,林业不仅要满足经济社会发展对林业的资源型需求,还要满足人们生活对美好生态环境的追求。我国应该确立以生态建设为主的林业发展战略,建立科学合理的林业生态建设体系,从生态角度推动我国经济社会的发展和维护我国的国土生态安全。《决定》是我国政府对林业重视程度的一次新的提升,也反映了全社会对林业认识的新飞跃,对新时期我国林业发展的定位、发展战略、发展模式、主要任务、管理体制、运行机制和政策措施等一系列重大问题进行了战略部署。

(2) 林业改革的又一座里程碑——《中共中央 国务院关于全面推进集体林权制度改革的意见》

2008 年 6 月,《中共中央 国务院关于全面推进集体林权制度改革的意见》(下称《意见》)正式颁布。全面推进集体林权制度改革有利于农村基本经营制度的完善与发展;有利于进一步解放和发展生产力,提高农民收入;也有利于林业生态的建设,促进林业可持续发展。《意见》指出:坚持农村基本经营制度是推进集体林权制度改革的基本原则,在改革的过程中,要综合考虑各方的利益诉求,以全局的观点做好统筹工作,切实保障农民的集体林地承包经营权,做好沟通交流,让农民对于改革能够做到充分的了解,参与决策,在保护生态的前提下,尽可能提高农民的利益。同时,在改革进程中要坚持依法办事,严格按照有关规定,结合具体情况,使得改革工作顺利推进。《意见》还明确了集体林权制度改革的总体目标。首先争取用5年的时间，初步地明确产权的归属，完成承包到户勘定发证、放开经营权、给予承包者一定的处置权、落实各方责任和实现一定的收益等工作。5年之后，建立起林木采伐的管理机制，严格控制林木、林地的流转，完善公共财政制度来支持集体林业发展，拓宽林业投融资的渠道，提高林业社会化服务的水平，从而进一步推进集体林权制度的改革，形成林业生态与产业建设的良性发展机制。通过有关各方共同的努力，早日实现资源增长、生态优化、农民增收、社会和谐发展的目标。

(3) 不同寻常，意义非凡的林业战略——首次中央林业工作会议

2009年6月，党和国家首次以中央的名义召开了中央林业工作会议。在这次意义非凡的会议上，中央强调必须把林业建设放在更加突出的位置，在经济社会发展中进一步发挥林业的重要作用。我国的林业发展必须牢牢把握住我国经济社会正处于关键的战略机遇期这一有利条件，在新的历史定位下，进一步完成林业发展新的历史使命，不辜负党和国家对林业的关心和重视。在我国现代林业建设的70多年里，我国的林业建设成就举世瞩目。但是在这巨大成就的背后，也应清醒地意识到，我国林业发展中暴露出的一些问题：林业资源总量严重不足，林业生态系统整体功能十分脆弱，林业的发展水平远远不能满足社会经济发展的需要。这次会议指出，下一步农村经营制度改革的重点要放在全面推进集体林权制度的改革上。在改革工作中，要做到充分地尊重农民的意愿，坚持依法办事，以实现资源增长和提高农民收入作为改革工作的基本目标，通过建立现代林业产权制度和完善的公共财政制度，以家庭承包经营为基础支持林业的发展，切实做好勘界发证和责任落实两方面的工作，处理协调好改革进程中的各种利益冲突，使得改革工作向着正确的方向有序推进。

(4) 建设生态文明成为林业发展首要任务——《推进生态文明建设规划纲要(2013—2020年)》

2013年9月，在全面建成小康社会的攻坚阶段，党的十八大将生态文明建设的地位提高到与经济、政治、文化和社会建设同等重要的程度，提出了“五位一体”的总布局。“五位一体”的总布局将建设生态文明作为新时期林业建设发展的新任务、新目标，指明了我国林业新的发展方向。生态文明建设强调人类发展过程中与自然环境的和谐相处，其核心和要义是维持生态平衡，人与自然和谐共生。生态文明建设是人类实现可持续发展必须经历的一个阶段。我国的林业发展要把握住生态文明建设的契机，坚定林业生态建设的决心，坚持保护优先、科技支撑、空间优化、改善民生、绿色发展和生态修复等原则，构建出高效坚实和繁荣的林业生态体系，促进现代林业的可持续发展。

2.3 我国林业产业生态安全的问题分析

2.3.1 林业资源总量不足制约产业及生态发展

(1) 林业资源总量不足

目前我国林业发展过程中面临着严重的林业资源总量不足的问题,主要表现在以下两个方面:首先,林业资源人均占有量不足。我国人口众多,对林业资源的需求也非常庞大。我国的森林面积人均占有量仅为世界平均水平的22%,活立木人均蓄积量仅为世界平均水平的14.58%。由此可见,目前我国的林业资源总量还不能充分满足人们的需求。其次,森林质量低。我国的林分平均蓄积量为84.73立方米,仅为世界平均水平的84.73%,人工林单位蓄积量为46.6立方米,仅为世界平均水平的一半。由于长期以来以木材生产为主的林业发展模式,我国的林业资源不断下降,加上国内需求的上升,供需之间日益尖锐的矛盾导致我国近年来不断增加对国外林业资源的进口。林业资源基础支撑能力不足已成为限制我国林业发展的主要原因。

(2) 林业产业占比较低

根据世界粮农组织的统计数据,在全球范围内,林业产业的产值大约占全球生产总值的7%,而在我国这一数据仅为0.97%,还不足1%,明显偏低。在林业这一细分领域中,世界上的发达国家第二产业和第三产业产值占林业总产值的比重一般会超过70%,而我国仅为56%,其中第三产业的产值占比明显偏低,仅为7%。以上数据说明,我国的林业发展还存在着产业发展不充分(产值占比低)和三次产业发展不均衡的问题。

2.3.2 林业产品科技含量低且技术水平落后

(1) 林业产品科技含量偏低

我国林业的第二产业主要涉及木材加工、制浆造纸、家具制造和林产化学品制造等。这些企业大多规模较小,生产的产品多为初级低档品,技术含量低,缺乏高档精加工产品。对于一些规模效益明显的资金密集型产业,如木浆造纸、刨花板、纤维板等，我国目前的发展水平较为落后，不仅企业规模低，甚至达不到世界平均水平的40%，而且大多数企业的技术装备也比较落后，仅相当于发达国家20世纪60—70年代的水平。我国的松香完全可以在世界上占据垄断地位，但目前却以出口原料和初加工产品为主，大多数利润被下游精加工企业获得，未能充分发挥我国松香产量大的资源优势。目前我国的木材综合利用率仅为60%左右，远低于世界发达国家的水平。

(2) 林业科技含量低，科技成果转化慢

相较于其他行业，我国林业从业人员的整体素质并不高，包括只具备初级专业技能的人员在内，林业系统中的各类专业人才仅占全体职工的25%，而发达国家这一数据大多在40%以上。同时，林业企业的生产技术相对落后，对技术创新的重视程度远远不够，不能很好地利用新技术、新设备。整个行业的科技贡献率仅为20%，为其他行业平均水平的一半。这种技术创新上的乏力使得我国林业企业难以参与国际上技术与资本密集型产品领域的竞争，许多企业只能作为OEM代工厂，为国外相关企业生产原材料和初级产品，利润极低。

(3) 林业产业技术创新能力较弱

我国的林业产业技术创新能力还处于较低水平。就第一产业而言，林业培育采伐的技术含量较低，单纯依靠资源输出的发展模式并不持久。林业第二产业的发展同样受制于缺乏技术创新能力，大多数企业对技术创新的重视程度不够，没有积累一定的专利技术，在核心技术上受制于人，难以形成知名品牌，导致难以参与市场竞争，无法取得较好的经济效益。近年来，国家越来越重视林业产业中的科技创新，通过科技创新推动林业产业结构优化升级，增强我国林业产业的竞争力已成为我国林业产业发展的重要途径。目前，随着对林业科技研发的不断投入，我国的林业产业结构正在悄然发生转变。相较于传统的工业型林业以资源为主导，我国现在的林业企业更注重科技创新，大量投入科技创新，以科技进步推动企业发展。接下来，我国林业产业结构优化升级的重点将放在巩固第一产业的基础性地位、加强第二产业的主导地位、加快发展第三产业上。

2.3.3　林业产业投资增长缓慢导致发展增长缓慢

林业产业是规模最大的绿色经济体，是一项发展地域广、产业链条长、受益群体大的基础产业。近年来，我国林业产业实现了跨越式发展，为全社会创造了巨大的绿色财富。当前，我国林业产业正处在转型升级的关键阶段，然而巨大的资金缺口却成为制约其发展的重要因素。全国固定资产投资从2006年至2014年一直呈持续上升趋势，2014年比2005年增长了477%。林业产业固定资产投资占全国比重自2005年以来逐年上升，2005年仅占0.52%，到2014年达到0.74%，增长了

43%。与全国固定资产投资大幅度增长相比，对林业产业的投入仍然较少，特别是在强化生态文明建设的过程中，相对较少的林业固定资产投资阻碍了林业产业的发展，也不利于全社会生态环境水平的提升。

2.3.4 粗放型规模扩张与产业集群度低并存

林业产业是一个非常复杂的产业群体，涉及国民经济中的多个产业，产业链长，覆盖范围广。近年来，我国对于林业资源的利用方式已经发生改变，在木材加工中以人工林的采伐加工为主，并且传统林产品（木、竹、藤、棕、草）在整个林产品生产加工中的比例不断下降，这导致我国传统的林业产业基地（东北和西南地区）的发展遇到了瓶颈，亟须转型。同时，在以河南、山东、江苏三省为主的平原林区，以及包括安徽、浙江、广东、福建、湖南和江西在内的南方林区，借助丰富的林业资源和政策支持，林业第二产业中的加工制造业得到了蓬勃发展，这两个主要区域的林业加工业份额已占到全国的70%以上。目前，我国林业产业的产业规模虽然很大，但发展方式仍显粗放，产业布局分散，没有形成明显的产业集群态势和规模效益，尚未具有较好的规模优势，在市场上的竞争力远远不足。

3

林业产业生态安全效率的系统结构与机理分析

3.1 相关系统的内涵界定

3.1.1 生态安全的内涵

生态安全是一个涉及自然科学与社会科学的交叉学科，既关注生态系统自身的安全，又关注生态系统与人类的关系(陈国阶，2002；曲格平，2002；杨京平，2002)。生态安全可以从狭义和广义两个角度来解读。狭义的生态安全侧重于生态系统的安全，主要涉及自然与半自然生态系统，关注生态系统自身是否能够可持续发展(Kullenberg，2002)。广义的生态安全进一步研究生态系统与人类的关系，探讨人类在整个生态系统中的生存安全，既考虑生态系统的变化对人类发展的安全性影响，又反过来考虑人类的经济活动对生态系统安全的影响，是对复合生态系统整体安全问题的探讨。

基于此，可以从以下几个方面来理解生态安全的内涵：首先，生态安全是一种动态的、相对的、多维的和综合的概念，随着时间、空间、条件和标准的变化而变化，需要从多个角度和层面来考察和评价，综合考虑自然、经济和社会等因素的影响和作用。其次，生态安全强调风险评估和管理的重要性，需要通过科学的方法和手段来识别、分析、评估和管理各种对生态系统造成威胁或破坏的因素，以及由此引发的对人类造成危害或损失的后果，实现风险可控或风险可接受的状态。再次，生态安全基于可持续发展和协调发展的理念，实现发展与保护、利用与恢复、人与自然之间的平衡和协调，通过合理的规划和调控来实现生态系统功能和效益的最大化，以及人类福祉和幸福感的最大化(张智光，2012)。最后，生态安全可以实现共建共享和共赢共享的目标，通过广泛的合作和交流来实现生态系统资源和服务的公平分配和合理利用，以及各方利益和责任的相互尊重和协调。

综上，本研究将生态安全的内涵定义为：在风险可控或可接受的范围内，实现生态系统和人类之间的平衡和协调，保障生态系统的可持续发展和人类的生存福祉，通过多方参与和合作，实现生态资源和服务的公平分配和合理利用的一种状态。

3.1.2 林业生态安全的内涵

林业生态安全体系的建设是生态安全建设的基础和重要组成部分，只有建立良好的林业生态安全体系，生态安全才能得到有效保障(李昂和赵天宇，2016)。然而，对于林业生态安全，目前尚无学界公认的定义。不同学者从不同角度对其进行了解读，主要可以分为狭义和广义两种。

狭义的林业生态安全侧重于森林系统的安全，主要涉及自然与半自然森林系统，研究森林系统与相关生态系统之间的关系(Kullenberg，2002)。一些学者认为森林生态的安全就是林业生态安全。例如，林业生态安全只包括森林生态的健康与完整(闫淑君等，2010)，林业生态安全就等同于森林生态系统的健康与完整(战国强，2015)。还有学者指出，森林生态的安全是建立林业生态安全体系的前提条件(刘心竹等，2014)。这种定义从森林自身出发，忽略了人类活动对森林生态系统的影响和作用。

广义的林业生态安全则是在狭义定义的基础上引入人类活动这一变量，综合考虑生态、经济和社会等多个因素，研究在实现森林生态安全的前提下，通过科学可持续的林业建设，保障人民生活、社会发展、经济建设和环境保护等方面的生态安全，即维持自然生态、经济发展和社会和谐三者之间的平衡(Malin & Mken，2002)。这种定义不仅考虑了森林生态系统本身的健康与完整，还考虑了森林生态系统所提供的各种有益功能和产品对人类发展的安全性影响。因此，所谓的林业生态安全，就是在一定的时空范围内，对人类如何在以林业资源(包含森林、湿地)为主的自然环境中，通过合理开发利用资源，实现人与自然和谐相处，实现人类社会的可持续发展(林鹏翔，2013)。

由以上概念可知，在广义界定中对人类活动的考虑也只限于生态系统所提供的生态服务对人类的安全。然而，要实现生态安全中的测度与预警，更重要的是理清产业系统与生态系统之间的共生关系。因此，在推进林业生态工程建设时，要积极探索并推广产业与林业之间的共生关系模型(张智光，2012)，构建一个林业产业-生态复合系统，利用该复合系统，从生态与产业的共生角度探讨林业的生态安全。在这种情况下，对于林业生态安全内涵的分析应从以下三个角度进行：其一，森林生态安全，即森林生态系统本身的健康、完整和可持续程度；其二，林业产业生态安全，即基于林业产业的角度考察林业产业系统的安全性受森林生态系统安全水平的影响程度；其三，林业产业-生态共生安全，即林业产业系统与林业生态系统之间共生关系的安全程度。这三个方面的安全具有一定的因果关系：森林生态安全是后两个安全的动因；而林业产业生态安全又向第三个安全提供了生态服务角度的安全保证(张智光，2014)。考虑到人类的林业产业活动对森林生态的威胁，林业产业-生态共生安全是第一个安全的动因，进一步推导其也是第二个林业产业生态安全的动因（张智光，2013）。

综上所述，目前对于林业生态安全的定义还没有形成统一认识，不同学者从不同角度对其进行了解读。但是，从可持续发展和协调发展的角度来看，应该将森林系统和人类社会有机结合起来，构建一个林业产业-生态复合系统，从而实现产业和生态之间的互利共赢、和谐共生。这样，才能更好地保障林业生态系统和人类社会之间的平衡和协调，实现林业生态安全。据此，本文通过建立林业产业-生态复合系统，从林业产业-生态共生关系的安全角度出发，来分析林业生态安全的内涵（见图 3-1）。在图 3-1 中，括号内的术语为括号外林业系统中的概念对应的一般系统中的概念，如林业产业系统对应社会经济系统。

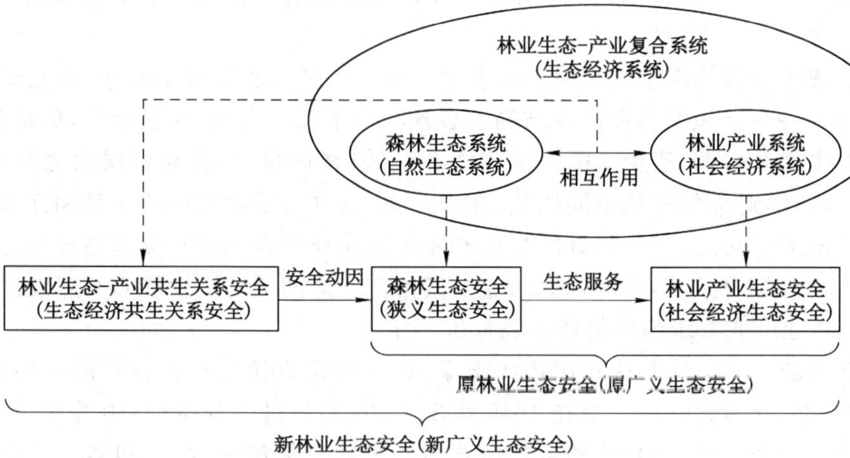

图 3-1　林业生态安全系统的内涵构成

3.1.3　林业及其三次产业的内涵

（1）林业产业结构系统的内涵

林业产业结构的内涵是指林业产业的各个组成部分及其比例和关系（高洪深，1998）。林业产业是以森林资源为基础，通过科学合理地开发利用，为社会提供经济、生态和社会三种效益的产业。其内涵非常丰富，涵盖了林木生产、加工、销售、服务等多个产业门类。林业产业结构的合理性直接影响着林业产业的发展水平和效益。

根据林业产业的功能和特点，可以将其划分为以下几个层次：

第一层次是森林资源层，是林业产业的基础和源头。它包括森林培育、造林、抚育、保护等活动，以及森林生态系统所提供的各种生态服务，如水源涵养、气候调节、土壤保持、生物多样性保护等。该层次的目标是保障森林资源的数量和质量，维持森林生态系统的健康和稳定，为下游产业提供可持续的原材料和环境条件。

第二层次是森林产品层，是林业产业的核心和主体。它包括从森林资源中获取的各种物质产品，如木材、竹材、药材、食品、饲料、纸浆等，以及从森林资源中获取的各种非物质产品，如旅游、康养、教育、文化等。该层次的目标是充分利用森林资源的多样性和潜力，提高森林产品的附加值和竞争力，满足社会的多元化需求。

第三层次是森林加工层，是林业产业的延伸和支撑。它包括对森林产品进行加工处理的各种活动，如木材加工、竹材加工、纸浆制造、药品制造等，以及对森林产品进行运输、储存、销售等环节的服务。该层次的目标是提高森林产品的品质和档次，增加森林产品的市场份额和利润空间，促进森林产品与其他产业的融合和协作。

以上三个层次构成了一个完整的林业产业链，它们之间相互依存、相互影响、相互促进。一个合理的林业产业结构应表现在以下几个方面：在数量上，保持各层次之间的平衡和协调，避免供需失衡或资源浪费；在质量上，提高各层次之间的匹配度和适应度，避免低端化或同质化；在关系上，增强各层次之间的联系和互动，避免脱节或隔阂。总之，一个良好的林业产业结构应充分发挥森林资源在经济、生态和社会方面的综合效益，实现林业产业与其他产业之间的协同发展和共赢发展。

(2) 林业产业系统的分类体系及范围界定

三次产业分类方法是由英国经济学家、统计学家克拉克对费舍尔的一些理论进行总结和优化后建立的。他在 1940 年出版的《经济进步的条件》中首次提出了这一独特的分类方法，将林业的生产经营活动过程分为第一、第二和第三产业（范金，2004）。

第一产业包括农业、林业、畜牧业和渔业四个部分。在划分产业总价值量时，分为农、林、牧、渔业相关服务四部分。林业一项包含林木的培育和种植、木材的采伐运输、竹子的采伐运输和林产品的采伐运输。在木材的采伐运输方面，可分为商品木材、农民自用木材和农民烧材。此外，花卉、茶叶、桑树、水果和中草药分别列在农业项下，狩猎和捕捉动物分别列在畜牧业项下。

第二产业分为矿业、生产加工业及其他林业相关产业。其他林业相关产业包括水、电、天然气等必要基础物资的供应以及房屋建筑业的统一核算。制造业本身分为八大类：非木材林产品加工制造、木材加工、木质竹藤家具制造、木竹浆纸产品制造、林业化学产品制造、特种设备、仪器仪表制造、木竹藤工艺品制造等。在木材加工和木材、竹、藤条、棕榈和草制品行业还有四个附加项目。

第三产业包括仓库存储，联合运输和森林行政业，信息传递，计算机系统设计，零售分销，旅住饮食，租赁和商业服务，科学研究，技术服务和地质探查，水力资源开发，酒店服务和其他服务，社会的教、科、文、卫、体以及其他（金融、房产建筑、社会管理）共十二个小分支。水利、环境和公共设施管理行业由自然保护区管理和野生动植物保护、森林风景名胜区管理、非自然保护区的人工森林公园管理组成。

随着我国改革开放的不断深入，林业对外交流也日益增多，涉及林业领域的国际合作与国际交流随之增加，这更需要一个既能准确、全面、系统反映我国现阶段林业及相关产业经济活动的状况，又能与国际分类相衔接的林业及相关产业分类。国家林业局于 2007 年 12 月通过了《林业及相关产业分类（试行）》。该分类的制定，为界定、规范我国的林业及相关产业提供了参考，同时也为完善我国林业统计制度和开展林业国际交流奠定了基础。

《林业及相关产业分类（试行）》依据《国民经济行业分类》对林业的界定，结合我国林业管理的实际情况，将林业及相关产业界定为：依托森林资源、湿地资源、沙地资源，以获取生态效益、经济效益和社会效益为目的，为社会提供（也包括部分自产自用）林产品、湿地产品、沙产品和服务的活动，以及与这些活动有密切关联的活动的集合。根据上述界定，将林业及相关产业分为林业生产、林业旅游与生态服务、林业管理和林业相关活动四个部分，共 13 个大类、37 个中类和 112 个小类，其中小类与《国民经济行业分类》(GB/T 4754—2002)的行业小类相一致，实现了《林业及相关产业分类（试行）》与《国民经济行业分类》的衔接。借鉴分类（试行）标准，由国家林业局编写的《中国林业统计年鉴》中对于林业产业产值的统计过程中，林业三次产业的分类如图 3-2 所示。图中所涉分类皆为三次产业中涉林产业指标分类，不含林业系统非林产业。

四级产业分类法衍生自三次产业分类法，指森林产业体系由第一、第二、第三和第四产业四个组成部分构成。第四产业聚焦知识产权、组织管理、正确决策和指挥，对一、二、三产业的生产和发展具有指导作用。

林业第一产业是在社会成员和森林生态系统的直接转型过程中发展起来的产业。其业务对象主要是森林生态系统，因此需要科学管理和合理使用。行业包括：水土保持森林工业、森林保护、森林种植、森林培育、森林工业、微生物森林产业、系统更新的森林砍伐和森林生态工业行业、森林工业、森林调控产业等 10 个二级相关子产业。

林业第二产业，即林产工业。该行业的管理目标是将森林生态学过程产生的各种原材料和副产物转化为社会所需的产品，指导森林产量以满足社会需求，并引导生产活动目标向有利于林业发展的方向。同时，通过加工和提高附加值获得效益来优化森林生态系统。主要加工行业包括：森林产油工业、森林食品饮料工业、森林医疗工业、森林文化、纤维产品、森林饲料香料工业、材料工程、能源工业、森林旅游商品产业、织物涂料工业、木浆造纸工业等。目前资料显示，超过四十余行业处于第二产业。

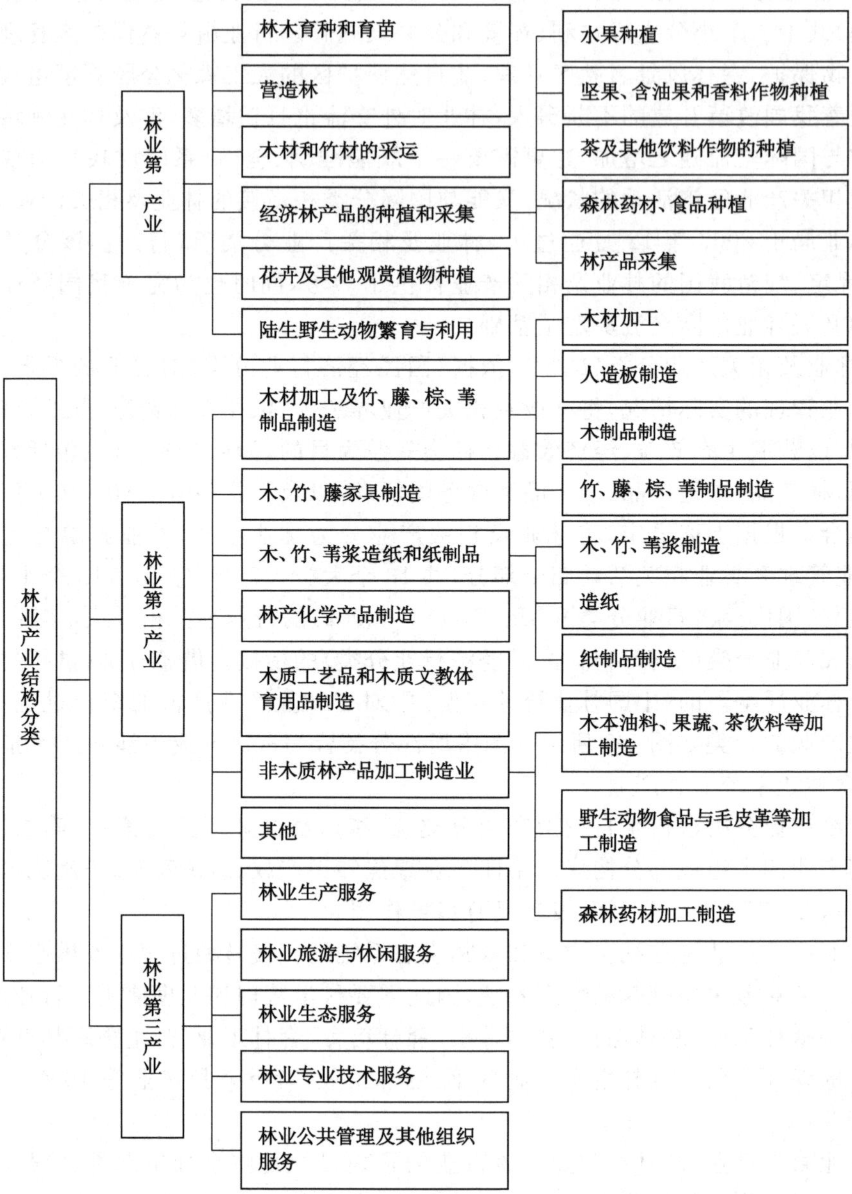

图 3-2 《中国林业统计年鉴》林业产业三次产业分类

林业第三产业是指与林业发展有关的，提供相关服务的实质产业。通过第三产业的处理，产品可以转化为商品以满足人们的需求并反映出林业生产的目的。第三产业是林业发展在经济社会商品交换阶段的必然形态。林业所创造的各种商品反映了林业生产的根本目的，也为社会成员改造客观世界创造了重要环境。只有第三产业的发展，才能引领林业经济的勃发，带动社会成员的收入增长，为林业继续生产提供多种必要的信息，节约资金，建立林业基地循环生产的必要基础。主要包括林木运输（包括水、陆、空）、林业商品流通（林业贸易、供销、对外贸易）、林业金融（银行、证券、保险、期货、风投）、森林观光、森林养生、森林建设和装饰、林料供应业、林花营销业、林道网养护业和设备养护业、综合林业服务（餐饮、住宿、娱乐、休闲等）。

林业第四产业是林业在经济社会科学技术发展到一定阶段的必然产物，尤其是林业科学技术体系的出现及其在林业生产中的应用，为其发展创造了条件。该行业的特点是生产各类产品和培训人才，在林业、林业发展管理方面的知识。行业包括：信息林业产业，林业科技、教育产业，林业勘察计划行业，商业决策、机制优化及机构改革林业产业，林业工人改革，林业生产组织和指导，林业工业效率收入的分析和评价，林业产业控制产业等多个行业（朱君，2007）。

（3）林业产业结构系统的特征

林业产业结构系统的特征主要表现为规范化和高级化两个方面。规范化体现了林业产业结构系统在数量上的平衡和协调，高级化体现了林业产业结构系统在质量上的提升和创新。一个良好的林业产业结构系统应该能够实现规范化和高级化两个方面的有机结合，从而充分发挥森林资源在经济、生态和社会方面的综合效益，实现林业产业与其他产业之间的协同发展和共赢发展。

林业产业结构系统的规范化是指林业产业结构系统的各个层次之间能够形成合理的比例和协调的关系，使得林业产业结构系统的整体效能高于各个部分的效能之和。规范化主要包括产业规模的平衡和产业协同的能力两个方面：一方面，产业规模的平衡是指林业三大产业（第一产业、第二产业和第三产业）在产业规模上的互相平衡，避免出现供需失衡或资源浪费的情况。例如，原材料供应与其深加工产业，林业基础资源建设与林业制造业之间等，都应该保持适当的比例，以满足市场需求和社会需求，同时保护和利用好森林资源。另一方面，产业协同的能力是指林业产业中某一环节的繁荣，会带动林业产业其他相关环节的诞生和增长的能力，其表现为投入与产出的相互依赖性。这种协同功能可以增强林业产业结构系统的内部联系和互动，实现各个环节之间的协同优化和互惠互利。例如，森林旅游、康养、教育、文化等非物质产品的发展，可以促进森林资源的保护和恢复，也可以带动森林物质产品的消费和销售。

林业产业结构系统的高级化是指林业产业结构系统由低级程度向更具优势的高级程度发展的趋势。这种趋势是在需求、技术和竞争的驱动下产生的，反映了林业产业结构系统在质量上不断提升和创新（刘延龙等，2015）。高级化主要包括深度加工化和品质程度深化两个方面。其中，深度加工化是指对森林产品进行更深层次、更高附加值、更多样化的加工处理，从而提高森林产品的品质和档次，增加森林产品的市场份额和利润空间。例如，木材加工、竹材加工、纸浆制造、药品制造等，都是对森林产品进行深度加工化的活动。品质程度深化是指提高森林产品在质量、安全、环保等方面的标准和要求，从而提高森林产品在消费者心目中的认可度和信任度，增加森林产品在市场上的竞争力和影响力。例如，通过认证、标识、溯源等手段，确保森林产品符合国家或国际相关法规和标准。

3.1.4 林业产业生态安全效率的内涵

在生态环境状况不断恶化的压力下，生态安全测度为生态文明建设的效果检测、核算和安全预警等提供了实证支撑(黄莉莉等，2009)。张智光(2013)对林业生态和产业的共生关系在内涵、测度等方面进行了深入研究，提出了产业-生态共生度和成熟度的概念。郑宇梅等(2017)指出林业产业集聚水平的提升会促进生态效率的提升。林业生态安全系统包含了森林生态安全、林业产业生态安全和两者共生关系安全。森林生态安全反映了森林生态系统自身的健康、完整和可持续性；林业产业生态安全则从产业发展的角度来看森林生态系统的安全性对林业产业系统的威胁或保障程度；两者共生关系的安全是指森林生态系统和林业产业系统相互作用的安全性(张智光，2013)。从林业产业-生态共生关系的安全性出发，审视森林生态安全和林业产业生态安全的整体水平，需要将林业产业发展作为投入，林业生态安全作为产出，研究林业产业生态安全效率问题。

据此，本研究提出林业产业生态安全效率的内涵是指基于林业产业与林业生态协同增长的思想，在林业产业发展的过程中，如何有效地利用林业资源，保护和改善森林生态系统的功能，实现林业产业和森林生态系统的协调发展和共生共赢。通过计量模型测度森林产业及产业体系变化对生态安全的影响程度，以反映林业产业发展和林业生态安全的关联程度。林业产业生态安全效率不仅反映了林业产业对森林资源的利用效率，也反映了林业产业对森林生态系统的影响程度和恢复能力。林业产业生态安全效率的高低取决于林业产业的投入产出比、森林生态系统的健康状况、林业产业与森林生态系统的相互作用强度等因素。林业产业生态安全效率的提高，有利于促进林业经济增长和森林生态保育，实现林业生态文明建设的目标。

3.2 林业产业生态安全关联的总体框架

3.2.1 总体理论框架的构建

传统产业结构忽视了资源消费与环境污染对经济发展的生态约束，往往导致生态环境的恶化，进而影响产业的发展。因此，发展过程中需要产业结构能够生态化，并与可持续增长的环保经济及产业发展规律相同步。这既能保证经济正常增长，又能节约资源，保护环境。产业结构生态化不是为了保护和改善生态环境而牺牲经济增长，而是将经济增长带来的环保压力降低到生态环境的可持续范围，既不阻碍经济产出的增长，也不造成生态环境的严重破坏，甚至逐步修复和改善被破坏的生态环境。

要从林业发展战略的高度重新认识林业产业，从林业生态建设着手，以林业产业的增长带动林业生态保护系统的建设，提高环境保护水平，发挥林业在环保建设中的基本功能。另一方面，一个完整的林业生态系统也能反过来产生协同效应，致使林业产业的繁荣。由此可见，缺失了林业生态系统的林业产业是无法满足可持续发展条件的，而缺失了林业其他产业的林业则无法实现林业产业的增长与发展。林业产业生态系统是紧密关联的关键结构。二者是互相啮合的组成部分，在物理结构上密不可分。两者齐头并进，共同增长，才能引导我国林业产业的快速增长及林业生态安全水平的快速提高(谢煜，2010)。

为了实现生态导向型的产业结构发展，林业生产的生态环保安全应当以效益为先驱，以林业生产与林业环保互相关联、同步发展为前提。从逐渐加快产业增长和提高环境保护力度的视角入手，将林业产业及产业结构变化导致的对生态安全的影响程度通过计量模型进行测度，以得到林业产业生态安全效率。该效率值体现了林业产业发展和林业生态安全的关联程度(图 3-3)。效率值的提升可以通过林业产业的技术进步、规模效率提升、优化产业区域分布等手段来实现。这有助于缓解林业产业发展和林业生态保护之间的制衡，实现两者间的关联同步效果，以此带动林业产业生态保护的同步发展，确立定量评价的基础。

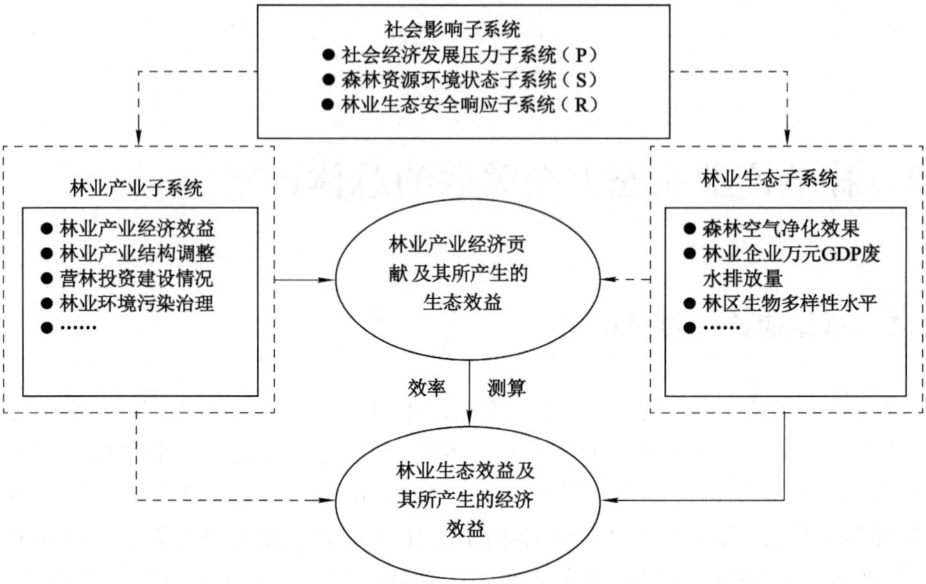

图 3-3　林业产业生态安全系统的运行机理及其影响因素概念图

3.2.2　理论框架的运行机理分析

林业产业生态安全系统主要涵盖了林业产业子系统、林业生态安全子系统和社会影响子系统三个部分。

(1) 林业产业子系统

该子系统从林业产业的经济效率及其所产生的生态效益出发，主要包括以下几个方面：林业产业经济效益、适当的林业产业结构、增强林业可持续发展的营林投资建设以及为保护林业环境提升所进行的环境污染治理投资情况。该子系统属于生态导向的林产子系统，其发展水平可以反映在林业生态环保水平的上升上。

(2) 林业生态安全子系统

该子系统从林业产业的生态效益以及由此带来的经济效益出发，主要包括以下几个方面：森林对空气净化的效果、林业企业废水排放水平、森林系统的生物多样性水平等。该子系统水平的提升为林业三次产业的发展提供了良好的条件。同时，由于林业具有正外部性特点，它也会对全社会的生态环境建设提供基础性支持。

(3) 社会影响子系统

该子系统依据 PSR（Pressure-State-Response，压力-状态-响应）模型，主要从以下三个角度选取相关的外部影响因素：林业产业-生态发展的压力子系统(P)、生态相关资源环境状态(S)和人类生态安全响应子系统(R)。该子系统作为外部影响，通过回归分析来计算对林业产业的生态安全效率的影响。

从以上分析可以发现，林业生产与其生态环保系统是紧密关联、互相啮合的关键部分。它们在物理结构上密不可分。只有实现两者协调发展，才能实现我国林业产业快速发展以及林业生态安全水平的快速提升(谢煜，2010)。同时，两者都受到所处社会环境的压力-状态-响应(PSR)系统的影响。因此，在测算林业产业的生态安全效率时，既要考虑林业产业-林业生态复合系统内部指标的投入产出关系，也要关注外部系统带来的回归效应。

3.3 林业产业生态安全的直接关联框架分析

3.3.1 基于协同发展理论的林业产业生态安全关联框架

(1) 协同发展理论对林业产业生态发展的指导意义

协同发展理论可以用来解释林业产业生态系统子系统间的协同关联,促进复合系统形成具有新结构和功能的整体子系统,使其效果高于各个单独子系统功能之和。这就要求将具有关联性、依存性的林业产业和林业生态子系统相互联系,共同发挥其协同作用。这对我国加快发展林业产业、建设林业生态安全体系具有重大意义。具体来说,有以下几点:

① 林业产业生态系统子系统的协同发展必须走"协作开发"之路。这是因为我国国土面积大、林业发展不均衡、森林较为分散,按不同标准规划的地区较为混乱。如果只是单纯地按照各自的思路建设,林业发展就会失去方向,大量资源会被浪费,最终导致林业发展缓慢和林业环保安全水平不足。而如果建立林产和林业环保复合系统,使林业产业、生态与其他因素协调同步,就会从混乱向有序进化,零散、无序的要素就会转变为结构化的系统。

② 林业产业和林业生态系统是一个复杂的大系统,包含许多子系统。每个子系统对其所包含的子系统或要素具有充分的自主性(自组织性)和开放性。这意味着该系统可以与外界交换信息、物质和能量,从而帮助构建林业复合多功能系统的整体结构和功能。

③ 在林业产业和林业生态系统的进化过程中,应认识到林业产业、林业生态和外部影响因素在复合系统中的特点和作用。将其作为具有不同性质和功能的子系统,朝着同一个方向协同运行,为林业产业和林业生态系统的高层次合作做出最大努力。同时,在对林业产业、林业生态和外部影响因素进行调控的过程中,必须掌握"度"的概念,即适度地开发利用林业生态子系统的各种资源,满足林业产业的发展需求,又避免过度消耗林业资源。同时,要通过区域林业规划和宏观调控,积极做好林业产业和林业生态建设,最终通过相关法律、政策和制度的限制,带动林业产业和林业生态复合系统的健康运行。

(2) 从协同发展角度看林业产业生态安全的关联

林业产业和林业生态安全是林业产业生态安全系统的两个重要子系统，它们之间的协调发展已成为推动林业系统整体发展的动力。这种协调发展是由于林业产业、林业生态和外部因素三者之间存在着融合共生关系，形成了一种协同效应。协同效应是指三者之间相互联系、相互促进，创造出新的质量和结构的总体效果，使得林业系统作为一个整体具有超越各子系统单独作用的综合效果，即 1＋1＞2。林业产业生态安全协调发展效应是指三者之间协同发展的程度，以及这种程度对林业系统整体效果的影响。图 3-4 展示了林业产业、林业生态及外部影响因素子系统的协同发展效应示意图。

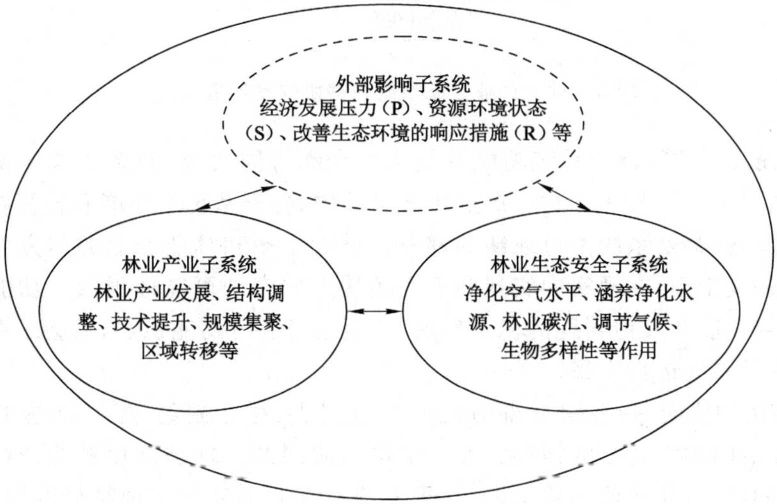

图 3-4　林业产业、林业生态及外部影响子系统协同发展效应

从图 3-4 中可以看出，林业产业生态系统之间存在着有序的协调发展关系，复杂系统各要素之间也表现出有序的协同效应。通过这种协同效应，林业系统整体效果大于各子系统效应的简单相加，从而实现了质的飞跃。协同发展使得林业系统能够产生出任何一个单一子系统不具有的新结构和功能，特别是在林业产业子系统、林业生态子系统和外部影响子系统之间形成了紧密的耦合关系和相互依赖关系。

3.3.2　林业产业生态系统的内部协同分析

林业产业生态系统是一个复杂系统，由特定的结构、功能、空间、时间等要素构成。该复合系统具有多角度、多层次和多样化的特征。在总体目标确定的情况下，系统可以通过子系统之间的自组织协同演化来实现有效地协调和开发。图 3-5 展示了林业产业生态系统内部协同发展的框架图。

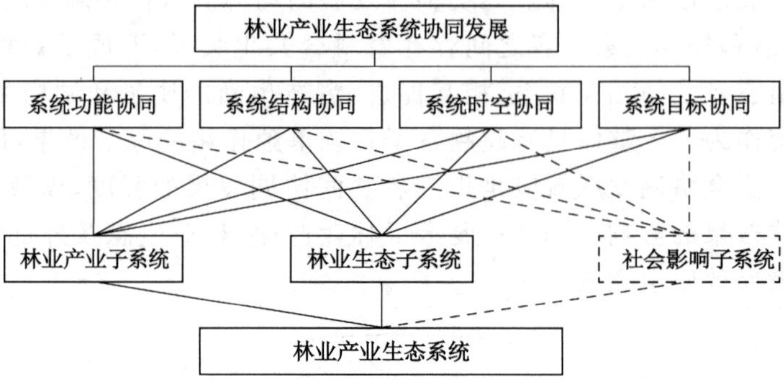

图 3-5 林业产业生态系统内部协同发展框架图

① 功能性协同：指子系统功能的最优组合和协同效应，使系统整体功能达到最优，负面效果达到最小。林业产业生态系统中，各子系统的功能和特征在不同领域有所差异，但都是系统不可或缺的部分。林业生态和林业产业的多方面特征决定了系统的复杂性，在现实中实现两者完美协调状态的可能性很低。功能性协同体现为主导功能和其他功能的稳定发展，即生态子系统功能稳定，社会子系统影响良好，工业子系统运行平稳。

② 结构性协同：指各组成部分之间相互促进、相互制约、相互渗透的协同模式，以及在时间和空间上的强相关性。结构性协同的目标是优化林业产业和林业生态系统的结构，使产业子系统、生态子系统和社会子系统实现结构的协同发展。只有在整体结构良好时，系统才能持续协调发展，系统结构对系统状态起决定性作用。

③ 时空性协同：指子系统在时间和空间上的协调。主要包括产业空间结构协同和各利益主体在时间上的协同。区域产业结构是一个特定区域内国民经济空间分布和区域资源总量分配的总和。林业产业生态系统在空间上的协调，最终体现在产业结构协同的形式上。例如，在以生态环境为重点的区域，应加强森林培育和管理，保护自然资源，发展林业第一产业；在以木材生产为重点的区域，应重视林业第二产业的发展水平；在以满足城乡居民自然环境和生态资源需求为重点的区域，应发展森林旅游等林业第三产业。这样不仅可以合理利用和保护森林资源，而且可以从景观环境中获得经济效益。根据区域条件和绿色发展要求，实施资源型、循环型、适应型林业产业化和林业生态发展模式，最终实现林业产业结构的良性循环。林业产业生态系统在时间上的协同，主要指随着时间的推移，系统技术进步和规模效率提升的情况，实现林业产业生态系统科技含量的提高和规模效益的优化，为林业产业生态系统的协同发展提供动力支持。

④ 目标性协同：指子系统目标与系统总目标的耦合，通过多重反馈机制控制调节，实现总体目标。林业产业生态系统中，产业、生态和社会子系统目标的耦合应该是互补、统一的。系统具有多功能性质，集产业、生态及社会文化于一体，各子系统运行的目的都是为了促成一个良性、循环、完善的林业产业生态系统。

为了实现林业产业与林业生态系统的协调发展，进一步发挥林业在我国生态文明建设中的重要作用，本研究重点关注林业产业发展对林业生态安全的影响。根据林业产业生态系统的协同发展的特点，本研究将林业产业子系统作为提升林业生态安全子系统水平的投入要素，假设通过提高林业产业子系统投入水平，可以提升林业生态安全水平(图 3-6)。

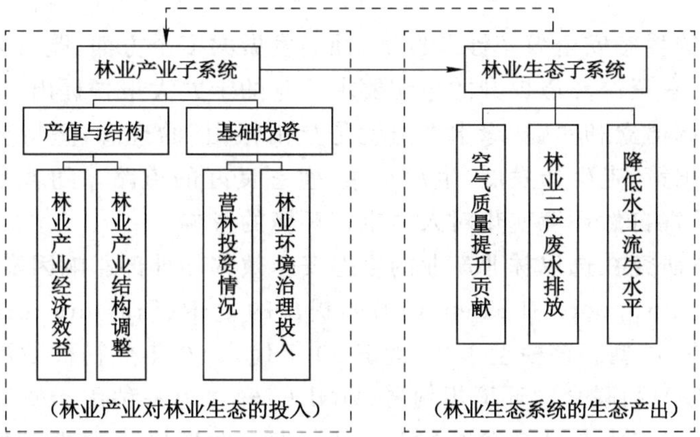

图 3-6　林业产业投入对林业生态安全产出的关联及要素图示

3.4 林业产业生态安全的间接关联框架分析

3.4.1 林业产业生态安全系统的相关影响因素分析框架

林业产业的生态安全效率涉及经济、社会发展的多个方面，既有来自经济提升的发展压力，还有资源环境提升的迫切要求。党的十九大报告提出“坚持人与自然和谐共生”，强调树立和实践“绿水青山就是金山银山”的理念，坚持节约资源和保护环境的基本国策，走生产发展、生活小康、生态良好的道路。随着社会的进步与发展，越来越重视自然环境变化对人类生存环境的影响。

鉴于此，本研究在选取林业产业的生态安全效率的外部影响因素时，借鉴了由加拿大统计学家 Rapport 和 Friend(1979)提出的 PSR(Pressure-State-Response，压力-状态-响应)模型。该模型于 20 世纪 80 年代末 90 年代初被欧洲经济合作与发展组织(OECD)和联合国环境规划署(UNEP)确立为一种用于研究环境问题的框架体系，分析了经济与社会发展过程中经济发展对环境造成的压力(P)、资源环境的质量与状态(S)和人类面对环境问题采取的改进措施(R)之间的关联，在环境、资源消耗、生态系统评价等研究中被广泛应用。该模型借助“原因-效应-响应”这一常用逻辑思维，体现了人与环境的相互关联。

在林业产业生态安全系统的研究过程中引入 PSR 模型，人类通过林业产业的生产活动从林业自然环境中(生态林、人工林等)获取林业产业发展所必需的原材料资源，同时又向林业自然系统排放废弃物，从而改变了林业自然系统的林木等原材料的资源储量与林业生态环境质量。而林业生态环境的变化又反过来影响到林业产业的发展和人类的生存环境状态，进而会影响到政府机构、林业行业组织、林业企业及公众为应对环境和资源的改变做出应对措施。如此循环往复，构成了林业产业生态系统的压力-状态-响应关系(图 3-7)。

林业产业生态安全系统的 PSR 模型区分了 3 类指标，即压力指标、状态指标和响应指标。其中，压力指标表征林业产业发展对林业资源和生态环境的作用，如林业产业生产对林业资源的消耗、破坏和干扰造成的林业产品的消费和林业产业操作期间产生的物质排放量对林业生态环境的影响；状态指标表征特定时段内林业自然系统的林木等原材料的资源储量与林业生态环境质量；响应指

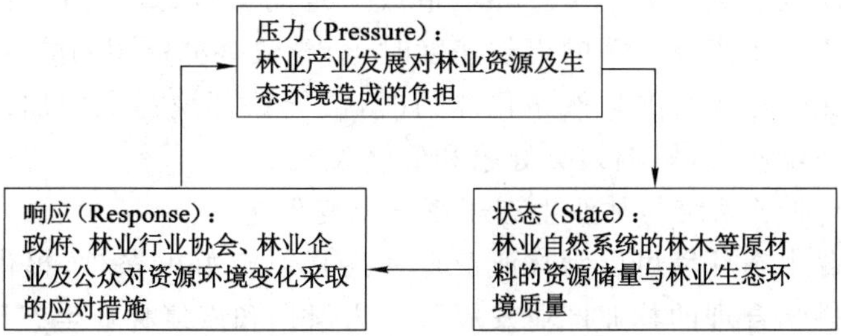

图 3-7　林业产业生态安全系统的 PSR 模型(压力-状态-响应模型)

标指为了促进林业产业的发展和林业生态环境的提升，政府、林业行业组织、林业企业及公众等采取的减轻、阻止、恢复和预防林业产业对森林资源和生态环境的负面影响，以及对已经发生的不利于人类生存发展的森林资源和生态环境变化进行补救的措施。林业产业生态安全系统的 PSR 模型回答了“发生了什么、为什么发生、我们将如何做”三个影响林业产业、森林资源和生态环境可持续发展的基本问题。

3.4.2　基于产业结构理论的压力(P)子系统对生态安全的影响分析

林业产业生态安全系统的结构优化，既是平衡林业产业之间资源配置的需要，也是促进林业生态安全长期健康发展的重要任务(丁贺，2014a)。产业结构理论有利于分析林业产业之间的相互促进，合理利用自然资源和经济资源，保护生态平衡，实现林业生产的顺利发展和最大的经济效益(吕一河等，2018)。根据产业结构理论，林业产业子系统与林业生态子系统之间存在以下关系：

(1) 林业产业子系统以林业生态子系统为基础

林业生态系统为林业产业提供必要的物质资源，如生态林、人工林等。人类通过林业产业的生产活动从林业自然系统中获取原材料资源，并向其排放废弃物，从而改变了林木等原材料的资源储量和林业生态环境质量。环境本身具有扩散、贮存和固化的功能，为工业活动提供服务。如果环境得到维持，它将为人类经济活动提供免费资源来清理废物。如果这个功能被破坏，它将危及人类健康，增加垃圾处理和恢复环境功能的成本，并影响经济发展。

(2) 林业产业子系统的发展受到林业生态子系统的制约

林业产业发展不能超过林业生态环境的承载能力。随着科学技术的进步，林业产业在质量和数量上对物质资源的消耗会发生变化，但不能超过经济和社会发展所能承受的范围。

(3) 林业产业子系统在林业生态环境变化中起主导作用

林业产业发展必然对林业生态环境造成一定的影响，这是违反自然法则的结果。当人类消费大于森林资源的更新速度时，会导致森林资源的减少；当污染物排放量超出了林业生态环境的自然净化能力时，会导致环境污染的加剧。这些都会降低林业生态环境质量，影响人类健康和经济发展。

(4) 林业产业子系统与林业生态子系统相互促进

良好的林业生态环境可以为林业产业发展提供良好的条件，提供更多的资源和服务；同时，科学合理的林业产业发展可以为保护和恢复林业生态环境提供更多的产品和资金支持。这样就形成了一个良性循环，促进了两者协同发展。

3.4.3 基于生态健康理论的状态(S)子系统对生态安全的影响分析

保持和提升林业生态健康水平是实现林业生态安全的基础。林业产业发展必须遵循生态系统的生存、合作、竞争和发展的自然规律，实现林业经济、社会和文化效益的协同共生，促进人类与自然、环境和社会的和谐发展。根据国内外的理论研究，林业生态健康理论的内容主要包括三个方面：一是加强森林生态建设，培育和保护森林、湿地等重要的生态资源，引导全社会树立和实践生态文明的理念；二是优化林业产业结构，形成科学合理的林业产业体系和经营模式，实现林业经济效益的最大化；三是协调人与环境的关系，培育和推广健康文明的林业文化，促进社会与森林系统的和谐发展(樊宝敏等，2019)。据此，构建的林业生态系统健康理论的应用框架如图 3-8 所示。

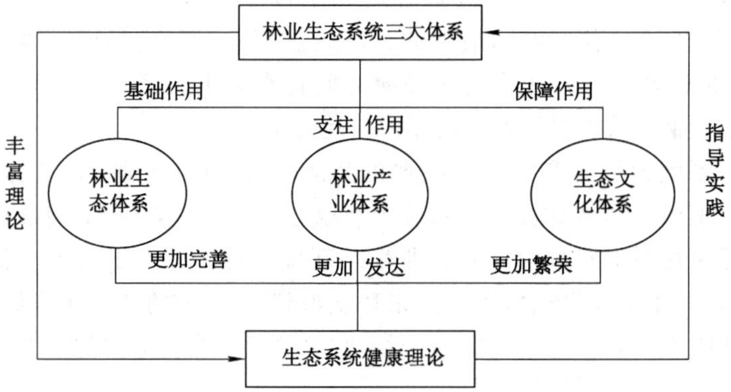

图 3-8　林业生态系统健康理论的应用框架

林业生态健康理论的应用框架强调了生态、经济和社会三者之间的平衡，旨在实现林业的可持续发展。通过这种综合的方法，可以确保林业资源得到合理利用，同时保护和增强生态系统的健康和稳定性。

（1）林业生态体系的健康水平提升是林业生态安全的基础

通过改善造林技术，增强森林资源保护措施，提高森林覆盖率和质量，增加森林碳汇能力，维持森林生态系统的稳定性和多样性，对于防止和减轻森林灾害、保护水土资源、调节气候变化等方面起到基础性作用。

（2）林业产业体系的健康水平提升为林业生态安全建设提供支柱作用

通过调整林业产业结构，发展循环型、低碳型、高效型的林业产业模式，减少对森林资源的过度开发和消耗，降低对环境的污染和破坏，提高对森林资源的利用效率和附加值，对于促进森林资源的可持续利用、提高广大林区群众的收入水平、推动社会经济进步等方面具有重要意义。

（3）林业生态文化体系的健康水平为林业生态安全建设提供了文化和制度保障。

通过建设健康文明的林业文化，弘扬和宣传绿色文明、森林生态文化，让绿色文明、生态文明内涵融入林业生产经营和管理的全过程。通过打造精品工程，建设具有浓郁地方特色和民族特色的森林公园、风景名胜区等旅游景点，为人们提供休闲娱乐、科普教育等服务。通过加强法制建设，完善相关法律法规，规范森林资源管理和利用行为，保护合法权益，惩治违法犯罪行为。这些都有助于增强人们对森林资源和生态环境的保护意识和责任感，促进人与自然、人与社会的和谐共处，为林业生态安全建设和森林资源健康提供了保障作用。

3.4.4 基于生态创新理论的响应(R)子系统对生态安全的影响分析

为了提升生态安全水平，需要采取有效的响应措施。传统的创新理论往往只关注技术创新，而忽视了环境平衡和经济增长之间的关系，导致新技术的应用破坏了环境和生态平衡，间接影响了经济发展，没有真正实现可持续发展的目标。在“生态立国、产业强国”战略指引下，如何把我国林业产业的资源优势和生态优势转化为市场优势和经济优势，针对林业特有的优势，推进林业产业生态安全系统更好更快地发展，提高林业产业的竞争力，显得尤为重要。

生态创新理论是对传统创新理论的改进，在追求技术创新的基础上，注重林业产业在生态、经济、社会等各方面的协调发展，力求综合效益的不断提高，即促进林业产业生态安全系统综合发展水平的提高。目前生态创新理论研究的重点已经从技术创新转向了政策创新，探讨了进行生态创新的阻力与动力是什么，如何评估林业生态安全创新的水平，什么样的环境政策更能激励林业产业发展，怎样才能制定出有效促进林业生态与林业产业复合系统创新的政策，这些问题已经成为目前各国生态创新理论研究的重点。

生态创新理论为人们应对林业生态安全问题、改善林业生态安全水平提供了新的思路。但是生态创新理论体系还不够完善，需要进一步系统地阐述和学理上科学地论证，提高其对国内外重大实际问题的解释力（张绍良等，2016）。而且目前的生态创新理论还较多地停留在概念层面，未来量化研究将成为主流。只有开展量化研究，才能对不同生态系统的转化及其阈值等作出更精确更科学的界定，尤其对于复杂的林业产业生态安全系统来说更是难题。

4

基于 DEA-SBM 模型的林业产业生态安全效率静态实证研究

4.1 SBM模型的构建与效率值分解

4.1.1 SBM模型的构建

数据包络分析(DEA)方法中最为基础和经典的模型是基于规模收益不变的CCR模型和基于规模收益可变的BCC模型。这两个模型在评价生态环境效率时,多数采用了投入或产出角度的思路,即在投入既定的情况下计算产出最大化的程度,或在产出既定的情况下计算投入最小化的程度。这两个模型都遵循了角度和径向的概念,即非有效的决策单元沿着原点射线方向同比例缩小投入或扩大产出的程度。但是,这两个模型不能同时考虑投入和产出的松弛问题,即非有效的决策单元在投入或产出方面还有改进的空间。这就使得CCR模型和BCC模型仅考虑了投入或产出角度的径向等比例改进,而忽视了松弛改进部分,导致了相对效率评价结果的不准确性。

出于上述模型的缺陷,Tone(2001)提出了基于松弛变量的DEA模型(Slacks-based Model,简称SBM)。该模型不同于传统的CCR模型和BCC模型分别从投入或产出角度进行径向改进的效率测量方法,SBM模型将投入和产出两种导向纳入同一个模型中来,为非径向和非角度的。SBM模型充分考虑到投入和产出角度的径向改进和松弛改进,一定程度上避免CCR模型和BCC模型的测度偏差,并将其体现在目标函数中,最终得到一个在0和1之间的效率测量值。公式(4-1)中,S_i^-,S_r^+分别表示投入和产出的松弛变量,当S_i^-、S_r^+均$\geqslant 0$,且$\rho^* = 1$时决策单元有效;当$0 \leqslant \rho^* < 1$时,决策单元无效,存在着投入和产出上改进的必要性。

$$\min \rho^* = \frac{1 - \frac{1}{m}\sum_{i=1}^{m} \frac{s_i^-}{x_{ik}}}{1 + \frac{1}{q}\sum_{r=1}^{q} \frac{s_r^+}{y_{rk}}} \tag{4-1}$$

$$\text{s.t.} \quad x_K = X\lambda + s^-$$

$$y_K = Y\lambda - s^+$$

$$s^- \geqslant 0, s^+ \geqslant 0, \lambda \geqslant 0$$

非导向的SBM模型是非线性模型,可按以下步骤转化为线性规划。

(1) 令 $t=\frac{1}{1+\frac{1}{q}\sum_{r=1}^{q}\frac{s_r^+}{y_{rk}}}$，模型(4-1)转换为模型(4-2)：

$$\begin{aligned}
&\min \rho = t-\frac{1}{m}\sum_{i=1}^{m} ts_i^-/x_{ik}\\
&s.t.\ X_t\lambda + ts^- - tx_k = 0\\
&Y_t\lambda - ts^+ - ty_k = 0\\
&t=\frac{1}{1+\frac{1}{q}\sum_{r=1}^{q}\frac{s_r^+}{y_{rk}}}\\
&\lambda, s^-, s^+ \geqslant 0
\end{aligned} \tag{4-2}$$

(2) 令 $S^-=ts^-$；$S^+=ts^+$；$\Lambda^-=t\lambda^-$，模型进一步转换为以下线性规划(4-3)：

$$\begin{aligned}
&\min \rho = t-\frac{1}{m}\sum_{i=1}^{m} S_i^-/x_{ik}\\
&s.t.\ X\Lambda + S^- - tx_k = 0\\
&Y\Lambda - S^+ - ty_k = 0\\
&t+\frac{1}{q}\sum_{r=1}^{q}\frac{S_r^+}{y_{rk}} = 1\\
&\lambda, S^-, S^+ \geqslant 0
\end{aligned} \tag{4-3}$$

SBM 模型同时从投入和产出两个角度来对无效率状况进行测算，被称为非导向(Non-oriented)模型。在非导向 SBM 模型中，投入和产出数据中均不能出现 0。其优点是解决了径向模型对无效率的测量没有包含松弛变量的问题。

4.1.2 SBM 模型的效率值分解

SBM 模型中涉及的综合技术效率以及分解得到的纯技术效率和规模效率的概念来源于数据包络分析(DEA)的两个经典模型：CCR 模型和 BCC 模型。

(1) 综合技术效率(TE)

CCR 模型通过假定生产技术的规模收益不变(Constant Returns to Scale, CRS)，或者假定尽管生产技术的规模收益可变，但所有被评价决策单元(Decision Making Unit, DMU)均处于生产规模收益不变阶段。该模型计算所得的技术效率包含了规模效率的成分，通常称为综合技术效率(Technical Efficiency, TE)。

(2) 纯技术效率(PTE)

实际生产过程中，许多生产决策单元并未处于最优规模的生产状态，因此 CCR 模型有其局限性。BCC 模型则假定规模收益可变(Variable Returns to

Scale，VRS），通过该模型计算所得的技术效率排除了生产规模的影响，通常被称为“纯技术效率”（Pure Technical Efficiency，PTE）。

（3）规模效率（SE）

采用 CRS 模型得出的效率值（TE）并非纯粹的技术效率，而包含了规模效率的成分。BCC 模型的提出是为了求解规模收益可变条件下 DMU 的技术效率，该模型得出的效率值属于纯技术效率（PTE）。通过比较计算 CRS 效率值和 VRS 效率值就可以分离出规模效率值（Scale Efficiency，SE），计算方法为：SE＝TE/PTE。

4.2 指标选择及描述性统计分析

4.2.1 指标的选取

数据包络分析方法(DEA)是一种常用的评价林业生态安全以及产业结构效率的方法。前人研究中,利用 DEA 方法进行评价分析时,选取了不同的投入和产出指标,以反映林业生态安全与产业结构之间的关系。例如:李宁和杨印生(2006)从资源生态环境压力、资源生态环境状态和人文社会响应三个层面,构造了包含人口增长率、森林覆盖率、人均 GDP、三废处理率、研发费用占 GDP 比例等的 20 个评价指标,利用 DEA 非均一判别分析(DEA-DA)方法对吉林省不同州市农业可持续发展的生态安全状况进行了评价。吕科建等(2008)构建了包含建设资金、环保资金和高新技术产业投资等的城市投入指标体系和包含地区生产总值(GDP)、城镇居民收入、犯罪率、空气质量指数、水污染指数等的生态产出指标体系,将数据包络分析方法应用到广义城市生态安全的评价过程中,并以石家庄和秦皇岛市的对照为例,对城市自然、经济和社会三个子系统进行了评价。牛建广和高春艳(2017)选取资源消耗量(第一产业水资源消耗量、能源消耗总量)和环境投入量(第二产业 SO_2 排放量、第二产业工业废水排放量)作为投入变量,生产总值(GDP)作为产出量,运用数据包络分析方法对河北省 2001—2014 年基于生态安全的产业结构效率进行评价,并对非 DEA 有效的年份采用投入导向的 BCC 模型进行了改进分析。范德成等(2016)为了评价我国的产业结构演化效率,选取各产业产值作为输出指标,并针对性地选取各产业的固定资产投资、各产业的就业人数、第一二产业的土地占用量、第二产业能源和水资源消耗、第三产业外商直接投资等作为输入指标,构建了我国产业结构演化评价指标体系。同时,引入以复相关系数为基准的滞后期,解决了投入和产出之间的滞后性问题。王丽琼(2015)将资源消耗(能源消耗、水资源消耗和土地消耗等)和环境污染(废水污染、废气污染和固体废弃物污染等)作为投入指标,经济效益作为产出指标,采用改进的数据包络分析法(超效率 DEA)计算出我国不同省份在不同时期的生态效率,并运用空间相关分析方法(ESDA)研究中国生态效率的空间特征。廖桂萱等(2017)选取氨氮排放量作为投入指标,三次产业产值作为产出指标,运用 DEA 方法对鄱阳湖生态经济区 36 个县(市、区)2009—2013 年间氨氮排放效率及其变化率进行分析。

从以上研究可以看出，利用 DEA 方法进行林业生态安全以及产业结构效率方面的评价分析时，指标的选取应该符合以下几个原则：① 相关性：指标应该与林业生态安全和产业结构优化相关，能够反映林业生态安全与产业结构之间的关系。② 全面性：指标应该包含林业产业投入指标、环境建设投入指标和生态安全产出指标，以反映林业生态安全与产业结构之间的投入产出关系。③ 因果关系：指标应该存在相关性，投入指标与产出指标之间应存在因果关系，并且指标选定过程中要区分投入和产出指标和林业生态安全效率影响因素的不同。④ 数量要求：指标的数量应该满足数据包络分析的要求，即决策单元的数量不少于投入和产出指标数量的乘积，且不少于投入和产出指标数量总和的 3 倍。

本部分对林业生态安全与产业结构的关联分析，主要从产业结构的调整对生态安全影响的角度出发，选取了以下几个方面的指标：

① 林业产业投入指标：主要考虑林业产业的经济效益投入和林业一、二、三产业比例变化情况。用林业产业高级化指数来衡量产业结构比例的调整情况，该指数越高，说明林业产业结构越优化。

② 环境建设投入指标：主要考虑营林投资和林业环境污染治理投资等对林业生态安全直接相关的两方面。这两个方面的投入能够改善林业生态环境，提高林业生态服务功能。

③ 生态安全产出指标：该指标主要聚焦于林业在提升空气质量和涵养净化水源这两个对人类生活影响较大的方面。选取林业空气质量提升贡献率和林产工业单位 GDP 废水排放量两个指标，作为衡量林业生态安全水平和与产业发展关联程度的两项产出指标。

具体的指标体系如表 4-1 所列。

表 4-1　林业产业生态安全效率的指标体系

目标层	准则层	指标类型	指标层	单位
林业产业生态安全效率	投入指标	林业产业系统	林业产业经济效益	亿元
			林业产业高级化指数	—
		环境建设投资	营林投资占比	%
			林产工业污染治理投资	万元
	产出指标	生态安全产出	森林空气质量提升贡献率	%
			林产工业单位 GDP 废水排放量	m^3/万元

4.2.2 指标的含义及描述性统计分析

4.2.2.1 林业产业经济效益

林业产业经济效益的统计主要以林业产业的生产总值为表征。作为一种绿色产业和低碳产业，林业产业具备巨大的发展潜力，并且始终保持着强劲的增长态势(图 4-1)。近年来，林业产业的增长率持续高于 GDP 增长率，曾连续多年年均增长率超过 20%。即便在生态文明提升为国家战略之后，2016 年林业产业的增长率仍高出 GDP 增长率 2.63 个百分点，成为既能够提升生态文明水平又能为 GDP 增长作出显著贡献的产业。

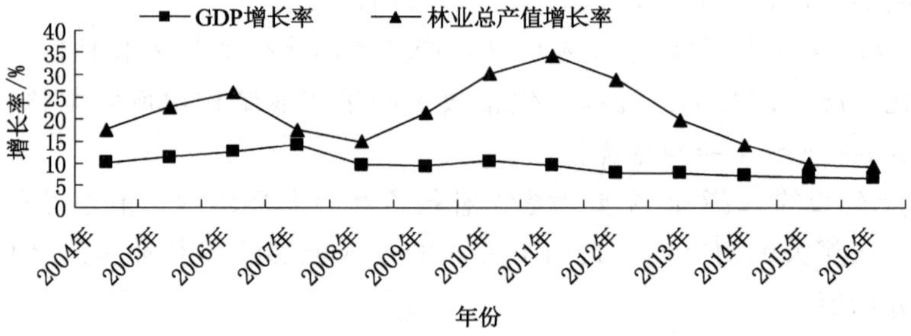

图 4-1　2004—2016 年林业产值和 GDP 增长情况对比

目前，我国已成为全球森林资源增长最快的国家，森林资源持续增长，森林质量逐步改善，生态状况逐步好转，生态产品生产能力明显提升。林业产业在精准扶贫、扩大就业和扩大生态产品有效供给方面发挥着重要作用。

当前阶段，林业产值的提升与绿色产业、生态提升和绿色惠民富民紧密结合在一起。作为林业生态安全的重要投入指标，林业产值的提升对于改善我国林业发展水平的落后状态至关重要。林产品和生态产品的生产能力总体上仍然不足，因此建设林业现代化仍然是一个不可忽视的重要指标。

4.2.2.2 林业产业高级化指数

林业产业高级化指数是衡量林业产业发展重心转向林业第二、第三产业的标志。随着国民经济的发展，我国第一产业比重稳中有降，而第三产业占 GDP 比重持续提高，增速明显高于第二产业，特别是在 2012 年历史性地达到了二、三产业比重相等以后，从 2013 年开始，第三产业比重快速上升，2015 年第三产业比重达到 50.2%，超过三次产业比重的一半，我国经济结构转型取得了历史性的突破(图 4-2)，中国经济正在从工业主导型向服务主导型转变。这种经济结构转型对中国经济增长、就业、生态环境和社会生活产生了深远而持久的影响。

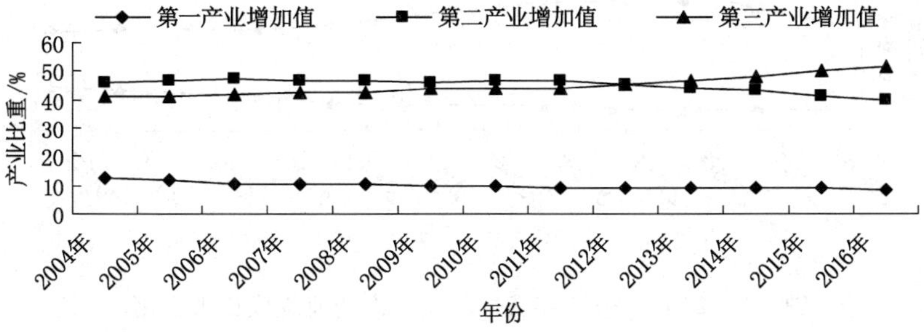

图 4-2　2004—2016 年国民经济三次产业构成比重变化

就林业产业目前的发展状况而言，总体并不乐观。近十几年，林业经济发展迅猛。2015 年，我国林业总产值为 5.94 万亿元，同比增长 9.86%；2016 年为 6.40 万亿元，同比增长 7.74%。然而，与 2016 年的 GDP 740 598.7 亿相比，林业产值的比重仅占 8.64%。对于如此庞大的林业产业而言，这个比重显然偏低，还有很大的提升空间。与国民经济发展总体相对应，林业产业的发展也经历了由林业一产逐渐向二产和三产重点依次转移的过程(图 4-3)。从林业产业构成来看，林业第一产业占比在近年来逐渐下降，而林业第二产业比重已经超过第一产业。特别是自 2009 年以后，第二产业比重超过 50%，但后续提升速度不大，基本保持稳定。与林业发达国家相比，我国林业第二产业相对较弱，其产值占林业总产值的比重远低于 70%。然而，林业第三产业近年来发展占比逐年提升，从 2004 年的 6%到 2015 年的 16%，以年均 1 个百分点的速度提升。这显示了林业第三产业快速提升的巨大发展潜力。林业第三产业涵盖森林旅游业、林业贸易业以及林业产业服务业等，是与其他产业相结合衍生出的产业价值链形式，是林业产业的一条绿色价值链，也是对林业资源的永续利用。林业第三产业占比的提升是实现林业可持续发展的关键途径，对增加林区人口就业、保护环境、提升收入水平都具有重要作用。

林业产业高级化标志着林业产业的发展重心由林业第一产业转向林业第二、第三产业。这意味着林业产业由劳动密集型转向资金密集型和技术密集型，产业优势由林木原材料及初级产品加工向林工产品深加工或森林旅游业过渡。林业产业高级化是林业产业发展的必经阶段和发展方向。其具体反映在林业收入比例的变动、林业三次产业产值的变化以及林业从业人员的变动上。这种发展趋势表现在林业产品附加值不断提升、技术水平不断进步、集约化程度不断提高。为了计算产业高级化指数，通常借鉴 Moore 结构变动指数的原理。该指数将林业三次产业增加值的比重作为一组三维空间向量，通过比较年度向量和基期向量之间的夹角

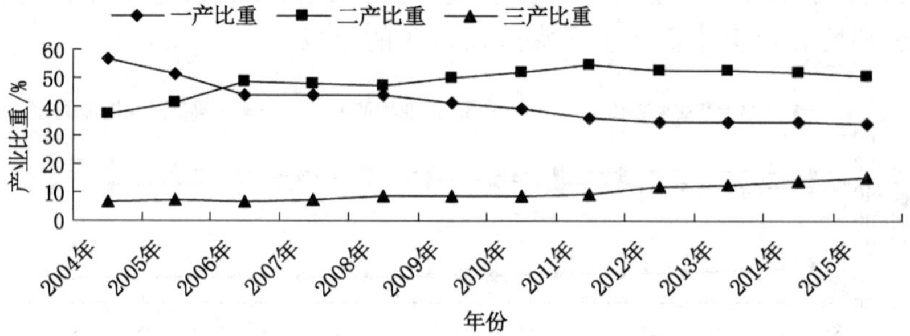

图 4-3　2004—2015 年我国林业三次产业构成比重变化

变化来反映林业产业的优化程度(郭跃芳,2017)。具体的计算过程见公式(4-4)。

$$M_i = \arccos \frac{\sum_{r=1}^{3}(W_{r,i} \cdot W_{r,o})}{\sqrt{\sum_{r=1}^{3} W_{r,i}^2} \cdot \sqrt{\sum_{r=1}^{3} W_{r,0}^2}} \tag{4-4}$$

式中,$W_{r,i}$为第 i 年(i=2004,……2014)第 r(r=1,2,3)产业所占比重,$W_{r,0}$表示基期第 r 产业所占比重,$M_i \in [0,\pi/2]$,该值越大,说明第 i 年林业产业变化越大,反映了该年份林业产业高级化发展情况。用 M_i 表示第 i 年的产业高级化指数,指数计算以 2004 年为基期,数据来自 2004—2014 年的《中国统计年鉴》,代入 M_i 的计算公式(4-4)得到 2005—2014 年(表 4-2)全国及 31 个省级行政区的林业产业高级化指数(表 4-3)。

表 4-2　2005—2014 年我国林业产业高级化指数

年份	2005 年	2006 年	2007 年	2008 年	2009 年	2010 年	2011 年	2012 年	2013 年	2014 年
产业高级化指数	0.235	0.251	0.244	0.240	0.297	0.345	0.403	0.413	0.416	0.417

表 4-3　2005—2014 年我国 31 个省级行政区的林业产业高级化指数

地区	2005 年	2006 年	2007 年	2008 年	2009 年	2010 年	2011 年	2012 年	2013 年	2014 年	排名
北京	0.501	0.464	0.395	0.578	0.581	0.590	0.685	0.507	0.528	0.523	4
天津	0.082	0.094	0.088	0.093	0.151	0.057	0.080	0.050	0.029	0.025	27
河北	0.016	0.072	0.086	0.129	0.114	0.102	0.123	0.062	0.045	0.053	26
辽宁	0.012	0.052	0.069	0.050	0.055	0.053	0.085	0.168	0.213	0.193	24
上海	0.070	0.072	0.304	1.017	0.861	1.465	1.441	1.436	1.441	1.449	1
江苏	0.077	0.090	0.054	0.049	0.051	0.148	0.109	0.139	0.154	0.144	23

表4-3(续)

地区	2005年	2006年	2007年	2008年	2009年	2010年	2011年	2012年	2013年	2014年	排名
浙江	0.002	0.046	0.061	0.069	0.101	0.109	0.194	0.200	0.209	0.203	21
福建	0.418	0.431	0.450	0.459	0.485	0.512	0.598	0.607	0.622	0.630	5
山东	0.068	0.138	0.159	0.093	0.121	0.263	0.404	0.461	0.436	0.395	14
广东	0.041	0.979	0.950	0.920	1.042	1.072	1.074	1.082	1.069	1.071	2
海南	0.418	0.604	0.593	0.548	0.594	0.360	0.452	0.487	0.568	0.420	6
东部均值	0.155	0.277	0.292	0.364	0.378	0.430	0.477	0.473	0.483	0.464	
山西	0.054	0.105	0.061	0.119	0.113	0.222	0.200	0.180	0.230	0.206	19
吉林	0.127	0.022	0.045	0.147	0.169	0.177	0.139	0.148	0.154	0.154	20
黑龙江	0.017	0.236	0.217	0.210	0.254	0.235	0.247	0.257	0.202	0.220	17
安徽	0.106	0.232	0.353	0.451	0.503	0.585	0.670	0.674	0.695	0.700	7
江西	0.093	0.134	0.128	0.117	0.158	0.199	0.223	0.215	0.301	0.415	18
河南	0.058	0.111	0.155	0.143	0.220	0.278	0.335	0.342	0.360	0.411	15
湖北	0.116	0.215	0.274	0.283	0.305	0.321	0.339	0.304	0.325	0.399	12
湖南	0.097	0.197	0.245	0.250	0.280	0.250	0.224	0.237	0.233	0.269	16
中部均值	0.084	0.157	0.185	0.215	0.250	0.283	0.297	0.295	0.313	0.347	
内蒙古	0.033	0.110	0.139	0.155	0.088	0.076	0.111	0.082	0.104	0.183	22
广西	0.091	0.125	0.207	0.271	0.450	0.636	0.654	0.680	0.644	0.638	8
重庆	0.132	0.198	0.365	0.306	0.313	0.260	0.290	0.290	0.278	0.290	13
四川	0.219	0.345	0.416	0.387	0.432	0.459	0.474	0.484	0.463	0.471	10
贵州	0.085	0.224	0.467	0.459	0.448	0.310	0.419	0.564	0.589	0.770	9
云南	0.072	0.058	0.004	0.010	0.028	0.011	0.020	0.053	0.119	0.137	29
西藏	0.524	0.577	0.700	0.700	0.634	0.661	0.672	0.717	0.683	0.739	3
陕西	0.002	0.025	0.023	0.027	0.065	0.082	0.075	0.142	0.140	0.137	28
甘肃	0.016	0.059	0.054	0.070	0.071	0.061	0.042	0.050	0.039	0.050	30
青海	0.016	0.025	0.030	0.003	0.012	0.002	0.018	0.024	0.019	0.019	31
宁夏	0.014	0.016	0.070	0.515	0.608	0.437	0.345	0.304	0.319	0.370	11
新疆	0.075	0.018	0.042	0.044	0.101	0.096	0.119	0.111	0.131	0.083	25
西部均值	0.107	0.148	0.210	0.246	0.271	0.258	0.270	0.292	0.294	0.324	
全国均值	0.118	0.196	0.232	0.280	0.303	0.325	0.350	0.357	0.366	0.380	

从我国林业产业总体发展来看，林业产业高级化指数在2005年为0.235，到2014年显著提升至0.417。然而，近年来该指数的变化趋势趋于缓和，表明产业结

构转型过程中面临较大压力。特别是自 2009 年以来,林业第二产业产值占比达到 50%后一直徘徊不前,远低于林业第三产业的增长速度。这给进一步提升林业产业高级化指数带来了巨大挑战。同时,从产业高级化指数的值域范围[0,π/2]来看,我国林业产业的高级化指数仍处于较低水平,仍有很大提升空间。这与我国当前林业发展整体水平偏低的认知定位一致。

从林业产业的区域分布来看(图 4-4),我国东部地区的产业高级化指数水平一直领先于其他地区,特别是上海、广东和福建等经济和林业产业水平较高的地区。以上海为例,尽管上海的森林覆盖率仅为 10.74%,约为国际平均水平的三分之一,全国平均水平的一半,但从 2005 年到 2014 年,林业一二三产业结构发生了显著调整。林业一二三产业结构从 93.7∶6.1∶0.2 调整为 9.3∶86.5∶4.2,产业高级化指数从 0.07 提升至 1.45。这表明在过去十年间,上海的林业产业结构调整取得了显著进展。其中,木、竹、藤家具制造业在林业第二产业中的占比达到了 43.2%。这与近年来上海市房地产业的快速发展和城市化水平的提高密切相关。

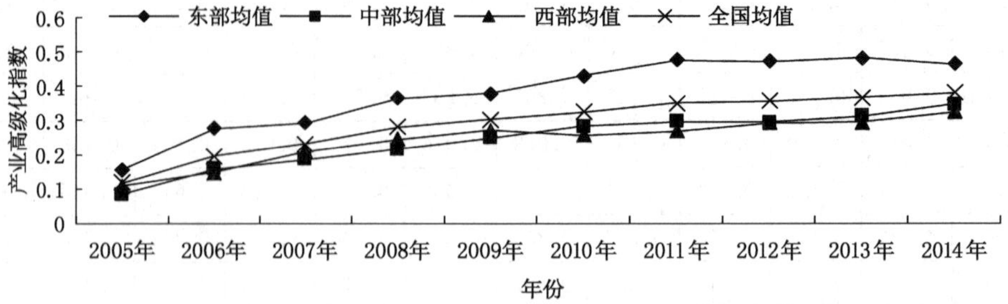

图 4-4　2005—2014 年林业产业高级化指数区域分布趋势

4.2.2.3　营林投资占比

营林投资占比是指在追求林业经济效益和生态效益的过程中,为实现生态安全的可持续发展而进行的积极投资。然而,我国在林业可持续发展方面的投资存在一些问题,如投资总额不足、投资来源单一以及林业资金使用效率较低等(李树生和韩春明,2005)。因此,强化营林投资,特别是加强林业固定资产投资,对于进一步提升林业可持续发展和生态安全水平具有重要意义。由于林业固定资产投资数据相对完整,本研究主要以 2004—2014 年之间的林业固定资产投资数据为主进行营林投资数据的分析。

进入新世纪以来,我国加大了对林业的投资力度(图 4-5),尤其是自 2007 年起,国家林业局全面推进现代林业建设,通过建立发达的林业产业体系、完善的林业生态系统和繁荣的生态文化体系，充分挖掘林业的经济、生态和社会三大效益。林业固定资产增长率连续三年超过30%，通过加大投资力度逐步缩小我国在建设现代林业方面与林业发达国家之间的差距。特别是2008年，中共中央、国务院颁布了《关于全面推进集体林权制度改革的意见》，为我国林业改革和发展注入了强大的动力，成为我国林业发展的里程碑。然而，2008年也是中国林业史上非常不平凡的一年，历史罕见的低温雨雪冰冻灾害给森林资源、生态环境和林区基础设施造成了严重破坏，而全球金融危机也给中国林业产业发展带来了严峻挑战。面对重重困难，国家加大了对林业固定资产的投资，投资额度较上年增长了52.88%，创造了历史性的高度。这为加速林业产业发展，缩小我国在提供生态产品和社会服务方面与林业发达国家之间的差距提供了历史机遇。

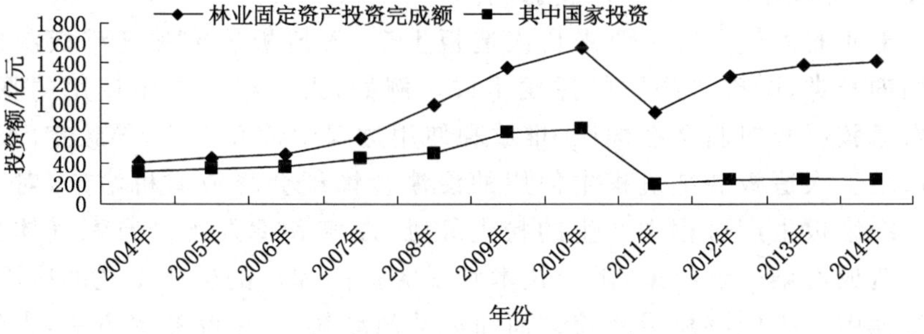

图4-5　2004—2014年林业固定资产投资完成情况

自2010年以来，林业固定资产投资在经历了前期的大幅投资后，开始保持稳定持续增长。同时，国家直接投资资金形式更加侧重于林业重点工程的投资。仅2010年，天然林资源保护工程、退耕还林工程、重点防护林体系建设工程、京津风沙源治理工程、野生动植物保护及自然保护区工程等五大林业重点生态工程的投资就达到了444.87亿元，占全部中央林业资金的47.08%。

4.2.2.4　林产工业污染治理投入

林产工业污染是指林产工业企业在生产过程中，由于生产技术限制和工艺流程导致的固体废弃物、废水和污染性气体的排放。与一般工业企业生产排放的“三废”即废水、废气、废渣相比，林产工业污染有固体废弃物污染、水污染和气体污染等。

林业固体废弃物污染主要包括木材采伐、运输和加工过程中产生的废弃物。这些废弃物大多可以再利用，如树皮可用于制造肥料或作为燃料，废木材可用于制造刨花板或进行生物降解和干馏等工艺制取化学产品。其中，纤维板生产过程中产生的固体废弃物主要包括储木厂作业中产生的剩余物、粉碎产生的剩余物、纤维板加工或齐边废料以及抛光时产生的粉尘等。

林业水污染主要指人造板和纤维板生产过程中的废水排放。人造板加工过程中排放的废水含有木材可溶物、胶黏剂、酚类、甲醛、防腐剂和废油等污染物;纤维板加工过程中排放的废水含有悬浮物和胶体有机物。这些废水中溶解物主要有单糖、半纤维素单宁、甲醛等有毒物质,悬浮物主要包含细小的纤维和树皮等。此外,地板基材的染色工艺中使用的染料种类较多,排放的废水中含有高浓度的有毒物质。

此外,林业第二产业中的林产化学品制造也会导致水污染。木、竹、苇浆制造、造纸和纸制品制造过程中产生的废水,即使在生产过程中进行了回收、处理和再利用,仍然会有大量废水排入水体,造成严重的水环境污染。造纸废水成分复杂,含有大量的木质素、半纤维素、糖类和其他溶出物,若不进行废水处理直接排入水体,不仅会消耗水中的氧气影响水生生物的生存,还会对水中原有生物的群落组成、生理状态甚至生物体内组织产生不良影响。

林产工业的大气污染主要来自人造板生产、人造板装饰和纤维板制造等过程中使用的醛类、酚类等物质的挥发排放。例如,人造板工业中使用的脲醛、酚醛和三聚氰胺甲醛树脂会在加压、堆放和使用过程中挥发甲醛,导致室内和大气环境的污染。人造板装饰过程中使用的浸渍装饰纸会释放有机溶剂,对空气造成污染。纤维板生产过程中产生的粉尘纤维、废气和挥发出的有毒气体也会对大气环境造成污染。近年来,随着技术水平的提高和新的生产工艺的应用,人造板生产过程中采用低游离甲醛胶黏剂和水乳剂涂料、静电喷涂等方法,大气污染情况有所改善。

在我国,林产工业污染防治是一个关系整体利益和长远利益的重大社会经济问题。环境保护越来越受到社会和政府的重视,尤其是当前国家已大力实施针对大气污染、水污染和土壤污染的三大防治行动计划,国家和地方的重大环保工程和项目投资不断增加,大规模集中治理污染已成为新常态(图 4-6)。许多学者对工业污染治理投资和生态环境、城镇化的关系进行了研究,发现长期来看,当工业污染治理投资增长较少时(增长低于一倍),对经济的增长起到反作用;当治理工业污染投资增长较多时(高于一倍),对经济的增长起到促进作用,但随着治理投入的进一步增加,经济增长效率呈下降趋势(陈仕鸿等,2015)。同时,城镇化率的提高将引发工业污染治理投资额的增加(城镇化率每提高 1%将引发工业污染治理投资额提高 1.35%),中国工业污染治理投资总额的增长速度滞后于城镇化率的增长速度,生态环境质量改善状况对城镇化进程具有约束效应(熊升银,2017)。因此,林业环境污染治理投资对林业生态和林业产业的发展影响巨大,应建立科学的林产工业污染治理投资体系,以促进林业生态环境的健康发展。

4.2.2.5 林业空气质量提升贡献

林业对城市空气质量的提升发挥了重要作用。城市的扩张、工业的发展和汽

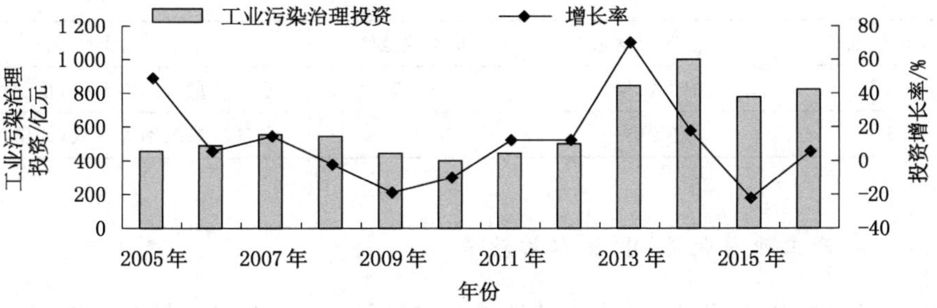

图 4-6　2005—2016 年我国工业污染治理投资及增长率

车保有量的增加等因素威胁着城市的空气质量。城市森林作为城市生态建设中最大且唯一具有自净功能的生态系统，为城市居民提供了相对清洁的休憩空间。此外，它还在净化空气颗粒物污染和减少扬尘等方面发挥了重要作用（王晓磊和王成，2014）。

林业的贡献不仅在于提供清洁的空气，还可以通过空气质量指数来衡量。这个指数将常规监测的多种空气污染物浓度简化为一个概念性指数值，用以表示这些污染物对人体健康和生态环境的影响程度。这种指数常用于衡量城市短期空气质量状况和趋势。在 2012 年之前，中国采用的是 1996 年颁布的《环境空气质量标准》（GB 3095—1996）制定的空气污染指数（Air Pollution Index，API），评价指标仅包括二氧化硫、二氧化氮和可吸入颗粒物（PM10）这三项污染物。然而，自 2011 年末以来，严重的雾霾天气在多个城市频繁出现，导致居民对环境质量的实际感受与 API 指数所显示的良好情况之间出现了明显差异，这表明 API 指数已经不能准确反映空气污染的实际状况。因此，2012 年初，中国出台了新的空气质量标准《环境空气质量标准》（GB 3095—2012），并将相应的空气污染指数（API）更名为空气质量指数（Air Quality Index，AQI）。

AQI 相对于 API 来说，监测的污染物指标更多，因此其评价结果更加客观，两者的指数范围基本是一一对应的（表 4-4）。

表 4-4　空气污染指数（API）和空气质量指数（AQI）标准对照表

<table>
<tr><th>API 指数范围</th><th>API 空气质量表述</th><th>AQI 指数范围</th><th>AQI 空气质量表述</th></tr>
<tr><td>0～50</td><td>空气质量优</td><td>0～50</td><td>空气质量级别为一级，优</td></tr>
<tr><td>51～100</td><td>空气质量良好</td><td>51～100</td><td>空气质量级别为二级，良</td></tr>
<tr><td rowspan="2">101～200</td><td rowspan="2">轻微污染</td><td>101～150</td><td>空气质量级别为三级，轻度污染</td></tr>
<tr><td>151～200</td><td>空气质量级别为四级，中度污染</td></tr>
</table>

表 4-4(续)

API 指数范围	API 空气质量表述	AQI 指数范围	AQI 空气质量表述
201～300	中度污染	201～300	空气质量级别为五级，重度污染
＞300	重污染	＞300	空气质量级别为六级，严重污染

4.2.2.6 林产工业单位 GDP 废水排放量

林产工业单位 GDP 废水排放量是指在统计期内，林产工业每万元地区生产总值所带来的废水排放量。该指标作为衡量林业经济和生态环境的一项重要指标，反映出工业发展对水环境的影响。由于技术或工艺的缺陷，工业生产过程中废水的排放具有普遍性。近年来，我国单位 GDP 废水排放量持续下降(图 4-7)，体现了我国在生态治理方面取得的显著成果。然而，由于公众对水质要求不断提高，废水治理仍然面临挑战。为确保评价结果的准确性，本研究选择将林产工业废水排放总量与地区林产总值的比值作为实际评价指标。

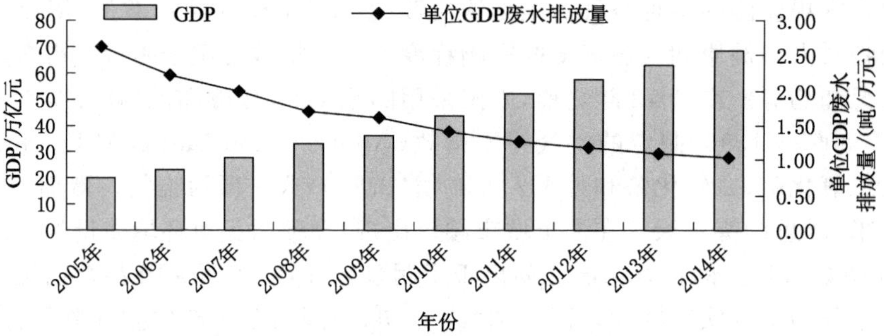

图 4-7 2005—2014 年我国 GDP 增长与单位 GDP 废水排放量对照

图 4-7 显示了 2005 年至 2014 年我国 GDP 增长与单位 GDP 废水排放量的对照情况。林业产业生态安全效率分析所采用的数据包含了全国 31 个省级行政区。鉴于数据的可获得性和统计指标的连续性，模型分析所选取的时间跨度涵盖了 2005—2014 年的 10 年时间。根据林业产业生态安全效率计算设定的投入和产出指标体系，相关数据主要来源于《中国统计年鉴》《中国林业统计年鉴》和《中国环境统计年鉴》。需要注意的是，最近几年的数据由于获取问题暂未包括在整体数据分析中。

4.3 SBM模型的测度结果与分析

4.3.1 林业产业生态安全效率的效率值整体分析

通过对林业产业生态安全效率单独年份的静态分析，可以以定量化的方式准确评估我国不同地区林业生态安全的发展状况，并深入探讨产业结构变化对生态安全的影响效率，以及林业生态安全与产业结构的可优化程度（松弛变量）和可优化效率（冗余率）。这些分析将为林业生态安全的可持续发展提供对策建议和坚实的数据支撑。

本部分采用DEA-SBM模型，对我国2005—2014年不同地区林业产业生态安全效率的综合效率值（TE）（见表4-5）、纯技术效率值（PTE）（见表4-6）和规模效率值（SE）（见表4-7）进行了测度。测度结果中，效率值为1表示决策单元为DEA有效，而效率值小于1表示决策单元为非DEA有效。

表4-5 2005—2014年林业产业生态安全效率的综合效率值（TE）

区域	2005年	2006年	2007年	2008年	2009年	2010年	2011年	2012年	2013年	2014年	均值	排序
北京	0.388	0.312	0.450	0.614	0.692	1.000	1.000	0.656	0.417	0.416	0.595	23
天津	1.000	1.000	1.000	1.000	1.000	1.000	1.000	1.000	1.000	1.000	1.000	1
河北	0.666	0.414	0.571	0.733	1.000	1.000	1.000	1.000	1.000	0.534	0.792	12
辽宁	1.000	1.000	1.000	1.000	1.000	1.000	0.656	0.511	0.311	0.412	0.789	13
上海	1.000	1.000	1.000	1.000	1.000	1.000	1.000	1.000	1.000	1.000	1.000	1
江苏	0.564	0.443	0.677	1.000	1.000	0.612	1.000	0.400	0.348	0.485	0.653	22
浙江	1.000	1.000	1.000	1.000	1.000	1.000	1.000	0.415	0.344	0.614	0.837	9
福建	0.441	1.000	1.000	1.000	1.000	0.789	0.442	0.285	0.302	0.292	0.655	21
山东	0.377	0.299	0.444	0.492	0.609	0.393	0.306	0.143	0.156	0.174	0.339	29
广东	1.000	0.617	0.587	1.000	1.000	1.000	1.000	0.509	0.593	1.000	0.831	10
海南	1.000	1.000	1.000	1.000	1.000	1.000	0.899	1.000	1.000	1.000	0.990	6
山西	0.421	0.268	0.470	0.386	0.431	0.337	0.302	0.337	0.251	0.443	0.365	28

表 4-5(续)

区域	2005 年	2006 年	2007 年	2008 年	2009 年	2010 年	2011 年	2012 年	2013 年	2014 年	均值	排序
吉林	0.516	1.000	0.833	0.609	0.724	0.660	1.000	1.000	1.000	0.693	0.804	11
黑龙江	1.000	0.382	0.334	0.507	0.456	0.338	0.258	0.415	0.441	0.604	0.474	25
安徽	1.000	1.000	0.867	0.862	0.646	0.839	0.775	1.000	0.334	0.512	0.784	14
江西	1.000	0.661	1.000	1.000	1.000	0.949	1.000	1.000	0.742	0.592	0.894	7
河南	0.781	0.522	1.000	0.917	0.767	0.804	0.692	0.639	0.373	0.470	0.697	17
湖北	0.592	0.438	0.494	0.932	0.891	0.577	1.000	0.913	0.557	0.585	0.698	16
湖南	0.756	0.436	0.528	0.881	0.786	0.704	1.000	0.546	0.529	0.579	0.675	20
四川	0.245	0.195	0.212	0.303	0.372	0.294	0.428	0.417	0.459	0.409	0.333	30
重庆	0.350	0.543	0.364	0.840	0.586	0.511	1.000	1.000	1.000	1.000	0.719	15
贵州	0.356	0.286	0.486	0.462	0.522	0.545	0.557	0.523	0.580	0.659	0.498	24
云南	0.516	0.447	1.000	1.000	1.000	1.000	1.000	1.000	0.656	1.000	0.862	8
西藏	1.000	1.000	1.000	1.000	1.000	1.000	1.000	1.000	1.000	1.000	1.000	1
陕西	1.000	0.617	1.000	1.000	1.000	0.521	0.705	0.323	0.250	0.391	0.681	19
甘肃	0.383	0.187	0.446	0.231	0.267	0.142	0.362	0.389	0.452	0.465	0.332	31
青海	1.000	1.000	1.000	1.000	1.000	1.000	1.000	1.000	1.000	1.000	1.000	1
宁夏	1.000	1.000	1.000	1.000	1.000	1.000	1.000	1.000	1.000	1.000	1.000	1
新疆	0.379	0.523	0.664	1.000	0.869	0.988	0.711	0.675	0.527	0.577	0.691	18
广西	1.000	1.000	0.752	0.288	0.291	0.193	0.217	0.216	0.162	0.222	0.434	26
内蒙古	0.464	0.223	0.364	0.404	0.727	0.533	0.385	0.400	0.247	0.217	0.396	27

表 4-6　2005—2014 年林业产业生态安全效率的纯技术效率值(PTE)

区域	2005 年	2006 年	2007 年	2008 年	2009 年	2010 年	2011 年	2012 年	2013 年	2014 年	均值	排序
北京	0.530	0.419	0.589	0.757	0.968	1.000	1.000	1.000	0.661	0.641	0.757	22
天津	1.000	1.000	1.000	1.000	1.000	1.000	1.000	1.000	1.000	1.000	1.000	1
河北	0.702	0.467	0.612	0.739	1.000	1.000	1.000	1.000	1.000	1.000	0.852	15
辽宁	1.000	1.000	1.000	1.000	1.000	1.000	0.676	0.621	0.467	0.583	0.835	17
上海	1.000	1.000	1.000	1.000	1.000	1.000	1.000	1.000	1.000	1.000	1.000	1
江苏	0.570	0.447	0.679	1.000	1.000	0.614	1.000	1.000	1.000	1.000	0.831	18
浙江	1.000	1.000	1.000	1.000	1.000	1.000	1.000	1.000	1.000	1.000	1.000	1
福建	1.000	1.000	1.000	1.000	1.000	1.000	1.000	0.389	1.000	0.293	0.868	13
山东	0.429	0.305	0.447	0.503	0.667	0.394	0.341	0.256	0.256	0.277	0.388	29
广东	1.000	1.000	1.000	1.000	1.000	1.000	1.000	1.000	1.000	1.000	1.000	1

表4-6(续)

区域	2005年	2006年	2007年	2008年	2009年	2010年	2011年	2012年	2013年	2014年	均值	排序
海南	1.000	1.000	1.000	1.000	1.000	1.000	1.000	1.000	1.000	1.000	1.000	1
山西	0.564	0.321	0.586	0.390	0.473	0.340	0.309	0.533	0.456	0.572	0.454	28
吉林	0.712	1.000	0.881	0.660	0.741	0.671	1.000	1.000	1.000	0.712	0.838	16
黑龙江	1.000	0.403	0.343	0.509	0.464	0.343	0.266	0.461	0.550	0.606	0.495	27
安徽	1.000	1.000	0.885	0.863	0.690	0.908	1.000	1.000	0.651	1.000	0.900	12
江西	1.000	1.000	1.000	1.000	1.000	1.000	1.000	1.000	1.000	1.000	1.000	1
河南	0.806	0.587	1.000	1.000	0.786	0.804	0.699	0.839	1.000	1.000	0.852	14
湖北	0.609	0.487	0.529	1.000	1.000	0.659	1.000	1.000	1.000	0.735	0.802	20
湖南	0.758	0.485	0.546	1.000	0.788	0.747	1.000	0.610	0.652	0.688	0.727	24
四川	0.264	0.200	0.218	0.340	0.380	0.314	0.434	0.435	0.468	0.484	0.354	31
重庆	0.424	1.000	0.400	1.000	0.589	0.538	1.000	1.000	1.000	1.000	0.795	21
贵州	1.000	0.631	0.589	0.548	0.577	0.569	0.625	0.697	0.673	0.779	0.669	25
云南	1.000	1.000	1.000	1.000	1.000	1.000	1.000	1.000	1.000	1.000	1.000	1
西藏	1.000	1.000	1.000	1.000	1.000	1.000	1.000	1.000	1.000	1.000	1.000	1
陕西	1.000	0.853	1.000	1.000	1.000	0.613	0.734	0.404	0.382	0.496	0.748	23
甘肃	0.520	0.285	0.506	0.255	0.317	0.192	0.391	0.406	0.458	0.482	0.381	30
青海	1.000	1.000	1.000	1.000	1.000	1.000	1.000	1.000	1.000	1.000	1.000	1
宁夏	1.000	1.000	1.000	1.000	1.000	1.000	1.000	1.000	1.000	1.000	1.000	1
新疆	0.540	0.664	0.847	1.000	0.883	1.000	0.713	0.675	0.798	1.000	0.812	19
广西	1.000	1.000	1.000	1.000	1.000	1.000	1.000	1.000	1.000	1.000	1.000	1
内蒙古	0.481	0.230	0.474	0.581	1.000	1.000	1.000	1.000	0.536	0.384	0.669	26

表4-7 2005—2014年林业产业生态安全效率的规模效率值(SE)

区域	2005年	2006年	2007年	2008年	2009年	2010年	2011年	2012年	2013年	2014年	均值	排序
北京	0.731	0.744	0.764	0.811	0.715	1.000	1.000	0.656	0.630	0.649	0.770	28
天津	1.000	1.000	1.000	1.000	1.000	1.000	1.000	1.000	1.000	1.000	1.000	1
河北	0.948	0.886	0.932	0.993	1.000	1.000	1.000	1.000	1.000	0.534	0.929	10
辽宁	1.000	1.000	1.000	1.000	1.000	1.000	0.970	0.822	0.667	0.706	0.917	12
上海	1.000	1.000	1.000	1.000	1.000	1.000	1.000	1.000	1.000	1.000	1.000	1
江苏	0.990	0.992	0.998	1.000	1.000	0.997	1.000	0.400	0.348	0.485	0.821	26
浙江	1.000	1.000	1.000	1.000	1.000	1.000	1.000	0.415	0.344	0.614	0.837	22

表 4-7(续)

区域	2005 年	2006 年	2007 年	2008 年	2009 年	2010 年	2011 年	2012 年	2013 年	2014 年	均值	排序
福建	0.441	1.000	1.000	1.000	1.000	0.789	0.442	0.732	0.302	1.000	0.771	27
山东	0.879	0.980	0.993	0.979	0.914	0.998	0.898	0.556	0.608	0.631	0.844	21
广东	1.000	0.617	0.587	1.000	1.000	1.000	1.000	0.509	0.593	1.000	0.831	24
海南	1.000	1.000	1.000	1.000	1.000	1.000	1.000	0.899	1.000	1.000	0.990	6
山西	0.746	0.837	0.802	0.990	0.912	0.992	0.978	0.632	0.551	0.774	0.821	25
吉林	0.724	1.000	0.945	0.924	0.976	0.984	1.000	1.000	1.000	0.973	0.953	8
黑龙江	1.000	0.947	0.972	0.996	0.984	0.983	0.971	0.902	0.801	0.997	0.955	7
安徽	1.000	1.000	0.980	0.999	0.936	0.924	0.775	1.000	0.514	0.512	0.864	17
江西	1.000	0.661	1.000	1.000	1.000	0.949	1.000	1.000	0.742	0.592	0.894	14
河南	0.969	0.889	1.000	0.917	0.977	1.000	0.989	0.762	0.373	0.470	0.835	23
湖北	0.973	0.900	0.934	0.932	0.891	0.876	1.000	0.913	0.557	0.797	0.877	16
湖南	0.997	0.900	0.966	0.881	0.998	0.943	1.000	0.896	0.811	0.841	0.923	11
四川	0.928	0.976	0.971	0.890	0.980	0.938	0.986	0.961	0.980	0.845	0.946	9
重庆	0.827	0.543	0.912	0.840	0.994	0.950	1.000	1.000	1.000	1.000	0.907	13
贵州	0.356	0.453	0.825	0.843	0.905	0.957	0.891	0.750	0.863	0.845	0.769	29
云南	0.516	0.447	1.000	1.000	1.000	1.000	1.000	1.000	0.656	1.000	0.862	18
西藏	1.000	1.000	1.000	1.000	1.000	1.000	1.000	1.000	1.000	1.000	1.000	1
陕西	1.000	0.723	1.000	1.000	1.000	0.851	0.961	0.800	0.655	0.788	0.878	15
甘肃	0.737	0.657	0.881	0.905	0.843	0.743	0.926	0.957	0.986	0.966	0.860	19
青海	1.000	1.000	1.000	1.000	1.000	1.000	1.000	1.000	1.000	1.000	1.000	1
宁夏	1.000	1.000	1.000	1.000	1.000	1.000	1.000	1.000	1.000	1.000	1.000	1
新疆	0.703	0.788	0.784	1.000	0.984	0.988	0.998	1.000	0.660	0.577	0.848	20
广西	1.000	1.000	0.752	0.288	0.291	0.193	0.217	0.216	0.162	0.222	0.434	31
内蒙古	0.966	0.969	0.768	0.696	0.727	0.533	0.385	0.400	0.462	0.564	0.647	30
均值	0.885	0.868	0.928	0.932	0.936	0.922	0.916	0.812	0.718	0.787	0.870	—

需要特别强调的是，通过 DEA-SBM 模型计算得到的效率值是针对每个年份的静态数据进行计算的，这意味着上述效率值仅反映了该年份各地区数据相对于当年前沿面数据的效率水平，而不同年份之间的数据不具有可比性。

通过 DEA-SBM 模型的计算，对我国 2005—2014 年各地区林业产业生态安全效率的综合效率值（TE）进行了深入分析。

首先，从综合效率值（TE）的排序来看，全国 31 个省级行政区的林业产业生态安全效率均值为 0.704，这意味着我国的林业产业发展整体水平相对较低，面临着较大的挑战，特别是在保障林业生态安全的健康发展方面。其中，有 5 个地区，包括天津、上海、西藏、青海和宁夏，在综合效率值方面表现出色，达到了 1。这表明这些地区的林业产业生态安全效率相对较高，且综合效率值稳定。这一趋势表明这些地区的林业产业政策对于维护林业生态安全的稳定增长发挥了积极作用。然而，贵州、黑龙江、广西、内蒙古、山东、山西、四川和甘肃等地的相对效率均值低于 0.5，表明这些地区的林业产业生态安全效率较低，林业产业和林业生态安全之间的关联水平较差。这也意味着这些地区需要更多地调整和改进，以提高林业产业的协调性，从而提升林业生态安全的水平。

其次，从发展的稳定性来看，若排除相对效率均值为 1 的 5 个地区，自 2012 年开始表现出了普遍的波动性，这与 2012 年空气质量指数测定标准的加强密切相关。如果排除指标测定标准的干扰因素，各地区的效率值变化主要呈现以下几种趋势：

一类区：效率值持续 DEA 有效。这类地区包括天津、上海、西藏、青海、宁夏和海南等，它们的效率值多年来一直保持稳定且 DEA 有效。这一类地区可以进一步分为两种情况：一方面，像天津和上海这样的地区具有较高的经济发展水平和强大的林业产业，使得生态安全和产业水平之间的协调性较高，同时也保持了稳定的发展。另一方面，海南和云南位于热带和亚热带地区，充分利用了地理位置的优势，因此它们的林业产业生态安全效率相对较高。西藏、青海、宁夏等地的经济发展水平较低，但由于地理条件和国家生态建设投资的原因，林业产业主要体现为一产业的高比例，并且林业在这些地方更注重生态保护。这体现了“绿水青山就是金山银山”的发展理念，保持了林业产业生态安全的“生态协调”。

二类区：效率值持续稳定增长。河北、重庆、贵州和四川等地区表现出的效率值趋势显示，尽管林业产业生态安全效率值整体水平存在差异，但当地一直处于不断提升的状态。河北和重庆的综合效率值相对较高且保持稳定增长，而贵州和四川的效率值整体水平较低，但也在持续增长。这表明这些地区的林业产业生态安全效率值仍处于相对低位，需要进一步提升林业产业的水平，并促进林业生态安全的不断提升，以实现林业产业和林业生态安全的快速发展。

三类区：前期波动明显，后期稳中有升。浙江、广东、安徽、陕西和黑龙江等地区在近年来表现出了明显的前期波动，尤其是在 2012 年前后，综合效率值明显下降，然后逐渐回升。这一趋势与 SBM 模型中的产出指标，特别是 2012 年空气质量指数标准的改革密切相关。在这一改革中，严格的空气质量指数测试标准和测试项目增加导致了 2012 年的空气质量指数明显下降。这也对林业生态安全提出了更高要求。随后几年，国家采取了一系列措施提升空气质量，促使空气质量逐渐提升，也进一步推动了林业产业的改进，促进了林业生态安全的发展。

四类区:效率值上升和下降交替不稳定。吉林、湖北、新疆、山西、湖南、江苏等地在这十年的发展过程中,林业产业生态安全效率值一直处于上升和下降交替的不稳定状态,特别是吉林省的综合效率值波动较大,表明当地指标数据波动明显。为了实现林业生态安全与产业结构的健康和可持续发展,需要保持政策的稳定性和支持力度的持续性。不稳定的变化会导致当地市场的不稳定发展,最终影响整个产业的发展和当地生态安全水平的提升。

五类区:前期效率值较高,近期下降明显。江西、辽宁、福建、北京、内蒙古、山东、广西等地近年来综合效率值明显下降。对于这些地区,需要根据当地的具体情况分析造成效率值下降的原因。效率值下降对于林业产业和林业生态安全都存在严重的风险,因此需要加大政府工作、产业政策制定和社会引导等方面的力度,以促进林业产业和林业生态安全的可持续健康发展。值得注意的是,这些效率值是相对的,只是静态反映,因此,一些地区的效率值下滑实际上是对长期效率值提升的一种刺激。

当然,上述地区的趋势分析仅限于2005—2014年这十年的观测时间段内,用以观察不同地区林业产业生态安全效率的表现。由于指标的连续性和数据的可获取性等原因,更长时间段内的指标数据分析较为困难,但提供了一种评估林业产业生态安全效率的方法。

最后,从纯技术效率(PTE)角度来看,根据计算所得的DEA-SBM模型数据(表4-6),对我国2005—2014年各地区林业产业生态安全效率的纯技术效率值(PTE)结果进行分析。

从纯技术效率(PTE)的均值比较来看,表中31个省级行政区的林业产业生态安全效率的纯技术效率值均值为0.807,达到了良好水平。特别值得注意的是,天津、上海、浙江、广东、海南、江西、云南、西藏、青海、宁夏和广西等11个地区的纯技术效率值达到了DEA有效水平,表明这些地区在目前的技术水平下,有效地利用了资源要素的投入。然而,值得关注的是,浙江、广东、海南、江西和云南等5个地区虽然在纯技术效率方面表现出色,但未能同时达到综合效率值(TE)的有效水平,这表明这些地区的规模效率值(SE)仍然存在问题,需要进一步提高林业产业的规模效益,以增强林业生态安全。此外,安徽、福建、河南、河北、吉林、辽宁、江苏、新疆和湖北等9个地区的纯技术效率值接近或超过全国平均值,表明它们在林业资源要素的投入和使用技术效率方面表现良好。然而,也需要注意到一些地区的技术效率值明显较低,这表明这些地区在提高技术水平方面与全国平均水平存在明显差距。这也反映了我国不同地区林业产业技术水平的显著差异,需要进一步提升这些地区的林业产业技术水平。

从纯技术效率(PTE)的变化趋势来看,除去纯技术效率值为1的11个地区,非纯技术效率(PTE)有效地区的纯技术效率值呈现以下几种情况:

第一类：高位波动，整体良好。安徽、福建、河南和河北等地的纯技术效率值在良好以上水平，且近年来的纯技术效率有效年份逐年增多，资源要素的投入使用效率保持在高位水平，这有助于维持纯技术效率的有效性。

第二类：整体稳步提升，部分年份波动较大。吉林、江苏、新疆、湖北和重庆等地，在整体纯技术效率良好的情况下，个别年份的纯技术效率值出现较大波动，这表明需要提高整体稳定性，以确保产业能够持续稳步发展，从而提高纯技术效率值。

第三类：反复波动或近年下滑趋势明显。辽宁、北京、陕西、湖南和内蒙古等地的纯技术效率值波动较为明显。陕西和辽宁在2010年后纯技术效率值明显下滑，北京在2012年后连续下滑，这表明在提升林业产业技术水平和增强林业生态安全方面，这些地区面临较大的挑战。

第四类：低位波动，近期呈现上升趋势，但整体效率值偏低。贵州、黑龙江、山东、山西、四川等地的纯技术效率值明显低于全国平均水平。尽管近期效率值有所提升，但整体水平仍然较低，这对林业产业的发展和林业生态安全构成潜在威胁。因此，需要在后续工作中不断提高产业的技术水平，以进一步提升林业生态安全水平。

从规模效率值(SE)角度来看，根据计算所得的DEA-SBM模型数据(表4-7)，对我国2005—2014年各地区林业产业生态安全效率的规模效率值(SE)结果进行分析。

从规模效率(SE)的均值比较来看，全国31个省级行政区的林业产业生态安全效率的规模效率均值为0.87，表现出良好水平。更值得注意的是，规模效率值整体高于纯技术效率值，意味着我国林业产业在生态安全方面更注重规模效益的提高，同时也显示出技术效率值的提升空间更为广阔。这种情况反映了我国林业产业技术发展相对滞后的现实情况。此外，分析规模效率值的分布情况发现，约有83.9%的地区的规模效率值超过0.8，仅有5个地区的规模效率值低于0.8，这说明我国大部分地区已经显著发挥了林业产业的规模效益，也表明产业集中度相对较高。

从规模效率(SE)的变化趋势来看，2007—2011年的规模效率均值均超过0.9，但在2012—2014年间，规模效率值均值下滑明显，2013年甚至降到最低点0.718。这表明，在国家产业结构调整的过程中，林业产业受到了一定影响，需要根据林业产业自身的特点进一步调整和提升产业规模。不同地区的规模效率均值呈现出一定的差异，大部分地区的规模效率均值趋势与全国均值保持一致，即高位波动，近年来有所下滑。然而，也存在一些地区表现出自身独特的趋势，例如，重庆、甘肃和贵州等地保持了长期的波动上升趋势，规模效益逐年提高；与此形成对比的是，云南的规模效率值波动幅度较大，稳定性差，而内蒙古和广西则整体规模效率值下滑严重，近年来持续保持低位水平。这也表明了地区差异，即当地林业产业的集中度不同，难以发挥规模效率。

从综合效率（TE）与纯技术效率（PTE）、规模效率（SE）之间的关系层面来看，通过 SPSS 软件对三者进行相关性分析，发现林业产业生态安全效率的综合效率值（TE）与纯技术效率（PTE）以及规模效率（SE）均在 0.01 水平上显著相关。具体而言，综合效率（TE）与纯技术效率（PTE）的相关系数为 0.771，高于综合效率（TE）与规模效率（SE）的相关系数 0.639。这说明在林业产业生态安全效率值中，纯技术效率对于综合效率的影响更为显著。鉴于我国林业产业技术水平整体相对较低，这也意味着要提升林业生态安全，必须逐步提高林业产业的技术水平。值得特别强调的是，在现实中，林业产业在维持规模效益方面仍然存在较大依赖性，因此在保持规模效益的同时，也应不断加大对林业产业投入要素技术水平的提升。

4.3.2 林业产业生态安全效率的区域空间特性分析

在进行林业产业生态安全效率的区域空间特性分析时，本研究采用了传统的东部、中部和西部三大区域划分方法进行对比分析。其中，东部区域包括北京、天津、河北、辽宁、上海、江苏、浙江、福建、山东、广东和海南；中部区域包括山西、吉林、黑龙江、安徽、江西、河南、湖北和湖南；西部区域则包括广西、重庆、四川、贵州、云南、陕西、甘肃、青海、宁夏、新疆和内蒙古。

本文针对综合效率值（TE）、纯技术效率值（PTE）和规模效率值（SE）的研究结果，选择了代表年份（2005 年、2008 年、2011 年和 2014 年）作为基础，绘制了相应年份的效率值的空间分布图。利用这些图表对三大区域以及地域差异如何影响林业产业生态安全效率的区域空间特性进行详细分析。

从综合效率的角度来看，对东部地区、中部地区和西部地区 2005—2014 年综合效率地区均值进行汇总（图 4-8）。总体来看，综合效率值的分布呈现了较为明显的空间集聚与区域趋同的特点，在不同的地区存在以下明显的趋势特点。

首先，东部地区的综合效率均值在大多数年份明显高于中、西部地区，尤其是在 2011 年之前。这表明东部地区的林业产业在提升林业生态安全方面发挥了显著作用，其生态安全效率值更高。这一趋势与前期已有研究结论“东部偏高、中部次之，西部偏低”基本一致。

其次，中、西部地区的效率值在前期整体上偏低，显示出林业产业发展水平相对较低，与林业生态安全的提升效率关联度相对较低。当然，这也与林业在不同地区发挥的作用不同有关，尤其是在部分西部地区，林业主要发挥其生态作用，而其产业产值转化能力相对较弱，这与我国林业产业的分布区域基本一致。

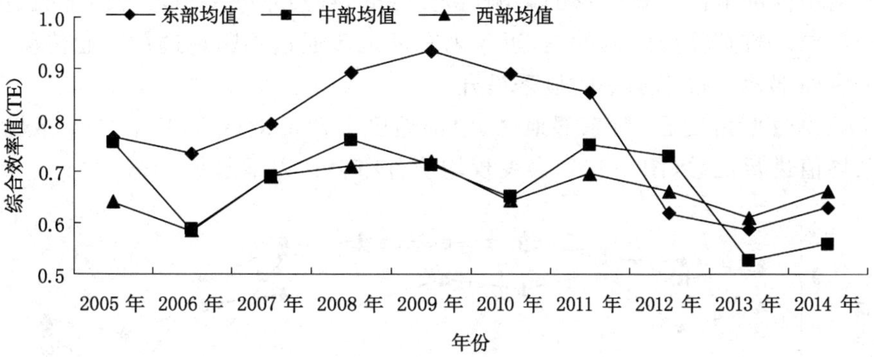

图 4-8　2005—2014 年综合效率地区均值

最后，近期的效率值变化趋势明显，尤其是东部地区的效率值明显降低。这与林业的生态定位调整以及自十八大以来对环保要求的提升密切相关。为了应对这一趋势，林业产业的后续调整应该侧重于提升其生态功能，使林业产业的发展更加注重对生态的正向调整，特别是在生态文明建设中发挥更为突出的作用。

从纯技术效率角度看，对东部地区、中部地区和西部地区 2005—2014 年纯技术效率地区均值进行汇总(图 4-9)，会发现均值分布存在以下明显的趋势。

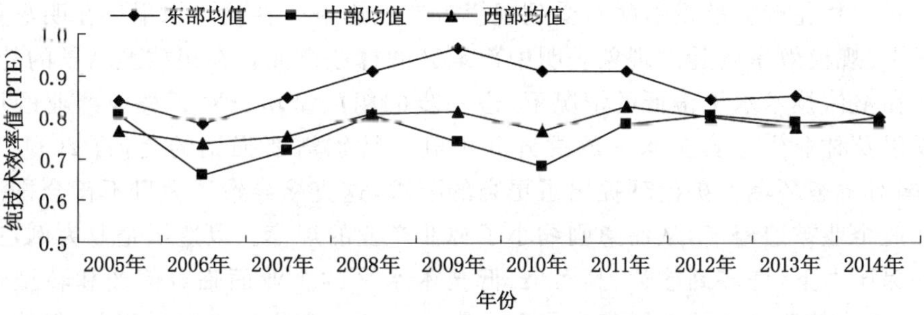

图 4-9　2005—2014 年纯技术效率地区均值

首先，东部地区的技术效率值一直保持在相对较高的水平，而中、西部地区的技术效率值则偏低。进一步观察纯技术效率值的空间分布，可以看到纯技术效率有效(效率值为 1，表示 DEA 有效)的分布区域明显高于综合效率值有效的区域。这表明在这些地区，当前的技术水平对于林业产业资源的投入在提升林业生态安全方面具有有效性。此外，技术效率的分布与林业产业水平的分布基本吻合，强调了技术水平与产业水平之间的密切关联。

其次，通过均值图的观察，可以明显看出纯技术效率呈现出趋同的趋势。随着时间的推移，不同地区的整体产业技术水平处于不断提高的状态(在排除东部地区近年来向中西部地区产业转移的影响后)。因此,纯技术效率值展现出了明显的效率趋同现象。特别需要强调的是,近年来东部地区通过不断地进行产业转移,已经带动了中西部地区技术水平的显著提升。

从规模效率角度看,对东部地区、中部地区和西部地区 2005—2014 年规模效率地区均值进行汇总(图 4-10),会发现均值分布存在以下趋势。

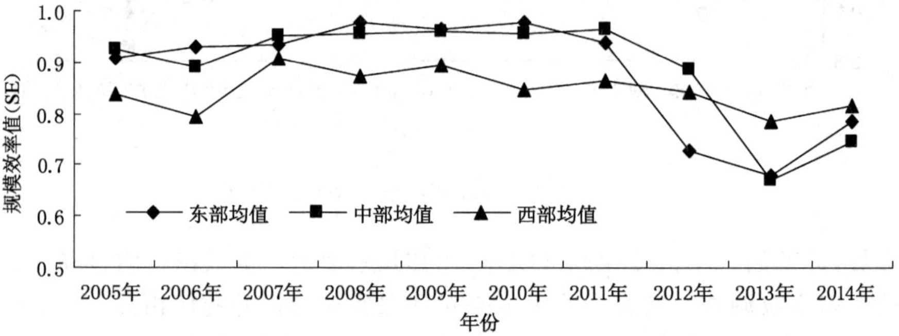

图 4-10　2005—2014 年间规模效率地区均值

首先,2005—2011 年间整体规模效率值维持在相对较高水平,尤其是中东部地区表现出明显的规模效率趋同现象。而西部地区的规模效率值变化相对较小。这表明我国林业产业的发展明显受到规模效应的影响。在技术水平存在明显差异的情况下,规模效率的趋同现象表明中部地区的林业产业存在粗放型增长的趋势,尤其是在整体技术水平偏低的情况下,进一步的粗放型增长对于林业产业的可持续发展以及林业生态安全水平的提升并不利。特别需要强调的是,自 2011 年以后,我国对生态环境保护治理提出了更高的要求,这直接导致了大量不符合排污要求的林业企业被迫停产,从而急剧缩小了林业产业的规模。以造纸企业为例,在巨大的环保压力下,许多高能耗、高污染、低技术水平的企业面临着停产和转型的艰难局面,这对林业产业的发展产生了重大影响。这一现象从侧面说明,仅仅依赖粗放型的规模扩张对于林业产业的发展来说并不可行。

其次,从区域分布情况来看,自 2011 年以来,单纯依靠规模效益带来的林业产业发展优势已经无法满足国家对生态环境保护治理力度的要求。规模效率值的空间分布区域显示出明显的递减趋势。由于环境保护要求不断提高,原有的高能耗、高污染、低技术水平的规模化生产经营方式已经无法维持。在林业产业调整过程中,应更加注重产业科技水平的提升,以不断满足国家对生态安全的要求。这一转变至关重要,因为仅有技术的不断提升和环保措施的实施才能确保林业产业的可持续发展,并提高林业生态安全水平。

4.3.3 投入与产出指标的松弛变量及冗余率结果分析

选取2014年度数据对林业生态安全与产业结构的关联进行分析(表4-8)。计算结果除了涵盖综合技术效率值(TE)、纯技术效率值(PTE)和规模效率值(SE)以外,还包含了"SumLambda"(即$\Sigma\lambda$)值。通过"SumLambda"取值可以确定规模收益的变化。如果存在λj($j=1,2,\cdots,n$)使得$\Sigma\lambda j=1$,则DMU为规模收益不变;如果不存在λj($j=1,2,\cdots,n$)使得$\Sigma\lambda j=1$,若$\Sigma\lambda j<1$,则DMU为规模收益递增;如果不存在λj($j=1,2,\cdots,n$)使得$\Sigma\lambda j=1$,若$\Sigma\lambda j>1$,则DMU为规模收益递减。

表4-8 2014年不同地区林业生态安全与产业结构效率评价结果

序号	DMU	技术效率(TE)	纯技术效率(PTE)	规模效率(SE)	SumLambda	规模收益
1	北京	0.416	0.641	0.6493	0.708	递增
2	天津	1.000	1.000	1.000	1.000	不变
3	河北	0.534	1.000	0.534	1.853	递减
4	山西	0.443	0.572	0.774	1.323	递减
5	内蒙古	0.217	0.384	0.564	1.371	递减
6	辽宁	0.412	0.583	0.706	1.616	递减
7	吉林	0.693	0.712	0.973	1.111	递减
8	黑龙江	0.604	0.606	0.997	0.982	递增
9	上海	1.000	1.000	1.000	1.000	不变
10	江苏	0.485	1.000	0.485	1.625	递减
11	浙江	0.614	1.000	0.614	1.705	递减
12	安徽	0.512	1.000	0.512	1.278	递减
13	福建	0.292	0.293	1.000	0.994	递增
14	江西	0.592	1.000	0.592	1.296	递减
15	山东	0.174	0.277	0.631	1.523	递减
16	河南	0.47	1.000	0.47	2.13	递减
17	湖北	0.585	0.735	0.797	1.133	递减
18	湖南	0.579	0.688	0.841	1.126	递减
19	广东	1.000	1.000	1.000	1.000	不变
20	广西	0.222	1.000	0.222	1.401	递减
21	海南	1.000	1.000	1.000	1.000	不变

表 4-8(续)

序号	DMU	技术效率(TE)	纯技术效率(PTE)	规模效率(SE)	SumLambda	规模收益
22	重庆	1.000	1.000	1.000	1.000	不变
23	四川	0.409	0.484	0.845	1.135	递减
24	贵州	0.659	0.779	0.845	1.065	递减
25	云南	1.000	1.000	1.000	1.000	不变
26	西藏	1.000	1.000	1.000	1.000	不变
27	陕西	0.391	0.496	0.788	1.45	递减
28	甘肃	0.465	0.482	0.966	0.966	递增
29	青海	1.000	1.000	1.000	1.000	不变
30	宁夏	1.000	1.000	1.000	1.000	不变
31	新疆	0.577	1.000	0.577	1.542	递减

计算结果显示，天津、上海、广东、海南、重庆、云南、西藏、青海和宁夏等地在综合效率值(TE)方面表现出色，达到了 1，成功实现了纯技术效率和规模效率的 DEA 有效。然而，在 DEA 非有效的地区，剔除 DEA 有效区域后的效率值平均仅为 0.47。这表明不同地区的效率值存在显著差异，且整体效率水平相对较低。显然，纯技术水平和规模效应都在影响着综合效率值的表现。

SumLambda 值提供了一个直观的方式来判断各地区规模收益的变化情况。DEA 有效的地区表明当前状态下规模收益保持不变，而北京、黑龙江、福建和甘肃等地的规模收益呈递增趋势，暗示着后续林业产业规模仍有进一步提升的空间，对林业生态安全具有促进作用。相反，其他地区则经历规模收益递减状态，揭示了前期盲目的规模扩张对林业产业和生态安全的负面影响。因此，对产业规模进行控制是必要的，以提高产业效率。

当考虑投入与产出指标在多大程度上可以进行调整时，需要通过松弛变量的计算进行深入分析。松弛变量反映了效率损失的原因。选择 2014 年全国 31 个地区中 22 个非有效地区的投入和产出指标，并计算相应的松弛变量和目标改进值(见表 4-9、表 4-10 和表 4-11)。这些变量包括 S(Slack Movement 松弛改进值)、P(Projection 目标值)以及投入变量的组合，表示相应变量的松弛改进值和目标值。具体而言，X_1 表示林业产业经济效益；X_2 表示林业产业高级化指数；X_3 表示营林投资占比；X_4 表示林产工业污染治理投资；Y_1 表示森林空气质量提升贡献率；Y_2 表示林产工业单位 GDP 废水排放量。通过对这些变量的详细分析，能够更全面地了解投入与产出之间的关系，为未来决策提供更有针对性的建议。

表 4-9 投入指标的松弛变量与目标改进值(以 2014 年数据为例)

NO	DMU	SX_1	PX_1	SX_2	PX_2	SX_3	PX_3	SX_4	PX_4
1	北京	−161.971	30.386	−0.510	0.013	−0.024	0.087	−2.298	5.272
2	河北	−1369.567	43.143	−0.007	0.046	−0.007	0.024	−48.008	40.944
3	山西	−353.217	48.380	−0.178	0.027	0.000	0.115	−15.013	16.135
4	内蒙古	−351.707	31.925	−0.149	0.034	−0.067	0.018	−47.246	30.298
5	辽宁	−1 796.299	37.622	−0.153	0.040	−0.022	0.021	−2.514	35.704
6	吉林	−1 265.298	185.701	−0.046	0.108	0.000	0.049	−0.969	15.402
7	黑龙江	−1 044.129	336.988	−0.034	0.185	0.000	0.065	−11.934	5.824
8	江苏	−3 859.824	37.839	−0.104	0.040	−0.002	0.021	−12.599	35.910
9	浙江	−2 906.593	648.992	−0.062	0.140	0.000	0.022	−28.434	39.161
10	安徽	−1 844.076	666.742	−0.330	0.370	−0.005	0.041	−11.198	6.424
11	福建	−3 504.472	466.834	−0.257	0.373	−0.073	0.037	−36.997	5.384
12	江西	−1 977.989	676.599	−0.039	0.376	−0.020	0.042	−5.828	6.519
13	山东	−6 058.172	35.464	−0.358	0.037	−0.035	0.020	−107.989	33.657
14	河南	−1 441.260	49.581	−0.359	0.052	−0.004	0.027	−8.405	47.055
15	湖北	−1 207.423	529.565	−0.104	0.295	0.000	0.034	−18.486	7.803
16	湖南	−2 311.061	487.148	0.000	0.260	−0.015	0.055	−11.171	6.172
17	广西	−3 789.791	60.177	−0.611	0.026	−0.522	0.171	−7.451	10.440
18	四川	−1 743.183	592.594	−0.142	0.329	−0.047	0.037	−17.536	5.709
19	贵州	−1 39.358	470.680	−0.323	0.447	−0.002	0.042	−12.497	5.979
20	陕西	−806.402	33.763	−0.101	0.036	−0.043	0.019	−1.406	32.042
21	甘肃	−297.819	41.500	−0.031	0.018	−0.004	0.118	−10.425	7.200
22	新疆	−751.642	46.488	−0.048	0.035	0.000	0.079	−5.461	26.103

表 4-10 投入角度投入指标的冗余率(以 2014 年数据为例)

NO	DMU	SX_1	SX_2	SX_3	SX_4
1	北京	−84.20%	−97.48%	−21.75%	−30.36%
2	河北	−96.95%	−13.21%	−22.94%	−53.97%
3	山西	−87.95%	−86.54%	0.00%	−48.20%
4	内蒙古	−91.68%	−81.50%	−78.66%	−60.93%
5	辽宁	−97.95%	−79.25%	−51.31%	−6.58%
6	吉林	−87.20%	−29.89%	0.00%	−5.92%
7	黑龙江	−75.60%	−15.49%	0.00%	−67.21%

表 4-10(续)

NO	DMU	SX_1	SX_2	SX_3	SX_4
8	江苏	−99.03%	−72.04%	−8.72%	−25.97%
9	浙江	−81.75%	−30.60%	0.00%	−42.07%
10	安徽	−73.45%	−47.12%	−10.73%	−63.55%
11	福建	−88.24%	−40.77%	−66.42%	−87.29%
12	江西	−74.51%	−9.41%	−32.29%	−47.20%
13	山东	−99.42%	−90.61%	−63.98%	−76.24%
14	河南	−96.67%	−87.37%	−12.67%	−15.16%
15	湖北	−69.51%	−26.04%	0.00%	−70.32%
16	湖南	−82.60%	0.00%	−21.25%	−64.41%
17	广西	−98.44%	−95.82%	−75.32%	−41.65%
18	四川	−74.63%	−30.16%	−55.80%	−75.44%
19	贵州	−22.84%	−41.95%	−4.61%	−67.64%
20	陕西	−95.98%	−73.83%	−69.67%	−4.20%
21	甘肃	−87.77%	−62.61%	−3.27%	−59.15%
22	新疆	−94.18%	−58.11%	0.00%	−17.25%

表 4-11　产出角度产出指标的松弛改进值、目标值及冗余率(以 2014 年数据为例)

NO	DMU	SY_1	PY_1	冗余率	SY_2	PY_2	冗余率
1	北京	43.632	89.66	94.80%	0.455	1.162	64.40%
2	河北	77.598	104.173	291.99%	0.185	1.238	17.57%
3	山西	83.579	137.551	154.85%	0.725	1.861	63.79%
4	内蒙古	135.315	201.068	205.79%	1.866	2.495	296.28%
5	辽宁	63.041	115.096	121.11%	0.57	1.488	62.07%
6	吉林	8.624	74.104	13.17%	0.131	1.016	14.80%
7	黑龙江	27.544	93.572	41.72%	0.312	1.307	31.36%
8	江苏	37.244	88.751	72.31%	0.168	1.092	18.19%
9	浙江	27.549	86.727	46.55%	0.051	1.092	4.90%
10	安徽	89.058	130.428	215.27%	0.247	1.553	18.91%
11	福建	134.141	219.073	157.94%	2.002	3.085	184.82%
12	江西	31.867	112.415	39.56%	0.338	1.664	25.50%
13	山东	184.131	213.446	628.11%	1.78	2.646	205.63%
14	河南	92.873	129.859	251.10%	0.337	1.548	27.85%

表 4-11(续)

NO	DMU	SY_1	PY_1	冗余率	SY_2	PY_2	冗余率
15	湖北	57.227	105.72	118.01%	0.155	1.257	14.07%
16	湖南	41.684	103.054	67.92%	0.314	1.46	27.39%
17	广西	151.449	231.449	189.31%	1.541	2.94	110.13%
18	四川	90.839	150.017	153.50%	0.997	2.158	85.88%
19	贵州	44.761	127.227	54.28%	0.32	1.517	26.74%
20	陕西	59.762	106.885	126.82%	0.56	1.384	67.95%
21	甘肃	26.225	93.896	38.75%	0.305	1.27	31.61%
22	新疆	48	103.342	86.73%	0.222	1.33	20.04%

上述表格中的数据结果主要体现了以下关键趋势。

首先，根据效率值损失的排序，投入指标的冗余率从高到低依次为林业产业经济效益、产业高级化指数、林产工业污染治理投资和营林投资占比。特别值得注意的是，林业产业经济效益的冗余率平均高达84.57%。这表明我国大多数地区在林业产值使用方面存在投入过多的问题。大部分林业总产值的投入未能有效提升林业产业的生态安全效率值。单纯依赖提高林业产值的做法已不再对提升林业生态安全起到促进作用，甚至对林业生态安全建设产生反作用。尤其是山东、江苏等资源相对薄弱的地区，其林业产业主要集中在第二产业的加工制造，技术含量较低，盲目扩大产值对生态安全建设不利。

其次，林业产业高级化指数的冗余率均值达到53.17%。这意味着目前的林业产业结构对提升林业产业生态安全效率不利。尤其是一些地区，其林业产业主要依赖于第二产业的发展，而林业基础较薄弱，第三产业发展缓慢，导致了整体的林业产业结构不合理。

在产出指标方面，冗余率反映了产出结果提升的潜力。从表4-11的计算结果可以看出，森林空气质量提升潜力高达144.07%。这意味着在生态安全提升的过程中，空气质量改进的空间仍然相当大，特别是在山东、河北、河南、安徽和内蒙古等地，改进潜力超过了200%。当前的空气质量指数明显滞后于预期水平，这对于提升生态安全产生了显著不利影响。空气污染已经成为影响我国全面发展的重要问题，特别是随着人们对自身生活质量的要求不断提高，雾霾、酸雨、粉尘等问题已经严重影响到人们的健康水平。

最后，林产工业单位GDP废水排放量的改进潜力均值为64.54%。虽然相对于空气质量指数的改进潜力要小一些，但当前水平仍然无法满足林业产业的提升需求，尤其是在内蒙古、山东和福建等地，改进潜力达到了约200%。因此，需要进一步降低废水排放量，以适应产业向生态化方向的发展。这一举措将有助于提升林业产业的生态安全水平。

4.3.4 静态聚类分析

通过 DEA-SBM 数据包络分析模型，前文对我国 31 个地区的林业产业生态安全效率的各项指标进行了评价分析，包括综合效率值、纯技术效率值、规模效率值和投入产出指标的松弛变量。为了深入探讨我国不同地区林业产业生态安全效率的差异，本研究进行了聚类分析，并根据聚类结果对各地区的林业产业生态安全效率进行了分区划分的分析。在这一部分，采用了平均连接(组间)系统聚类方法，使用了 2005—2014 年期间 31 个地区的投入产出指标的综合效率值、纯技术效率值和规模效率值进行了聚类分析。具体的分类结果见表 4-12 所列，系统聚类分析的树状图见图 4-11 所示。

表 4-12　我国林业产业生态安全效率值聚类分析结果

类别	地区
第一类	青海、宁夏、天津、云南、西藏、海南、重庆、上海、广东
第二类	江西、新疆、浙江、江苏、河南、河北、安徽、广西
第三类	湖北、湖南、贵州、吉林、黑龙江、山西、辽宁、北京、四川、陕西、甘肃
第四类	内蒙古、山东、福建

第一类包括 9 个地区，其综合效率平均值达到 0.934，这些地区实现了 DEA 有效的林业产业生态安全效率，属于我国林业产业生态安全效率的优势发展地区。这些地区主要位于我国的西南和东南部，通常处于热带和亚热带地区，具有丰富的降水量，有利于森林植被的生长。结合当地的林业产业和经济特点，这些地区取得了较好的林业产业发展和林业生态安全水平的提高。它们在资源要素投入和产出效率指标的最优配置方面表现出色，以最小化的林业产业投入实现了最大化的林业生态安全效益，可归为效率安全区。

第二类包括 8 个地区，其综合效率均值为 0.723，主要分布在中东部地区，呈现出明显的区域聚集特征。这些地区通常位于温带和亚热带季风气候区，降水和温度条件有利于森林和人造林的生长，为林业产业的发展提供了有利的自然条件。从综合效率的分解来看，纯技术效率值均值为 0.906，规模效率均值为 0.808，两者都处于较高水平(分解效率双高区)，这意味着这些地区在技术和规模两方面都表现出色。纯技术效率值明显高于规模效率值，说明在这个类别中，林业产业的技术进步对提升林业产业生态安全效率起到了主要作用。特别值得注意的是，河北、浙江和广西等地的大多数年份的纯技术效率值都达到了 DEA 有效状态，这意味着

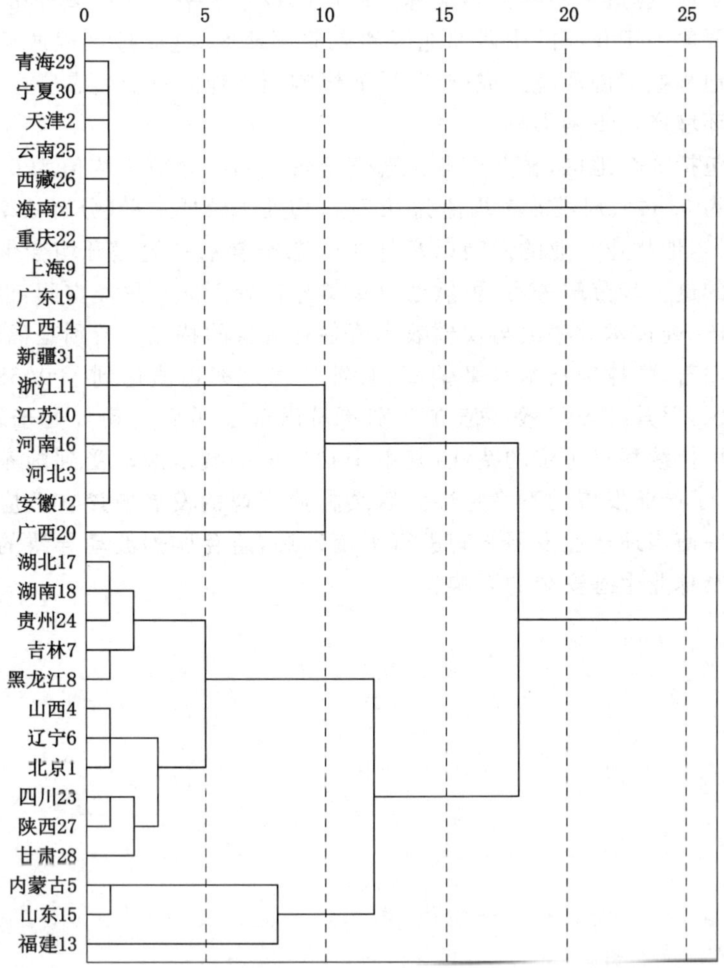

图 4-11　聚类分析结果树状图

技术优势在这些地区得到了充分发挥。

第三类包括 11 个地区，林业产业生态安全效率的综合效率均值为 0.567，处于合格线以下，林业产业的发展与林业生态安全之间关系不甚紧密。从综合效率的分解来看，纯技术效率值均值仅为 0.642，远低于当地规模效率值均值 0.879（分解效率一高一低区），说明这些地区林业生态安全对林业产业的发展更多地受到林业产业规模的影响，而纯技术效率值处于相对较低水平，这进一步表明当地林业产业的发展更多地处于规模扩张的低技术水平阶段，属于粗放型的扩展。从长远来看，这不利于当地林业生态安全的发展，鉴于我国对生态环境的要求进一步提升，这种较低水平的规模扩张是不可持续的。要实现林业生态安全的提升以及林业产业的可持续发展，应进一步提升当地林业产业的技术水平。从区域分布图来看，第三类区域主要集中于我国的中西部地区和东北部地区，这些地区粗放型的林业产业极易对当地林业资源环境造成破坏，进而影响到当地的林业生态安全水平，最终对当地生态环境产生不利影响。

第四类包括 3 个地区，林业产业生态安全效率的综合效率均值为 0.464、纯技术效率均值为 0.641、规模效率均值为 0.754，均处于较低水平（分解效率双低区），长期来看，对当地林业产业的发展以及林业生态安全水平的提升均会带来不利影响。从指标的进一步分解来看，虽然通过聚类分析处于同一聚类空间，但三个地区的综合效率值、纯技术效率值与规模效率值各有自身的特点。特别是福建，相较其他两个地区而言，整体纯技术水平偏高，其纯技术效率均值达到了 0.682，远高于其他两个地区，但其纯技术效率值在个别年份出现了明显波动且处于较低水平。鉴于技术的可持续积累进步的特性，其中个别年份的技术波动受到国家政策的影响较大，造成了产业发展的不稳定性。后续林业产业的发展应该在适应国家生态建设需要和平衡当地产业发展之间进行平衡发展，避免剧烈波动导致的不稳定性对林业产业及林业生态安全的影响。

5

基于 DEA-Malmquist 模型的林业产业生态安全效率动态实证研究

5.1 Malmquist模型的构建与测度结果

5.1.1 Malmquist模型的构建

DEA模型在分析中针对某一时间点的数据进行效率分析，它反映的是该时间点下的效率状况，无法用于比较不同时间点之间的效率变化。然而，林业产业生态安全效率测定是一个连续的时间序列过程，其中生产技术会随着时间的推移不断发生变化。当需要评估面板数据(Panel Data)中的单位(DMU)时，为了全面了解总体效率的变化，需要引入技术进步指数和技术效率指数，这时就要用到Malmquist全要素生产率指数分析。

Malmquist指数最早由Malmquist于1953年提出(Malmquist，1953)，后来Fare等(1992)使用数据包络分析(DEA)方法来计算Malmquist指数，并将其分解为技术效率变化和生产技术变化两个部分。通常使用的Malmquist指数包括全局参考Malmquist指数和相邻参考Malmquist指数。尽管相邻前沿交叉参比是最早和最常用的Malmquist指数，但它存在着VRS模型无可行解的问题。与此不同，全局参考Malmquist指数的计算方法在某种程度上增加了DMU的数量，这有助于提高结果的区分度，尤其是当DMU的数量相对较少时。此外，全局参考Malmquist模型的结果具有可比性，可以通过制作折线图来直观观察各时间段内生产效率的变化情况。因此，本文选择全局参比Malmquist指数模型对林业产业生态安全效率进行评价，以林业总产值、林业产业高级化指数、营林投资占比、工业污染治理投资作为投入指标，空气质量指数、万元GDP废水排放量作为产出指标。

全局参比Malmquist模型(Global Reference Malmquist)是由Pastor和Lovell(2005)提出的一种Malmquist指数计算方法，以所有各期的总和作为参考集，即各期共同的参考集为公式(5-1)：

$$S^g = S^1 \cup S^2 \cup \cdots S^p = \{x_j^1, y_j^1\} \cup \{x_j^2, y_j^2\} \cdots \{x_j^p, y_j^p\} \tag{5-1}$$

由于各期参考的是同一前沿，因此计算得出的也是单一的Malmquist指数M_g，见公式(5-2)。

$$M_g(x^{t+1}, y^{t+1}, x^t, y^t) = \frac{E^g(x^{t+1}, y^{t+1})}{E^g(x^t, y^t)} \tag{5-2}$$

虽然相邻的两期在计算 Malmquist 指数时参考的是同一全局前沿，但是技术效率变化（Technical Efficiency Change，EC）的计算仍然采用各自的前沿，见公式(5-3)：

$$EC = \frac{E^{t+1}(x^{t+1}, y^{t+1})}{E^{t}(x^{t}, y^{t})} \tag{5-3}$$

前沿 $t+1$ 与全局前沿接近的程度可由 $\frac{E^{g}(x^{t+1}, y^{t+1})}{E^{t+1}(x^{t+1}, y^{t+1})}$ 来表示，比值越大说明前沿 $t+1$ 与全局前沿越接近；前沿 t 与全局前沿接近的程度可由 $\frac{E^{t}(x^{t}, y^{t})}{E^{g}(x^{t}, y^{t})}$ 来表示，比值越大说明前沿 t 与全局前沿越接近；前沿 $t+1$ 与前沿 t 相比，其技术变动情况（Technological Change，TC）则可以由两个比值的比值来表示，见公式(5-4)：

$$TC_{g} = \frac{E^{g}(x^{t+1}, y^{t+1})/E^{t+1}(x^{t+1}, y^{t+1})}{E^{g}(x^{t}, y^{t})/E^{t}(x^{t}, y^{t})} = \frac{E^{g}(x^{t+1}, y^{t+1})}{E^{t+1}(x^{t+1}, y^{t+1})} \times \frac{E^{t}(x^{t}, y^{t})}{E^{g}(x^{t}, y^{t})} \tag{5-4}$$

Malmquist 指数可分解为效率变化和技术变化，见公式(5-5)：

$$\begin{aligned} M_{g}(x^{t+1}, y^{t+1}, x^{t}, y^{t}) &= \frac{E^{g}(x^{t+1}, y^{t+1})}{E^{g}(x^{t}, y^{t})} \\ &= \frac{E^{t+1}(x^{t+1}, y^{t+1})}{E^{t}(x^{t}, y^{t})}\left[\frac{E^{g}(x^{t+1}, y^{t+1})}{E^{t+1}(x^{t+1}, y^{t+1})} \times \frac{E^{t}(x^{t}, y^{t})}{E^{g}(x^{t}, y^{t})}\right] \\ &= EC \times TC_{g} \end{aligned} \tag{5-5}$$

由于被评价“DMU”肯定包含在全局参考集内，所以全局参比 Malmquist 指数不存在 VRS 模型无可行解问题。同时，由于各期参考的是共同的全局前沿，因此全局参比 Malmquist 指数也具备传递性，可累乘，见公式(5-6)：

$$M_{g}(2,1) \times M_{g}(3,2) = M_{g}(3,1) \tag{5-6}$$

5.1.2 Malmquist 模型的测度结果

Malmquist 指数模型作为一种动态分析工具，对前文 SBM 模型所采用的指标进行了时间维度上的考察。因此，在 Malmquist 指数模型具体测算时，选用的指标与之前静态关联的 SBM 模型中使用的指标是一致的。

在本研究中，基于上述理论基础、Malmquist 指数的定义和相应的分解计算公式，以及收集到的投入产出指标数据，运用 Max DEA 软件对我国 31 个省（市、区）在 2005 年至 2014 年期间的林业产业生态安全效率指数 M_g 进行了测算（详见表 5-1）。这一计算为本研究提供了关于不同地区和不同时间段的林业产业生态安全效率的重要数据。进一步，运用 Malmquist 指数分解法，根据公式(5-3)和公式(5-4)对效率指数 M_g 进行了拆分，得到了技术效率指数 EC（表 5-2）和技术变动指数 TC（表 5-3）。这个拆分过程允许更全面、更准确地分析林业产业生态安全效率的变化趋势和规律，帮助深入理解不同因素对效率变化的贡献，从而更好地指导决策制定和规划实施。

表5-1 林业产业生态安全效率Malmquist指数表

NO	DMU	2005-2006	2006-2007	2007-2008	2008-2009	2009-2010	2010-2011	2011-2012	2012-2013	2013-2014
1	安徽	0.950	0.545	0.689	0.743	0.882	0.527	0.832	0.272	1.300
2	北京	0.937	1.003	0.985	1.251	1.026	0.711	0.490	0.423	0.688
3	福建	1.821	1.030	0.845	1.006	0.740	0.275	0.637	0.701	0.859
4	甘肃	0.504	1.371	0.807	0.764	0.738	1.399	0.775	0.939	1.003
5	广东	0.426	0.855	0.889	0.692	1.005	0.486	0.589	0.648	1.301
6	广西	0.825	0.624	0.223	0.707	0.826	0.556	0.917	0.570	0.839
7	贵州	0.813	1.265	0.778	0.957	1.230	0.850	1.014	0.696	1.004
8	海南	0.774	1.102	0.987	0.996	0.873	0.449	0.703	1.005	0.985
9	河北	0.495	0.939	0.820	0.999	1.045	0.591	1.509	0.995	0.482
10	河南	0.575	0.937	0.827	0.648	1.025	0.544	1.113	0.394	0.817
11	黑龙江	0.422	0.685	1.098	0.668	1.081	0.640	1.457	0.713	1.122
12	湖北	0.725	0.786	0.891	0.734	0.763	0.945	0.738	0.445	0.664
13	湖南	0.499	0.820	0.899	0.725	0.854	0.889	0.539	0.686	0.941
14	吉林	2.082	0.580	0.543	0.974	1.073	1.100	0.954	0.637	0.658
15	江苏	0.699	1.149	0.954	0.781	0.586	0.819	0.734	0.659	0.851
16	江西	0.629	0.874	0.899	0.907	0.797	0.711	1.003	0.528	0.725
17	辽宁	0.694	0.673	0.814	0.795	1.020	0.514	0.768	0.375	0.907
18	内蒙古	0.478	1.055	1.005	1.283	1.144	0.645	1.295	0.340	0.846
19	宁夏	0.822	0.746	0.445	1.033	0.839	0.744	0.930	0.679	0.694
20	青海	0.805	0.955	1.628	0.422	1.642	0.404	0.786	0.816	0.879
21	山东	0.717	0.870	1.102	0.876	0.733	0.325	0.754	0.736	0.764
22	山西	0.771	1.157	0.568	0.836	0.979	0.709	1.058	0.631	1.350
23	陕西	0.480	1.270	0.773	0.681	0.774	0.852	0.605	0.572	1.145
24	上海	1.052	0.831	0.839	1.019	0.727	0.892	0.814	0.989	0.742
25	四川	0.851	0.807	0.869	0.929	0.991	0.999	0.945	0.791	0.885
26	天津	0.923	0.550	0.992	0.868	1.194	0.769	1.232	0.683	0.895
27	西藏	0.005	0.450	0.578	1.025	0.708	0.001	0.914	0.618	0.901
28	新疆	1.327	0.669	0.947	0.647	1.066	0.506	0.804	0.579	0.821
29	云南	1.045	2.415	0.788	0.748	1.156	0.816	0.672	0.555	1.025

表 5-1(续)

NO	DMU	2005-2006	2006-2007	2007-2008	2008-2009	2009-2010	2010-2011	2011-2012	2012-2013	2013-2014
30	浙江	0.370	0.950	0.855	0.782	0.995	0.354	0.519	0.556	1.016
31	重庆	0.866	0.579	0.857	0.558	0.871	1.200	0.983	0.720	1.036
均值		0.787	0.921	0.845	0.840	0.948	0.685	0.874	0.644	0.908

表 5-2 林业产业生态安全效率的动态技术效率指数(EC)情况表

NO	DMU	2005-2006	2006-2007	2007-2008	2008-2009	2009-2010	2010-2011	2011-2012	2012-2013	2013-2014
1	安徽	1.000	0.867	0.994	0.750	1.299	0.924	1.290	0.334	1.533
2	北京	0.804	1.444	1.364	1.127	1.445	1.000	0.656	0.636	0.998
3	福建	2.270	1.000	1.000	1.000	0.789	0.561	0.643	1.060	0.969
4	甘肃	0.489	2.381	0.518	1.157	0.533	2.541	1.074	1.162	1.030
5	广东	0.617	0.951	1.702	1.000	1.000	1.000	0.509	1.165	1.686
6	广西	1.000	0.752	0.383	1.010	0.663	1.124	0.997	0.747	1.374
7	贵州	0.804	1.699	0.952	1.130	1.043	1.023	0.938	1.110	1.135
8	海南	1.000	1.000	1.000	1.000	1.000	1.000	0.899	1.112	1.000
9	河北	0.621	1.380	1.284	1.364	1.000	1.000	1.000	1.000	0.534
10	河南	0.668	1.917	0.917	0.837	1.047	0.861	0.925	0.584	1.259
11	黑龙江	0.382	0.873	1.519	0.900	0.740	0.764	1.610	1.061	1.371
12	湖北	0.740	1.127	1.886	0.956	0.648	1.733	0.913	0.610	1.051
13	湖南	0.577	1.210	1.670	0.892	0.895	1.420	0.546	0.968	1.094
14	吉林	1.939	0.833	0.732	1.188	0.912	1.515	1.000	1.000	0.693
15	江苏	0.785	1.528	1.476	1.000	0.612	1.633	0.400	0.870	1.394
16	江西	0.661	1.513	1.000	1.000	0.949	1.054	1.000	0.742	0.798
17	辽宁	1.000	1.000	1.000	1.000	1.000	0.656	0.779	0.609	1.323
18	内蒙古	0.480	1.635	1.111	1.797	0.734	0.721	1.041	0.618	0.875
19	宁夏	1.000	1.000	1.000	1.000	1.000	1.000	1.000	1.000	1.000
20	青海	1.000	1.000	1.000	1.000	1.000	1.000	1.000	1.000	1.000
21	山东	0.793	1.484	1.110	1.237	0.645	0.777	0.467	1.093	1.119
22	山西	0.637	1.753	0.821	1.116	0.783	0.897	1.114	0.746	1.761
23	陕西	0.617	1.621	1.000	1.000	0.521	1.353	0.458	0.775	1.560
24	上海	1.000	1.000	1.000	1.000	1.000	1.000	1.000	1.000	1.000
25	四川	0.795	1.087	1.428	1.231	0.790	1.454	0.976	1.099	0.892
26	天津	1.000	1.000	1.000	1.000	1.000	1.000	1.000	1.000	1.000

表 5-2(续)

NO	DMU	2005-2006	2006-2007	2007-2008	2008-2009	2009-2010	2010-2011	2011-2012	2012-2013	2013-2014
27	西藏	1.000	1.000	1.000	1.000	1.000	1.000	1.000	1.000	1.000
28	新疆	1.380	1.269	1.506	0.869	1.138	0.720	0.948	0.781	1.095
29	云南	0.866	2.238	1.000	1.000	1.000	1.000	1.000	0.656	1.523
30	浙江	1.000	1.000	1.000	1.000	1.000	1.000	0.415	0.828	1.786
31	重庆	1.550	0.670	2.306	0.697	0.873	1.957	1.000	1.000	1.000
均值		0.919	1.266	1.151	1.041	0.905	1.119	0.890	0.883	1.157

表 5-3 林业产业生态安全效率的动态技术变动指数(TC)情况表

NO	DMU	2005-2006	2006-2007	2007-2008	2008-2009	2009-2010	2010-2011	2011-2012	2012-2013	2013-2014
1	安徽	0.950	0.628	0.693	0.991	0.679	0.570	0.645	0.815	0.848
2	北京	1.166	0.694	0.722	1.111	0.710	0.711	0.747	0.666	0.690
3	福建	0.802	1.030	0.845	1.006	0.937	0.491	0.990	0.661	0.886
4	甘肃	1.032	0.576	1.559	0.660	1.384	0.550	0.721	0.809	0.974
5	广东	0.689	0.898	0.522	0.692	1.005	0.486	1.157	0.556	0.771
6	广西	0.825	0.829	0.582	0.700	1.246	0.495	0.919	0.764	0.611
7	贵州	1.012	0.744	0.818	0.847	1.179	0.830	1.081	0.627	0.884
8	海南	0.774	1.102	0.987	0.996	0.873	0.449	0.782	0.903	0.985
9	河北	0.796	0.680	0.639	0.733	1.045	0.591	1.509	0.995	0.903
10	河南	0.861	0.489	0.901	0.775	0.978	0.632	1.204	0.674	0.649
11	黑龙江	1.104	0.785	0.723	0.742	1.461	0.837	0.905	0.672	0.819
12	湖北	0.980	0.698	0.472	0.767	1.178	0.546	0.808	0.729	0.632
13	湖南	0.864	0.678	0.538	0.813	0.954	0.626	0.987	0.709	0.860
14	吉林	1.074	0.696	0.742	0.820	1.176	0.726	0.954	0.637	0.950
15	江苏	0.890	0.752	0.646	0.781	0.957	0.502	1.834	0.757	0.610
16	江西	0.953	0.577	0.899	0.907	0.841	0.674	1.003	0.711	0.909
17	辽宁	0.694	0.673	0.814	0.795	1.020	0.784	0.985	0.615	0.685
18	内蒙古	0.996	0.646	0.905	0.714	1.559	0.894	1.244	0.550	0.967
19	宁夏	0.822	0.746	0.445	1.033	0.839	0.744	0.930	0.679	0.694
20	青海	0.805	0.955	1.628	0.422	1.642	0.404	0.786	0.816	0.879
21	山东	0.904	0.586	0.992	0.708	1.136	0.419	1.616	0.673	0.682
22	山西	1.210	0.660	0.692	0.749	1.251	0.791	0.950	0.845	0.766
23	陕西	0.778	0.783	0.773	0.681	1.485	0.630	1.320	0.738	0.734

表 5-3(续)

NO	DMU	2005-2006	2006-2007	2007-2008	2008-2009	2009-2010	2010-2011	2011-2012	2012-2013	2013-2014
24	上海	1.052	0.831	0.839	1.019	0.727	0.892	0.814	0.989	0.742
25	四川	1.070	0.743	0.609	0.755	1.255	0.687	0.968	0.720	0.993
26	天津	0.923	0.550	0.992	0.868	1.194	0.769	1.232	0.683	0.895
27	西藏	0.005	0.450	0.578	1.025	0.708	0.001	0.914	0.618	0.901
28	新疆	0.962	0.527	0.629	0.744	0.937	0.702	0.848	0.741	0.750
29	云南	1.206	1.079	0.788	0.748	1.156	0.816	0.672	0.846	0.673
30	浙江	0.370	0.950	0.855	0.782	0.995	0.354	1.252	0.672	0.569
31	重庆	0.559	0.864	0.371	0.801	0.998	0.613	0.983	0.720	1.036
均值		0.875	0.739	0.781	0.812	1.081	0.620	1.025	0.729	0.805

5.2　Malmquist 模型测算结果的多角度分析

5.2.1　林业产业生态安全效率的时序演进过程

根据前文提到的 Malmquist 指数、技术效率指数 EC 和技术变动指数 TC 的数据，整理出时间序列角度的均值分布数据(表 5-4)，然后运用这些数据来构建林业产业生态安全效率的时序演进图(图 5-1)。通过这一系列分析，能够更清晰地了解林业产业在生态安全效率方面的变化趋势。

表 5-4　2005—2014 年林业产业生态安全效率 Malmquist 指数及其分解均值

年份	M_g 均值	EC 均值	TC 均值
2005—2006 年	0.787	0.919	0.875
2006—2007 年	0.921	1.266	0.739
2007—2008 年	0.845	1.151	0.781
2008—2009 年	0.84	1.041	0.812
2009—2010 年	0.948	0.905	1.081
2010—2011 年	0.685	1.119	0.62
2011—2012 年	0.874	0.89	1.025
2012—2013 年	0.644	0.883	0.729
2013—2014 年	0.908	1.157	0.805

首先，从时间序列的角度观察，可以明显地看到林业产业生态安全效率的 Malmquist 指数在过去的十年中呈现出明显的 W 型走势。这表明林业产业生态安全效率存在较大的波动，这一波动与生态文明社会的建设背景有关。这也意味着在实现林业生态安全与林业产业的协调发展以及可持续发展方面，仍然面临巨大的挑战和压力。

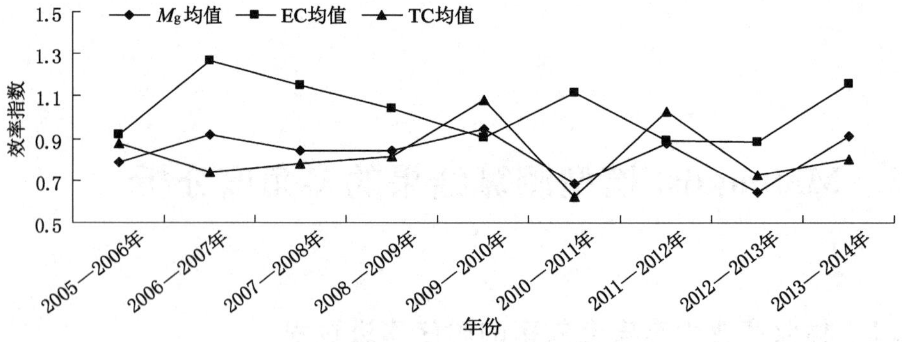

图 5-1　2005—2014 年林业产业生态安全效率 Malmquist 指数及分解均值演进图

其次，从指数的分解情况来看，大部分年份的技术效率指数(EC)都大于 1，这意味着在大多数年份里，林业产业的效率都呈现改善的趋势。然而，与此相对应的是技术进步指数(TC)的均值偏低。这说明了林业产业在促进林业生态安全效率方面的技术进步相对较慢。这一情况不利于林业产业的快速、健康和可持续发展。而这也导致了林业产业在国民经济增长中的贡献率长期保持在较低水平，并且对林业生态安全的提升造成了不利影响。

为了对林业产业生态安全效率的演进过程进行分析，需要计算各年份林业产业生态安全效率的差异系数 CV(杨清可等，2014)，计算公式为(5-7)：

$$CV = \frac{\sqrt{\sum_{i}^{n} \frac{(EE_i - \overline{EE})}{n}}}{\overline{EE}} \tag{5-7}$$

式中，CV 为林业产业生态安全效率的差异系数值；EE_i 为林业产业生态安全效率值；$\overline{EE}$为效率均值；n 为地区数量。计算结果见表 5-5 所列。CV 值越大，表示林业生态安全与林业产业的效率差异越大，公平性越差。时序上的 CV 值可以衡量林业产业生态安全效率的趋同性或者变异性，图 5-2 即为 2006—2014 年林业产业生态安全效率的差异系数。

表 5-5　2005—2014 年林业产业生态安全效率的差异系数表

年份	M_g 差异系数	EC 差异系数	TC 差异系数
2005—2006 年	0.502	0.434	0.274
2006—2007 年	0.388	0.331	0.222
2007—2008 年	0.276	0.336	0.342

表 5-5(续)

年份	M_g 差异系数	EC 差异系数	TC 差异系数
2008—2009 年	0.221	0.185	0.173
2009—2010 年	0.216	0.227	0.23
2010—2011 年	0.414	0.366	0.298
2011—2012 年	0.288	0.296	0.264
2012—2013 年	0.285	0.235	0.146
2013—2014 年	0.215	0.261	0.163

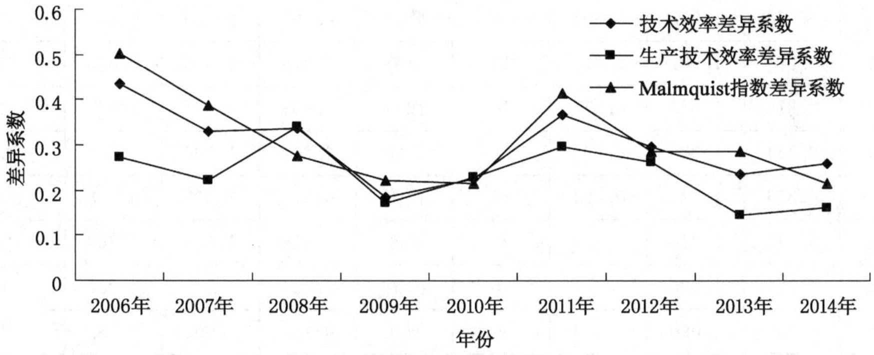

图 5-2 2006—2014 年林业产业生态安全效率的差异系数

如图 5-2 所示，林业产业生态安全效率的差异系数总体呈现下降趋势，而且 M_g、EC 和 TC 的差异系数整体趋同。其中，M_g 的差异系数整体处于三者之间的较高水平，这表明总体而言，各地区的林业产业生态安全效率存在较大的差异，其效率值的公平性相对较低，发展的均衡性也较差。特别是在某些时间段，如 2005 年至 2006 年的差异系数高达 0.502，2010 年至 2011 年的差异系数达到 0.414，显示出明显的波动性。这说明了在不同时间段内，各地区之间的林业产业生态安全效率的公平性存在时序上的波动性，凸显了地区间发展的不均衡性。

5.2.2 林业产业生态安全效率的区域比较

根据我国各 31 个地区在 2005 年到 2014 年期间的模型指标数据，分别计算了林业产业生态安全效率的 M_g 指数、技术效率指数 EC 和技术变动指数 TC，取平均值，结果如表 5-6 和图 5-3 所示。

表 5-6　各地区林业产业生态安全效率的动态指数变化平均值(地区差异)

地区	平均值			排名	地区	平均值			排名
	M_g	EC	TC			M_g	EC	TC	
安徽	0.749	0.999	0.758	26	辽宁	0.729	0.930	0.785	28
北京	0.835	1.053	0.802	16	内蒙古	0.899	1.001	0.942	7
福建	0.879	1.032	0.850	10	宁夏	0.770	1.000	0.770	21
甘肃	0.922	1.209	0.918	5	青海	0.926	1.000	0.926	4
广东	0.766	1.070	0.753	22	山东	0.764	0.969	0.857	24
广西	0.676	0.894	0.775	30	山西	0.895	1.070	0.879	9
贵州	0.956	1.093	0.891	2	陕西	0.795	0.989	0.880	19
海南	0.875	1.001	0.872	13	上海	0.878	1.000	0.878	11
河北	0.875	1.020	0.877	14	四川	0.896	1.084	0.867	8
河南	0.764	1.002	0.796	23	天津	0.901	1.000	0.901	6
黑龙江	0.876	1.024	0.894	12	西藏	0.578	1.000	0.578	31
湖北	0.743	1.074	0.757	27	新疆	0.818	1.078	0.760	17
湖南	0.761	1.030	0.781	25	云南	1.024	1.143	0.887	1
吉林	0.956	1.090	0.864	3	浙江	0.711	1.003	0.755	29
江苏	0.804	1.078	0.859	18	重庆	0.852	1.228	0.772	15
江西	0.786	0.969	0.830	20					

注：表中排名按各地区的 M_i 值从大到小排序。

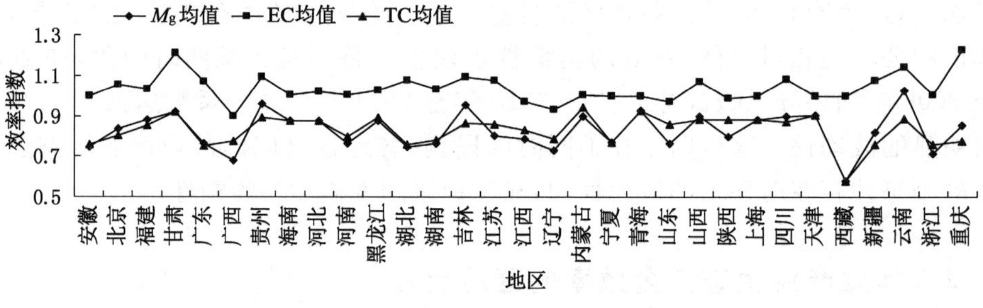

图 5-3　各地区林业产业生态安全效率的动态效率变化平均值

在以上 31 个地区中，只有云南一地的 M_g 指数数值大于 1，而大部分地区的 M_g 指数小于 1。这表明全国范围内大多数地区的林业产业生态安全效率的效率指数呈下降趋势，这意味着林业产业在提升林业生态安全方面的作用尚待进一步提升。这一现象与近年来我国林业的发展定位密切相关，林业发展更加强调其生态功能，而在大部分地区，由于环保压力的影响，其产业功能的规模受到了严格的控制。特别是对于那些依赖规模扩张发展的林业产业来说，它们承受了巨大的调整压力。

然而，从 M_g 指数的分解来看，有25个地区的技术效率指数大于等于1，占到了全国总数的80.6%。这表明大多数地区的林业产业生态安全效率提升主要依赖于技术效率的提升。这些地区的技术效率值普遍较高，表明它们在林业产业资源的投入与产出方面具有较高的效率。与此同时，这些地区的技术进步指数普遍偏低，这说明了我国林业产业技术水平长期以来变化不大，这与我国整体林业产业技术水平偏低的情况相符。要实现林业产业生态的协调健康与可持续发展，单靠技术效率的提升已经远远不能解决生产中遇到的问题，技术进步的推动成为加速我国林业生态安全与林业产业协调发展的关键因素。

5.2.3 三大地区林业产业生态安全效率比较

为深入了解我国不同地区的林业产业生态安全效率，分别对东、中、西部三大地区的 M_g 指数、技术效率指数(EC)和技术进步指数(TC)进行了详细的统计分析，所得结果见图5-4、图5-5和图5-6所列。

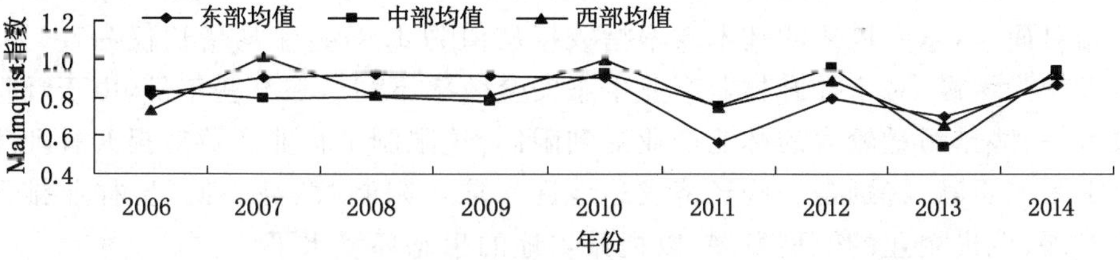

图5-4 我国三大地区 Malmquist 指数变动趋势

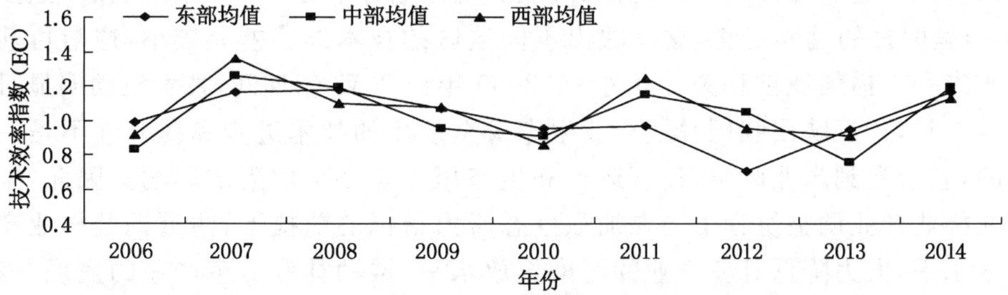

图5-5 我国三大地区技术效率指数(EC)变动趋势

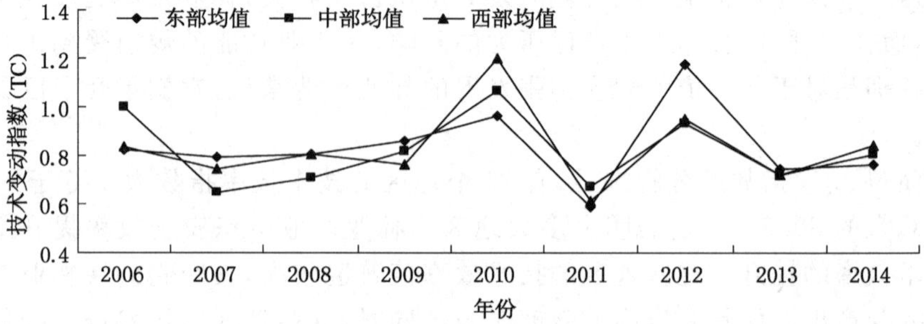

图 5-6 我国三大地区技术变动指数(TC)变动趋势

从图 5-4 来看,Malmquist 指数呈现出明显的 W 型波动趋势,反映了部分年份指数波动较大,但总体显示出指数有朝上反弹的趋势。这表明长期来看,林业产业的发展对提升林业生态安全具有促进作用。另外,通过对三大地区的比较发现,在 2010 年之前,东部地区的 Malmquist 指数相对较高,然而自 2010 年后,中西部地区的 Malmquist 指数明显提升,这显示出中西部地区在产业结构调整中逐渐发挥了林业产业的后发优势,林业产业提升和林业生态安全协调发展的趋势逐渐显现。

从技术效率一指数来看(图 5-5),中西部地区的技术效率值相对较高,林业产业的资源投入效率值也偏高。特别值得注意的是,西部地区的技术效率指数年均值为 1.06,表明林业产业生态安全效率指数平均每年提升 6%,这一情况相当乐观。相对而言,东部地区的技术效率指数年均值为 1.014,年均增长仅为1.4%,增长速度较为缓慢,对于提升林业产业生态安全效率不利。在某些年份,由于环保压力较大,一些排污量较大的林业产业受到限制,这限制了林业产业对提升林业生态安全水平的贡献,特别是一些经济发达地区采取了限制"两高一低"型林业排污企业的发展,促进企业的转型发展,以提升当地的生态环境水平。

从技术变动指数(TC)的角度来看(图 5-6),技术变动指数整体偏低,表明在林业产业和林业生态安全水平的协调发展过程中,技术进步水平相对较低。虽然东部地区在技术进步方面具有一定优势,但从整体趋势来看,三大地区的技术进步指数(TC)呈明显的趋同走势,这反映出不同地区的技术进步差异较小,这与目前的技术改进和传播便捷性相关。此外,在 2009 年到 2013 年期间,技术波动明显且趋势基本一致,这反映出我国林业产业生态安全效率的技术进步和提升并不是一帆风顺的,它会受到产业政策、经济运行和生态压力等多种因素的影响。因此,未来政府在林业产业调整过程中应在加强生态压力指标的前提下,注重提升林业产业的技术水平,大力降低林业产业的污染排放水平,推动林业绿色产业的发展,以实现林业产业生态的协调健康与可持续发展。

6

基于 Tobit 模型的林业产业生态安全效率的影响因素分析

6.1 影响因素的确定和描述性统计

迄今为止,对于林业产业生态安全效率的研究主要停留在定性分析的层面,但随着研究的不断深入,一些学者已开始尝试定量分析这些影响因素,以增强研究的科学性和实用性。基于这一背景,本研究采用定量分析作为研究方法,以更加明确和量化地探讨外部环境因素对林业产业生态安全效率的影响程度。通过基于Tobit模型的分析,可以识别和测度这些潜在的制约因素,为提高林业产业的生态安全效率提供更为清晰的外部环境支持体系。这一研究方法不仅有助于深入了解各种因素如何相互作用,还能够为政策制定者提供有力的依据,以在不同地区改善林业产业的生态安全状况,促进可持续发展的目标。

6.1.1 影响因素选取的原则

在选择影响林业产业生态安全效率的因素时,本研究遵循以下三项原则:以现有研究为基础、数据的可获得性和避免多重共线性。这些原则有助于确保选择的因素具有科学性和可操作性,并有助于后续的回归分析运算。

(1) 以现有研究为基础

本研究参考了已有研究文献中被广泛认可的影响林业产业生态安全效率的因素。这包括以森林生态承载力和人类行为为基础的两个方面。例如,姜钰和耿宁(2017)提出了21个指标,如单位森林储蓄量、森林覆盖率、单位林地面积林木蓄积量、天然林比重、产业结构指数、单位面积固体废物产生量、林业完成投资指数、单位GDP工业污染治理完成投资指数等。同样,张红丽和滕慧奇(2017)通过构建PSR模型,对压力层(P)、状态层(S)和响应层(R)分别从生态、环境、经济和社会发展等方面考虑,选取了人均林地面积、人均水资源量、城镇化水平、防护林面积、森林蓄积、营林投资水平、污染治理投资占比等25项指标对林业生态安全进行预警测度和技术干预分析。魏彬等(2010)通过构建PSR模型,对压力(涵盖自然压力、社会压力和经济压力)、状态(涵盖林业资源和水土资源)和响应(人类经济活动)等方面选取了森林受灾指数、人口自然增长率、森林覆盖率、单位面积森林蓄积、第三产业比例、林业投资额度、人工造林面积、水土流失面积等22项指标对海岛林业生态安全进行了评价分析。这些研究对于林业生态安全的评价分析以及对于林业生态安全和产业结构的关联分析普遍考虑了 PSR 模型框架下的社会经济发展压力、资源环境状态、生态安全影响和人类提升策略等多个方面。

(2) 考虑数据的可获得性

本研究针对林业产业生态安全效率的分析，将选取我国不同地区的效率值(综合效率值、纯技术效率值和规模效率值)作为被解释变量，解释变量则需要选取我国 31 个省级行政区的统计数据作为支撑。但限于统计数据的发布的时间和统计指标的历史连续性，对于影响因素的选择也存在着很大的制约。为了进行后续的回归分析运算，需要选择能够获取到的数据，因为数据的可用性会在研究的可行性方面产生影响。使用来自我国 31 个省级行政区的统计数据作为支持材料，但也注意到统计数据的发布和更新时间以及统计指标的历史连续性存在一定的限制。

(3) 避免数据的多重共线性

选择影响因素时会避免选取与前一阶段 DEA 分析中使用的投入和产出指标存在多重共线性的因素。这是为了确保在回归分析中不会出现模型估计失真或难以准确估计的情况。通过避免这些指标，可以保持模型的稳定性和可靠性。

6.1.2 影响因素的确定

根据前文对林业产业生态安全效率的测算，参照林业生态安全广义内涵的表述，基于 PSR 模型的框架体系，建立效率值作为被解释变量，外部影响因素作为解释变量的回归方程指标体系，如表 6-1 所列。

表 6-1 林业产业生态安全效率的影响因素回归方程指标体系

变量类型	指标构成		指标描述	指标代码	指标单位
被解释变量	综合效率值		综合技术效率＝纯技术效率×规模效率	TE	—
	技术效率值		企业由于管理和技术等因素影响的生产效率	PTE	—
	规模效率值		由于企业规模因素影响的生产效率	SE	—
解释变量	林业产业-林业生态发展压力子系统(P)	人均 GDP	GDP 总额/总人口	X1	元/人
		城市化水平	一定地域内城市人口占总人口比例	X2	%
		森林消长比	森林采伐消耗量与蓄积生长量之比	X3	%
		单位 GDP 能耗	吨标准煤/亿元	X4	

表 6-1(续)

变量类型	指标构成		指标描述	指标代码	指标单位
解释变量	资源环境状态子系统(S)	生态林面积占比	反映森林结构对森林生态效益的影响	X5	%
		人均森林面积	森林资源的人均丰富程度	X6	ha/人
		单位面积森林蓄积量	单位面积计算活立木材积	X7	m^3/ha
		人均公共绿地面积	公共绿地的人均值,反映某一地区整体绿化水平	X8	ha/万人
		人均草原面积	表示草地资源的人均丰富程度,与生态环境直接相关	X9	ha/人
		湿地面积占比	湿地总面积占国土面积比重	X10	%
		单位面积 CO_2 固定量	每 km^2 固定的 CO_2 的量	X11	t/km^2
	人类生态安全响应子系统(R)	科研经费投入强度	科研经费投入占 GDP 比	X12	%
		生态环境补水量	水资源调配管理的重要手段	X13	亿 m^3
		森林灾害防治率	森林灾害预防治理占比	X14	%
		生活垃圾无害化处理率	经无害化处理的生活垃圾占比	X15	%
		环境保护和生态建设的财政支出占比	环境保护和生态建设的财政支出占财政预算支出的比重	X16	%

在前述章节中,对林业产业生态安全效率进行了综合效率、纯技术效率和规模效率的测量。为了进一步研究外部影响因素对这三种效率的影响,将分别把它们作为被解释变量来构建回归模型。

在选择解释变量时,遵循了 PSR 模型的框架,从林业产业-林业生态发展压力子系统(P)、资源环境状态子系统(S)和人类生态安全响应子系统(R)三个方面确定了相关指标。

6.1.3 影响因素的概要分析

鉴于被解释变量综合效率值(TE)、纯技术效率值(PTE)和规模效率值(SE)在前述章节已经进行了相应的统计分析,本部分主要按照 PSR 模型的架构对解释变量的影响因素指标进行统计分析。

(1) 人均 GDP

人均 GDP 通常是通过对国内生产总值(GDP)在国民核算期间(通常为一年)与全国常住人口(或户籍人口)进行比较计算而得出的。它是一个常用标准,用来衡量各国人民的生活水平。通常,为了使人均 GDP 更客观,会将其与购买力相结合考虑。根据环境库兹涅茨曲线的理论,当一个国家的经济发展水平较低时,环境污染程度较轻。然而,随着人均收入的增加,环境污染程度也会逐渐上升,环境质量恶化的程度会随着经济增长而增加。当经济发展达到一定水平时,也就是达到一定的临界点或所谓的“拐点”后,随着人均收入的继续增加,环境污染逐渐减少,环境污染程度的增长逐渐减缓,同时环境质量逐渐改善。

我国东西部地区的人均 GDP 存在显著差异。以 2015 年的数据为例,排名第一的天津市与排名最后的甘肃省之间的人均 GDP 差距高达 4.9 倍。虽然各地区的人均 GDP 存在显著差异,但总体而言,都处于环境库兹涅兹曲线上环境污染相对较高的环节。特别是人均 GDP 水平的提升对林产品的消费总量、森林旅游、污染物排放等方面产生巨大影响。较高的人均 GDP 水平通常意味着更高的林产品消费、更多的旅游支出以及更多资源的消耗,这对于林业产业的发展和林业生态安全水平的提高具有重要意义。我国 2005—2014 年的人均 GDP 及增长率情况如图 6-1 所示。

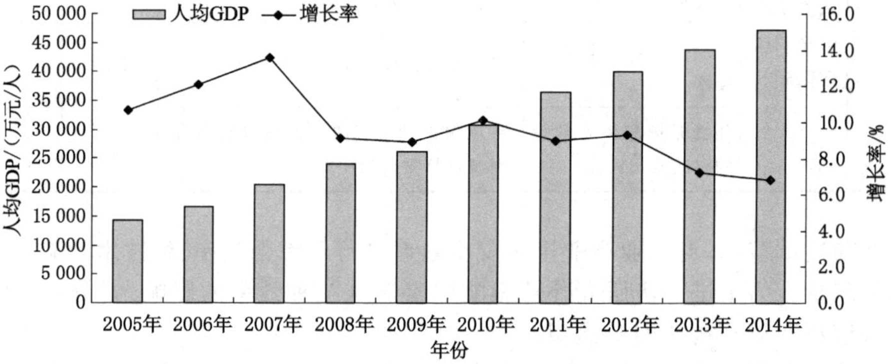

图 6-1　2005—2014 年我国人均 GDP 及增长率

自 2005 年以来,我国的人均 GDP 水平持续稳步提升,年均增长率为 9.68%。随着我国 GDP 总量的不断增长和 GDP 增速的合理调控,近年来人均 GDP 的增长率有所下降。这种下降是结构性调整的结果,在供给侧改革的背景下,经济结构不断进行优化调整,各种生产要素,包括劳动力、土地、资本、制度创新和技术创新等,都得到了更好的配置。因此,人均 GDP 增速放缓是结构调整过程中的正常现象。

当然,需要指出的是,当前我国 GDP 的核算并未扣除自然资源耗减价值与环境污染损失价值。因此,人均 GDP 水平的快速提高虽然带来了更高的经济保障,同时也给林业资源的消耗和林业生态环境带来了更多的压力。值得关注的是,虽然“绿色 GDP”的概念和测量方法已经得到广泛研究,但将其纳入国家层面的考核还需要时间。这需要继续研究和推动以实现更可持续的经济和环境平衡。

(2) 城市化水平

近年来,我国的城市化水平持续呈现上升趋势,如图6-2所示。城市化率从2000年的36.2%上升至2016年的57.3%。这一现象伴随着城市人口的急剧增长以及城镇用地规模的不断扩张。然而,城市化过程中出现了一系列问题,主要源于生态环境保护意识的淡薄以及城市化规划与布局的不科学和不合理。城市化的快速发展导致大量生活垃圾、污水、废气等污染物的排放增加,而基础设施建设却跟不上城市化的速度,生态环境的承载能力严重超载。这给城市带来了空气和水质污染,威胁了居民的健康。此外,城市化过程中对森林植被的破坏也显著,导致水土流失问题严重,同时对城市周边的生物多样性产生了巨大的威胁。一个显著的问题是优质农田被城市化侵占,耕地保护与城市化用地之间的矛盾日益突出。这不仅影响了粮食生产,还使得食品安全面临挑战。这一问题严重制约了城市化进程,需要找到合适的解决方案来平衡城市化和农地的利用。

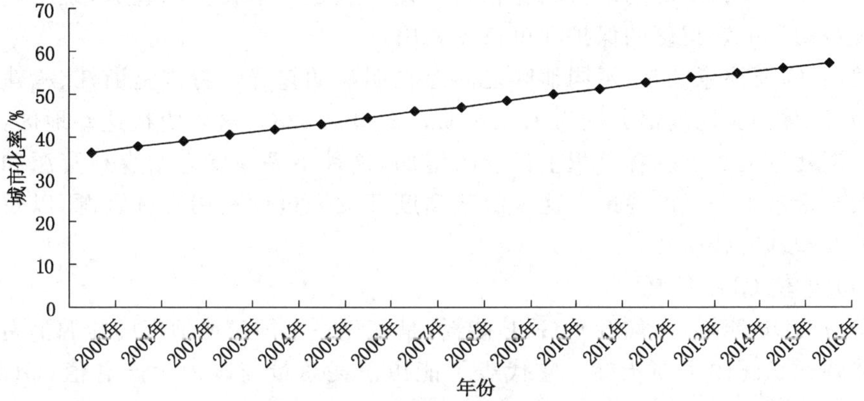

图6-2 2000—2016年间我国的城市化水平状况

如何协调城市化与生态环境之间的关系,已经成为一个全球性的战略问题。我国已经采取了一系列措施来解决这些问题,包括加强生态环境保护,制定科学的城市规划,提高城市基础设施建设的效率,推动绿色城市发展,以及推进农地保护政策等。这些措施旨在实现城市化与生态环境的可持续协调发展,以提高城市人口的生活质量,减轻对环境的负担,同时推动城市化进程的可持续性。

总的来说,城市化水平的提升是一个不可逆转的趋势,但需要在城市化过程中充分考虑生态环境的保护与可持续利用,以确保城市的可持续发展,并减少对生态环境的负面影响。这是一个综合而紧迫的任务,需要政府、社会和企业的共同努力,以实现城市化与生态环境之间的和谐共存。

(3) 森林消长比

森林资源的变化，涵盖了数量、质量和结构的各个方面。这种变化是多种因素相互作用的结果。除了自然条件，如疾病、虫害和气候等对森林资源变化的影响，人类活动也在不容忽视地影响着森林资源的消长。其中包括信息不对称导致的超限额采伐、产权不稳定对林地经营的影响、林业投资对森林资源再生产的影响，以及国外私有林主通过合作经营获取长期林业利益等因素，都对森林资源的变化产生着显著的影响。

为了评估森林资源的消长情况，本文采用了森林采伐消耗量与蓄积生长量之比，即森林消长比这一指标。这一指标的数值越大，意味着森林的消耗量占蓄积生长量的比值越大，从而表明森林资源正朝着不利方向发展。该指标直接反映了森林的消耗与生长的关系，是衡量森林资源可持续性的一个关键指标。

从全国范围来看，2005 年到 2014 年的统计数据显示，森林消长比的均值为 0.271。这意味着，近年来中国的森林资源消耗总量远小于森林蓄积生长量，表明在全国范围内森林资源的消长状况相对平衡。这是一个积极的趋势，说明我国森林资源得到了一定程度的保护和可持续利用。

然而，需要注意的是，不同地区之间存在明显的差异。特别是浙江、福建和安徽等地，森林消长比均值分别为 1.696、1.352 和 1.128。这表明在这些地区，森林资源的消耗量远大于森林蓄积生长量的增加，这种不平衡状态给森林资源和林业生态安全带来了严重的隐患。这是由于高度开发和过度利用森林资源，以及不合理的林业管理实践所致。

(4) 单位 GDP 能耗

单位 GDP 能耗，又称万元 GDP 能耗，是衡量一个国家或地区的能源消费水平和节能降耗状况的主要指标。它代表了能源消耗总量与国内生产总值(GDP)之间的比率，用以评估能源的有效利用情况。该指标反映了一定时期内，一个国家或地区每创造一万元 GDP 所需的综合能源消耗量。单位 GDP 能耗越高，意味着国家经济活动中对能源的利用效率越低，同时也暗示着相对较差的产业结构。

近年来，我国的资源利用效率取得了明显提升(图 6-3)。从 2005 年至 2014 年，单位 GDP 能耗呈持续下降的趋势，从 2005 年的 1.40 下降至 2014 年的 0.66。这反映出中国在经济发展中取得了一定的节能降耗成就。然而，尽管取得了显著进展，仍存在明显的问题，包括资源利用效率偏低、经济增长方式依然粗放、对生态安全建设的忽视等。

对比发达国家和一些发展中国家，中国的资源利用效率问题和生态破坏问题仍然严重。根据调查数据，2014 年，中国的单位 GDP 能耗相对于美国高出 3.3 倍，相对于日本高出 7 倍。尽管中国是世界上资源总量第三大的国家，但人均资源占有量仅排名第 53 位，仅为全球平均水平的一半。与此同时，近年来中国的资源

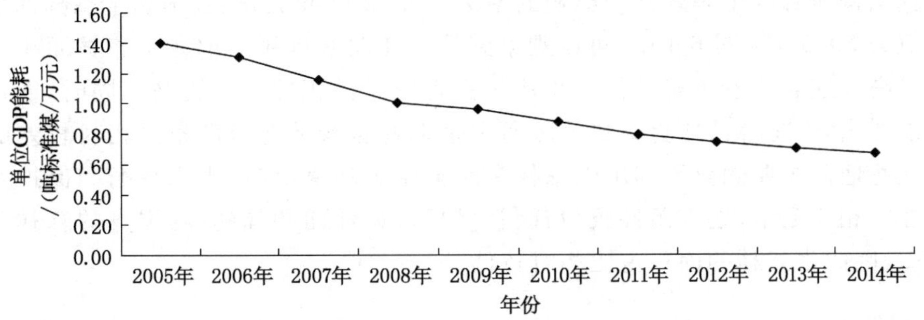

图 6-3 2005—2014 年我国单位 GDP 能耗值

需求快速增长，进一步加剧了资源约束矛盾。

如何不断降低单位 GDP 能耗，实现更少的资源消耗带来更大的经济和生态效益，已经成为中国当前经济健康发展亟须关注的问题。为应对这一挑战，中国政府采取了一系列政策措施，包括加强能源节约与清洁生产、促进绿色技术创新、改善产业结构、提高能源利用效率、鼓励可持续发展等措施。这些努力旨在在经济增长的同时，减轻对资源的压力，降低单位 GDP 能耗，并促进生态可持续性。通过这些措施，中国有望进一步提高资源利用效率，实现更加可持续的发展，同时减少对有限资源的过度依赖。这将不仅有助于降低单位 GDP 能耗，还将为中国的生态环境和社会经济带来更为可持续的未来。

（5）生态林面积占比

生态林，作为维持生态平衡、保护生物多样性，满足人类社会的生态、社会需求和可持续发展为主要目标的森林、林地和林地类型，在中国的发展模式已发生显著转变。过去，生态林主要以木材生产和森林资源经济为主，但近年来，它的定位已经逐渐演变为以生态修复、生态保护和生态服务为核心。这种战略调整旨在在保护自然生态系统的同时，提供可持续的经济效益。

当前，中国的生态林管理依然存在一系列问题。如生态补偿机制不完善，法律法规不健全，责任关系不明确，标准缺乏明确界定等，这些因素长期影响着生态林的生态和经济效益。此外，中国的生态林发展和管理模式相对单一，缺乏创新，这也在一定程度上削弱了生态林的整体效益。

此外，林业科技力量相对薄弱，科技人员短缺。这导致生态林建设缺乏必要的科技支持，特别是在地方林业站，专业技术人员的匮乏对生态林建设模式的改革与创新造成了一定困难。解决这些问题迫切需要重新审视生态林的管理理念，改进生态补偿机制，健全法律法规，明确责任，明晰标准，同时加强科技支持，引进科学技术人才，积极投入生态林建设，以实现社会效益和经济效益的双赢。

为了更清晰地探讨生态林的发展和效益，本文采用了生态林面积占比作为评估森林结构对森林生态效益的影响的指标。以 2014 年为例，我国的生态林面积占比均值为 59.5%。图 6-4 中，可以观察到从浙江向右排序的地区生态林面积占比逐渐提高。这意味着生态林在这些地区占森林总面积的比例更高。同时，通过数据可以看出，生态林占比更高的地区通常是那些自身林业资源条件相对较差的地区。这些地区主要侧重于利用生态林来改善生态环境，维护生态平衡和保护生物多样性。相比之下，地理条件较为有利的地区，如江西和福建，其本身的森林覆盖率较高，因此生态林的面积占比相对较低。

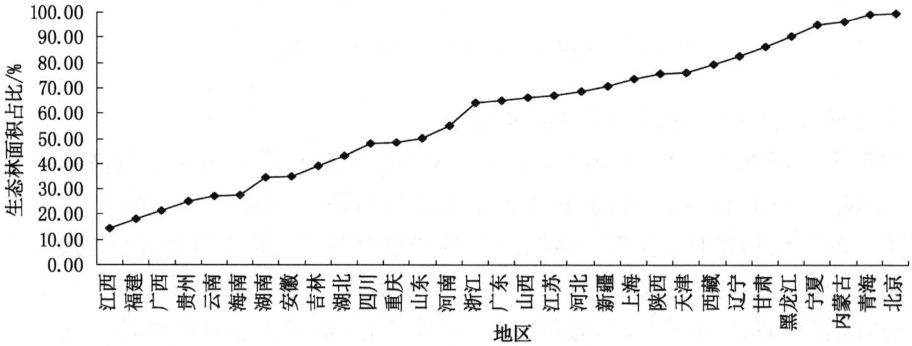

图 6-4　2014 年我国省级行政区生态林面积占比图示

(6) 人均森林面积

森林资源是国家的重要生态资产，也是人类赖以生存和发展的基础。人均森林面积是衡量一个国家或地区森林资源丰富程度的重要指标，也反映了该国或地区的生态环境状况和可持续发展能力。根据 2014 年第八次全国森林资源清查结果，我国人均森林面积为 0.15 公顷，不足世界人均占有量的 1/4，远低于世界平均水平(0.62 公顷)，也低于亚洲平均水平(0.19 公顷)。这说明我国森林资源总量不足，与我国人口规模和经济社会发展水平不相匹配，也不利于我国生态文明建设和应对全球气候变化的挑战。

我国人均森林面积的低下，主要是由于历史上长期的过度开发、滥伐滥垦等原因造成的森林资源的大量流失，以及近几十年来人口增长、城市化进程、工业化进程等因素导致的森林资源的相对不足。尽管我国政府在近年来采取了一系列措施，如实施天然林保护工程、退耕还林工程、三北防护林工程等重大生态工程，在大力推进造林绿化、提高森林覆盖率、增加森林蓄积量等方面取得了显著成效，但是我国森林资源保护和发展依然面临着森林资源质量不高、林地保护管理压力增加和营造林难度越来越大等突出问题。从总体上看，森林资源的增长与社会对林业多样化需求的矛盾、生态问题与可持续发展之间的矛盾等严重制约了林业的发展。

图 6-5 为我国 30 个省级行政区 2014 年的人均森林面积。由图示可知，上海、天津、江苏、山东、北京等地，由于经济和社会发展较为集中，人口密度相对较高，同时林地面积相对较少，导致人均森林面积远低于全国平均水平（0.15 公顷），分别为 0.02 公顷、0.03 公顷、0.05 公顷、0.06 公顷和 0.07 公顷。这一现象给当地的生态环境建设带来了较大的压力。根据《2014 年中国林业统计年鉴》，这些地区的森林覆盖率也低于全国平均水平（21.63%），分别为 13.18%、11.56%、10.36%、15.39%和 41.86%。值得注意的是，这些地区的林业产业发展和林业生态安全水平的提升更多地依赖于对林业产业和林业生态的投资力度。根据《2014 年中国林业统计年鉴》，这些地区的林业固定资产投资额占全国总额的比重分别为 3.29%、2.16%、9.44%、7.94%和 2.58%，远高于它们在全国森林资源总量中所占的比重，分别为 0.03%、0.07%、0.48%、1.05%和1.12%。

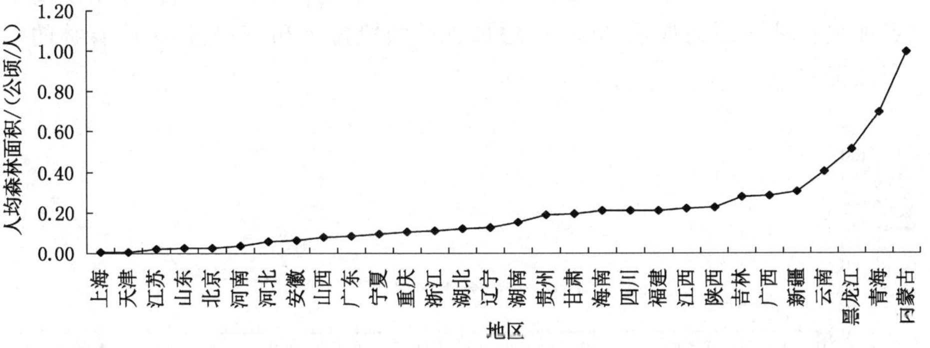

图 6-5　2014 年我国省级行政区人均森林面积图示

备注：因西藏的区位因素，人均森林面积 4.63 公顷/人，与其他地区相差甚远，在图中未予以标示。

（7）单位面积森林蓄积量

单位面积森林蓄积是指单位面积森林的树干部分总材积。这是反映某一地区森林资源总量和水平的基本指标之一，也是反映区域森林资源丰富程度、衡量森林生态环境优劣的重要依据。单位面积森林蓄积的高低，不仅关系到森林的生产力和生态效益，也影响到森林的抵御自然灾害和适应气候变化的能力。

根据《2015 年中国林业统计年鉴》，我国单位面积森林蓄积量只有 72.77 立方米/公顷，只相当于世界平均水平的 68%，远低于欧洲（111.8 立方米/公顷）、北美（117.6 立方米/公顷）和南美（163.4 立方米/公顷）等地区的水平。这说明我国森林资源质量不高，与我国经济社会发展水平和生态文明建设目标不相适应，也不利于我国在全球气候治理中发挥更大的作用。

对 2014 年我国 31 个省级行政区的单位面积森林蓄积量进行排序（见图 6-6）后可以看出，全国大部分地区的单位面积森林蓄积量都在 20～60 立方米/公顷区间内，但是从福建往右排序的省份单位面积森林蓄积量逐渐增加，而青海和宁夏的单位面积森林蓄积量最少，只有 10 立方米/公顷左右。影响一个地区单位面积森林蓄积量的因素主要有两个：一是当地本身的气候条件和植被类型，二是人类活动的负面影响。当地本身的气候条件和植被类型是决定该地区森林蓄积量的先天优势，而人类活动则属于后天因素，人类活动负面影响越大的地区，单位面积森林蓄积量往往越少。反映在图中，从福建往右的省份无一不是我国亚热带和温带地区，这些地区气候温暖湿润，适宜各种类型的森林生长，特别是针叶林和针阔混交林等高蓄积类型。这些地区森林资源先天条件好，在接下来的林业建设中更要注意优化林业产业结构、强化林业生态安全理念，来减少人类活动对于森林资源的负面影响，从而进一步提高当地林业资源的规模与效益。而青海和宁夏等地则属于干旱半干旱地区，这些地区气候干燥寒冷，不利于森林生长，主要分布着荒漠灌木和草原灌木等低蓄积类型。这些地区森林资源先天条件差，在接下来的林业建设中更要注意加强森林资源的保护和恢复，增加森林的覆盖率和蓄积量，提高森林的生态功能和经济效益。

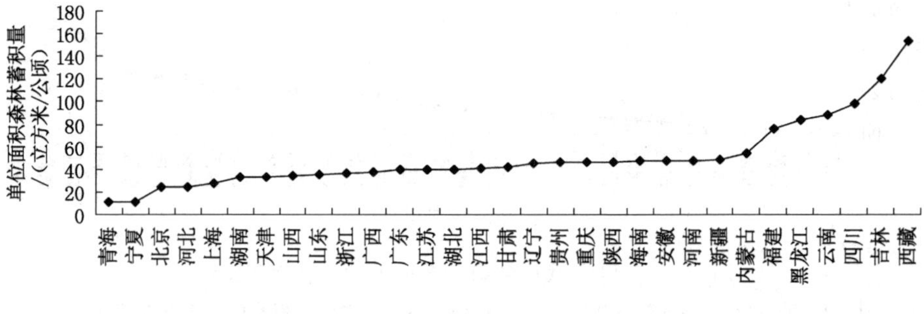

图 6-6　2014 年我国 31 个省级行政区的单位面积森林蓄积量

(8) 人均公共绿地面积

人均公共绿地面积是反映一个地区整体绿化水平的基本指标之一，也是衡量城市生态环境质量和宜居程度的重要指标之一。根据《中国城市发展报告(2015)》，2014 年我国人均公共绿地面积为每人 18.48 平方米，不足世界平均水平的 1/4。近些年来，我国的人均公共绿地面积不断增长，从 2005 年的 11.23 平方米，增长为 2014 年的 18.48 平方米。但是我国的城市绿地建设仍然面临着城市绿地资源总量不足、各地区差异大、分布不均衡的问题。

图 6-7 为我国 31 个省级行政区的人均绿地面积的分布情况。这个分布不仅揭示了城市绿地资源在全国范围内的悬殊差异，还反映出了一些地区的经济发展水平。例如，上海、北京和广东等经济发达地区的人均绿地面积相对较高，而湖南、云南和甘肃等经济欠发达地区的人均公共绿地面积则明显较低，有些地区甚至不

足每人 10 平方米。这种差异主要是由于经济发达地区有更多的财力和技术支持城市绿化建设，而经济欠发达地区则受到资金、技术、规划等方面的制约。在经济发达地区，关键问题在于科学规划绿地的分布，以满足不断增长的城市人口需求，同时提高绿地建设的质量和水平。为了达到这一目标，需要继续加大投入，采取可持续的城市规划措施，确保城市的生态环境与经济发展相协调。而在经济欠发达地区，绿地建设则需要更加注重平衡经济发展与生态绿地建设。这意味着在经济建设的同时，必须充分重视生态保护，增加公共绿地的规模，以改善人民生活质量，提高城市的整体绿化水平。同时，要推动经济欠发达地区的经济增长，以确保城市能够提供足够的公共绿地资源。

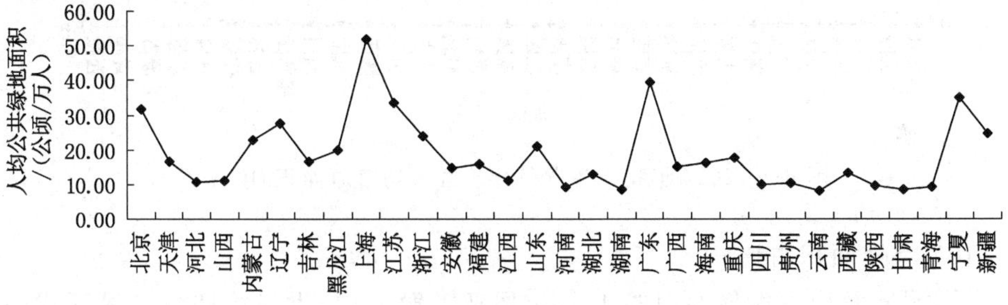

图 6-7　2014 年我国不同地区人均公共绿地面积

（9）人均草原面积

人均草原面积，作为草原资源丰富程度的量化指标，对于评估国家的生态健康和可持续发展至关重要。根据 2014 年的数据，我国的人均草原面积为 0.29 公顷，仅为世界人均草原面积的一半左右。草原资源的保护与建设对于国家的生态建设至关重要。然而，目前我国仍然面临草原过度牧养的问题，其中包括乱采、乱挖和乱垦等现象。与此同时，我国 90％的天然草原都存在不同程度的退化问题。草原生态环境的恶化导致沙尘暴、水土流失等，对草原畜牧业的发展产生负面影响，进而危及国家的生态安全，甚至威胁整个国民经济的可持续发展。

根据 2014 年草原资源监测数据，我国草原总面积约 4 亿公顷，覆盖 41.7％的国土面积，其中 84.2％分布于西部十二省（区、市），西藏、内蒙古、新疆等六大牧区占全国草原面积的 3/4，呈现显著的人均资源梯度差异：西藏（258.83 公顷/人）、青海（63.03 公顷/人）、内蒙古（31.48 公顷/人）等牧区人均面积远超全国均值，而东部省份如上海（0.000 19 公顷/人）、江苏（0.000 52 公顷/人）远低于全国均值（图 6-8）。另外，草原类型呈现多样化特征，包括高寒草甸类（占 17.3％）、温性荒漠类（10％）等 18 个主要类型。但由于过度放牧、气候变化（如暖干化趋势）以及政策执行偏差（如草原承包导致的社区失灵）等，约 90％的天然草原存在退化，理论载畜量（2.5 亿羊单位）与实际载畜量（2.8 亿）超载率达 12％。尽管国家通过“退牧还草”等工程使鲜草产量年均达 9.92×10^8 吨，但草原生态功能（如水源涵养、防风固沙）仍面临持续压力，需结合分区治理、技术升级和权属优化等差异化策略实现可持续发展。

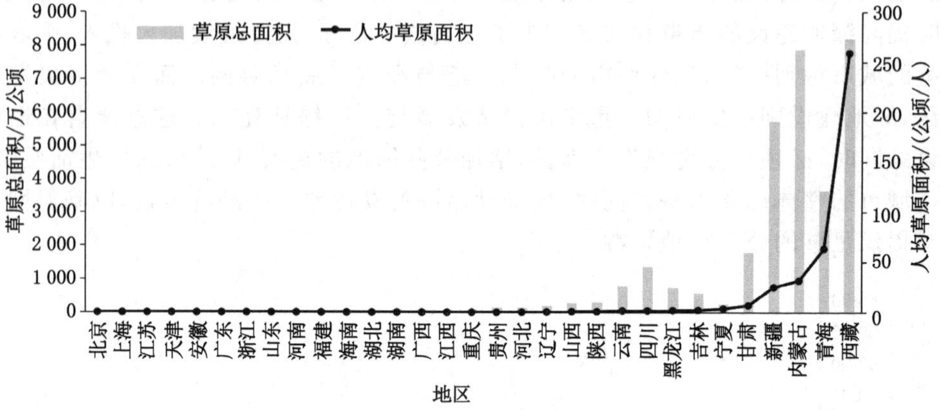

图 6-8　2014 年我国各省级行政区人均草原面积对比图

(10) 湿地面积占比

中国湿地面积占世界湿地的 4%，位居亚洲第一位，世界第四位。尽管我国拥有丰富多样的湿地类型，但自改革开放以来，由于经济高速发展，湿地遭受了不合理的开发和破坏，导致湿地面积急剧减少。

湿地面积占比是一个关键指标，反映了我国湿地面积在国土总面积中的比重。根据第二次全国湿地资源调查（2014 年数据），全国湿地总面积约 5 342 万公顷，占国土面积的 5.58%。对我国 31 个省级行政区的湿地面积占比进行排序（图 6-9），其中青海（15.24%）、西藏（12.22%）、内蒙古（11.25%）、黑龙江（9.63%）、新疆（7.39%）为前五高值区，合计占全国湿地面积的 55.73%。沿海省份中，江苏（5.28%）、辽宁（2.61%）、广东（3.28%）因水资源丰富且人工湿地密集，占比相对较高；而上海湿地面积占比仅为 0.87%，其区域特征以河口冲积型人工湿地为主，并受限于城市化进程。湿地的形成和保护不仅依赖水源供应，更与其地理特征密切相关。高值区如青海三江源、黑龙江三江平原依托独特的高寒与沼泽生态系统，而江苏、广东等沿海省份则依赖河口三角洲与人工湿地网络。湿地对城市生态系统的核心价值体现在其多重生态功能，如调控径流、防洪蓄水、净化水质、保护生物多样性等。此外，湿地通过提供航运、水资源和生态旅游，推动沿海与沿江经济带发展。

整体而言，湿地面积占比不仅关乎生态保护，还涉及城市的可持续发展和人类社会的福祉。因此，必须继续关注湿地的保护与恢复，以确保它们能够继续发挥重要的生态和经济功能，同时维护生态平衡。这是一项紧迫的任务，需要全社会的共

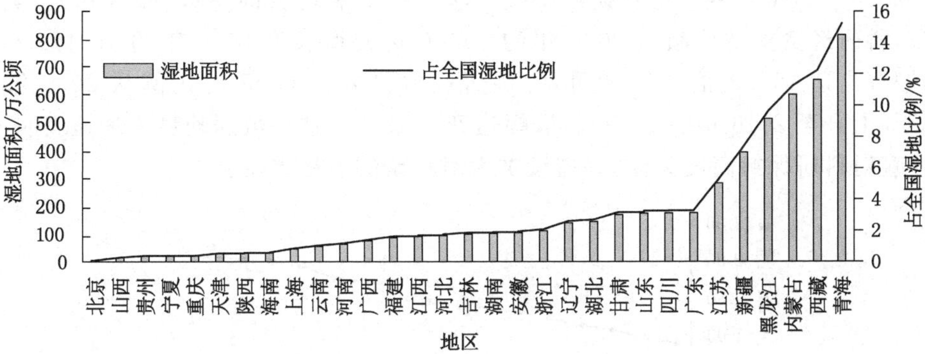

图 6-9　我国 2014 年 31 个省级行政区的湿地面积占比

同努力。

（11）单位面积 CO_2 固定量

CO_2 固定，又被称作 CO_2 同化或碳素同化，是指通过植物的光合作用过程，将大气中的 CO_2 转化成有机物质的过程。这个生态过程在全球生态系统中具有重要作用，而森林是陆地生态系统的核心组成部分，因此，研究单位面积内的 CO_2 固定量对于深入理解生态环境具有重要意义。

单位面积内的 CO_2 固定量与森林中的活立木总蓄积量密切相关。活立木总蓄积量指的是在某一特定地区内，包括森林、疏林、分散分布的树木以及路旁的树木，所积累的总木材数量。从我国 2005 年至 2015 年的数据来看，单位面积内的 CO_2 固定量呈现出明显的增长趋势，从 2.6 t/ha 增至 3.8 t/ha，增幅较大。这一增长趋势主要是由于在国土面积没有显著变化的情况下，我国森林资源的总蓄积量每年都在增加。这表明活立木的生长和蓄积为大气中 CO_2 的固定提供了积极的贡献。

除了直接的经济效益外，林业生态效益的贡献更是不可低估。森林生态系统能够吸纳和储存大量的 CO_2，有助于减轻气候变化对生态系统的影响。森林还提供了动物的栖息地，维护了生物多样性，改善了空气和水质。这对于生态平衡的保持至关重要，同时也对人类社会的可持续发展产生深远影响。

（12）科研经费投入强度

科研经费的分配是用于支持各类科学和技术项目的资金分发过程，通常由政府、企业、民间组织以及基金会等机构或社会团体，通过委托或精选的方式，将这些资金分配给各种科学和技术研究项目，以解决具体的科学和技术问题。考虑到科技在现代社会的关键地位，绝大多数国家都高度重视科研经费的投入。通过科研经费占国家或地区国内生产总值（GDP）的比例也反映出该国家或地区对科学研究的关注程度。

2000—2016 年我国的科研经费投入呈现出显著增长的趋势(图 6-10)。具体而言,科研经费支出总额从 2000 年的 896.0 亿元增长到 2016 年的 15 440.0 亿元,增幅高达 16.23 倍。与此同时,科研经费投入占 GDP 的比例从 2000 年的 0.89%上升至 2016 年的 2.08%,涨幅达到 1.19%。这一数据趋势清晰地表明,我国一直对科研保持高度关注,并持续加大对科研的经济支持。

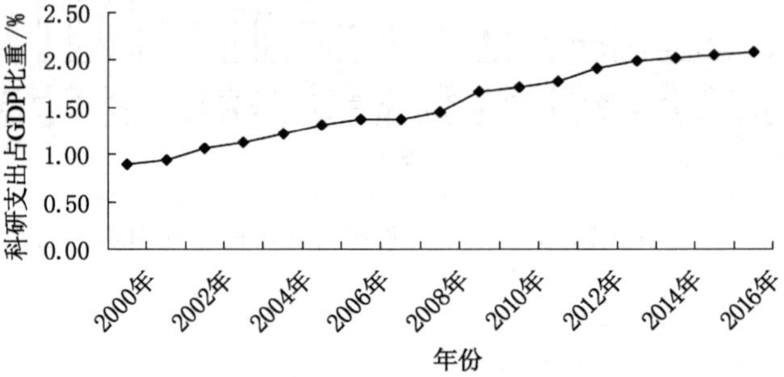

图 6-10　2000—2016 年科研支出占 GDP 比重

(13) 生态环境补水量

过度开发水资源导致人类对生态环境的干扰远超过其承载能力,这引发了严峻的生态环境问题,包括严重的土壤退化、急剧减少的生物多样性、河流的断流以及地下水位的下降等多方面的问题。在这种背景下,水资源、生态系统和人类社会的相互协调成为水资源管理的核心,需要充分认识到生态环境与水资源之间的内在关联,并将其作为水资源管理的基础。在制定生态环境建设规划时,应将生态环境的用水需求置于重要位置,并切实认识到实际运行中进行生态环境补水的重要性。

生态环境系统由不同类型的生态系统构成,而生态系统本身具有不同的组成和功能特征。对于某一特定区域,其生态水供应是固有的,而水资源的流动使得不同段落之间的水资源可以实现可重复利用。因此,生态补水成为生态缺水地区生态环境建设的重要基础,通过合理配置生态水资源,使水资源在生态环境中发挥更为重要的功能。

以 2015 年我国 31 个省级行政区的生态环境补水量为例(见图 6-11),南北气候差异较大,水系分布不均匀,北方河流相对较少,而南方则相对较多。这导致各地区生态环境补水量存在巨大差异,比如,内蒙古的生态环境补水量最大,而海南省最小,两者之间的差距高达 53.66 倍。此外,一些地区如天津、河南、北京、河北等,由于经济和社会发展的原因,人口密度相对较高,且林地面积相对较少,森林蓄水量也较少。因此,在这些地区,如何因地制宜、合理、协调地利用水资源显得尤为重要。

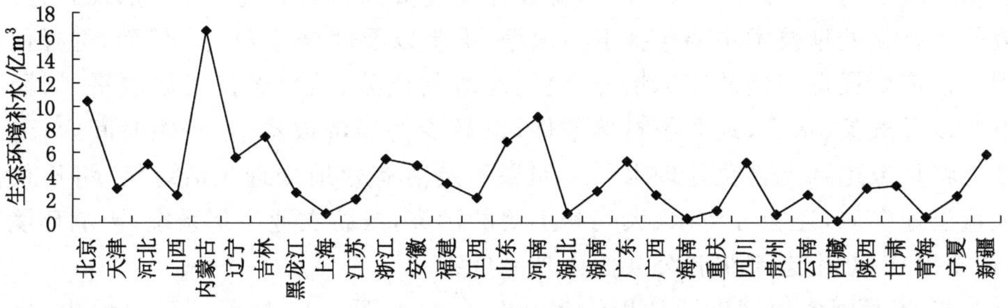

图 6-11　2015 年我国省级行政区的生态环境补水量

合理的水资源利用和管理将对生态环境的保护和改善产生深远的影响。因此，在未来的水资源规划中，必须更加注重生态环境用水的特殊性，以实现水资源和生态系统的可持续协调发展，从而保护和维护地球生态平衡。

(14) 森林灾害防治率

森林灾害是一种由于自然变异、人为因素、自然因素等多种因素对森林资源和森林生态环境造成损害和破坏的现象或过程。预防和减轻森林灾害往往需要大量的经济资源。从这一角度看，地区的经济发展水平和森林灾害防治之间存在紧密的联系，因为较富裕的地区通常会投入更多资金用于森林灾害的防治。此外，那些频繁发生森林灾害的地区也往往更加关注防治工作。

从图 6-12 可以看到，北京、天津、上海、江苏等经济发达地区的森林灾害防治率相对较高。这表明这些地区向森林灾害防治投入了大量资金。此外，主要木材产区的森林灾害防治率也相对较高，例如辽宁、吉林、黑龙江、云南等地，其森林灾害防治率均超过 70%。这反映出这些地区对森林灾害的高度重视以及其健全的应对森林灾害措施。

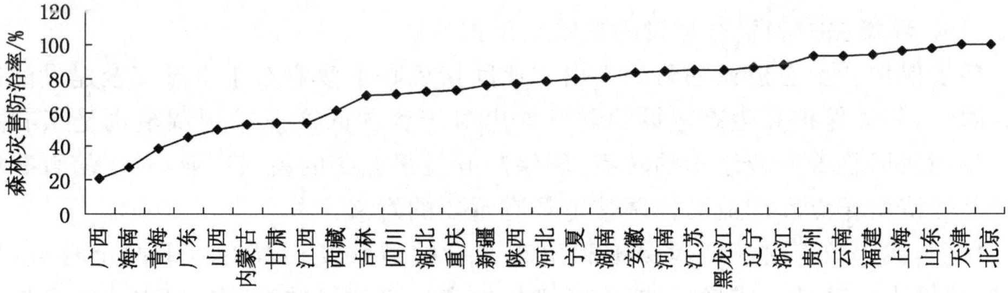

图 6-12　2015 年不同地区森林灾害防治率

(15) 生活垃圾无害化处理率

生活垃圾无害化处理，是指利用现代先进工艺和科学技术，通过降低垃圾及其衍生物对环境的不良影响、减少废物排放并促进资源回收的过程。一般而言，生活垃圾的无害化处理技术主要包括卫生填埋、堆肥以及焚烧等方式。然而，选择何种处理工艺需要根据当地的实际情况，包括垃圾的成分、城市经济发展水平、居民生活方式以及气象、水文、地质等自然条件，以最少的经济成本，在较短时间内，最大程度地将垃圾达到无害化处理水平。如果不及时有效地处理生活垃圾，将不仅占用大量土地资源，还会导致水、大气和土壤的污染，威胁农业生态系统，影响环境卫生，传播疾病，对生态系统和公共健康带来危害。

2015 年我国各地区生活垃圾无害化处理率如图 6-13 所示。可以看出，生活垃圾的无害化处理程度与地区的经济发展水平密切相关。那些经济发达的地区更为重视生活垃圾处理问题，因此生活垃圾的无害化处理水平较高。例如，上海、北京、广州、深圳等大城市面临严峻的生活垃圾处理问题，但通常拥有相对强大的处理能力。相比之下，经济欠发达地区和中小型城市因为垃圾分布分散、收集和运输困难，所以其处理能力相对较弱，面临更大的生活垃圾无害化处理难题。这一观察结果凸显了经济因素对生活垃圾无害化处理的重要性，并引发了对如何在经济发展和环境保护之间取得平衡的更深入的思考。

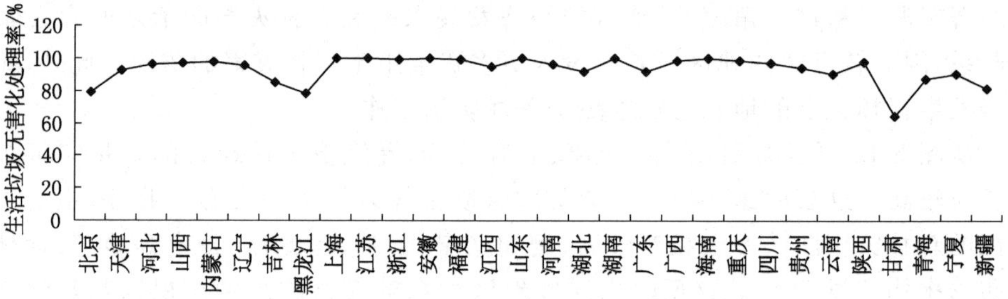

图 6-13　2015 年各地区生活垃圾无害化处理率

(16) 环境保护和生态建设的财政支出占比

环境保护和生态建设的财政支出占比间接反映了政府对于生态安全建设的态度。同时，环境保护和生态建设的财政支出对于我国的产业结构调整也是很有益的。我国正面临着产业结构的转型，环保产业是很重要的新兴产业，对于培育我国的新的经济增长点和产业结构调整也具有重要的意义。

目前，我国政府对于环境保护和生态建设的财政支出具有以下两个特点：其一，总的投入金额是逐步增长的，但环境保护和生态建设的财政支出占比却呈现出上下波动的不稳定状态；其二，各个地区对于环境保护和生态建设的投入不平衡，差异较大，部分地区对于该方面的重视程度不够。

由图 6-14 可以看出，目前我国环境保护和生态建设财政支出占比较大的地区有吉林、北京、青海和河北等地区，而支出占比较少的有上海、江西和浙江。对于不同地区环境保护和生态建设支出的分析要结合各个地区不同的情况，例如上海，虽然环境保护和生态建设占财政支出预算的占比较小，但是由于其经济体量的庞大，加上地域面积的狭小，其每年在单位面积生态建设上的相对投入资金并不算少；再比如青海，由于其在国家生态建设中的战略地位，致使其必须重视环境保护和生态建设，所以该地区用于环境保护和生态建设的财政支出占比较高。

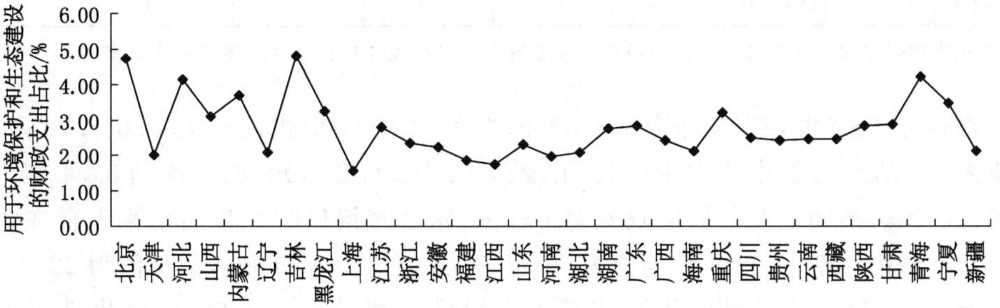

图 6-14　2014 年我国各地区环境保护和生态建设的财政支出占比

6.1.4　影响因素的描述性统计

对影响因素从林业产业-生态发展压力子系统(P)、资源环境状态子系统(S)和人类生态安全响应子系统(R)三个方面展开进行描述性统计分析(见表 6-2)。

表 6-2　变量的描述性统计

变量	观测数	极小值	极大值	均值	标准差
人均 GDP	93	19 710.00	105 231.00	47 058.70	20 878.75
城市化水平	93	22.75	89.60	54.48	13.76
森林消长比	93	0.00	1.78	0.28	0.48
单位 GDP 能耗	93	0.00	2.09	0.79	0.43
生态林面积占比	93	14.59	99.43	62.86	25.48
人均森林面积	93	0.00	4.75	0.34	0.83
单位面积森林蓄积量	93	0.01	0.09	0.03	0.02
人均公共绿地面积	93	7.04	57.12	18.35	11.22
人均草原面积	93	0.30	2664.02	134.80	474.18
湿地面积占比	93	0.45	73.27	8.38	12.09
单位面积 CO_2 固定量	93	114.81	9 551.67	3 245.40	2 518.79

表 6-2(续)

变量	观测数	极小值	极大值	均值	标准差
科研经费投入强度	93	0.25	5.98	1.52	1.11
生态环境补水	93	0.10	16.40	3.41	3.02
森林灾害防治率	93	15.20	100.00	70.18	20.63
生活垃圾无害化处理率	93	41.70	100.00	88.18	13.66
环境保护和生态建设的财政支出占比	93	1.25	5.44	2.78	0.83

数据来源:《中国统计年鉴》《中国林业统计年鉴》《中国科技统计年鉴》《中国环境统计年鉴》。

在林业产业-生态安全压力子系统(P)方面,人均 GDP 的均值为 47 058.70 元,标准差为 20 878.75,最小值为 19 710 元,最大值为 105 231 元,相差达到 5.34 倍。这表明目前我国不同地区的居民收入差距较大,这也直接反映在生活水平上存在明显的差异。城市化水平方面,平均值为 54.48%,最大值为 89.60%,最小值为 22.75%,标准差为 13.76。这表明我国整体城市人口已经超过农村人口,城市化进程正进入关键发展阶段。然而,需要指出的是城市化发展在不同地区存在显著差异,反映了我国区域发展不协调的问题。森林消长比方面,均值为 0.28,最大值为 1.78,最小值为 0,标准差为 0.48。总体而言,我国森林的消耗水平明显低于森林蓄积量的增加,这为生态文明建设奠定了坚实基础,有助于提高森林覆盖率。但需要关注的是,一些地区的森林消耗水平明显偏高,这对林业生态安全的可持续发展构成不利影响。单位 GDP 能耗方面,均值为 0.79,标准差为 0.43。最大值出现在宁夏,为 2.09,而西藏地区统计数据显示最小值为 0。除西藏外,其他地区的最小值为 0.32(如北京)。这说明不同地区的经济结构和能源效率存在显著差距。对于那些单位 GDP 能耗较高的地区,需要着重进行结构转型和提高能源效率,以促进可持续发展。

在资源环境状态子系统(S)方面,生态林面积占比的均值为 62.86%,标准差为 25.48%,最小值为 14.59%,最大值高达 99.43%。这表明生态林在我国已占据了绝大部分土地,满足了人类社会的生态和社会需求以及主体的可持续发展需求。人均森林面积的均值为 0.34 公顷/人,标准差为 0.83。最大值为 4.75 公顷/人,而最小值为 0。人均森林面积较小的地区包括上海、天津、江苏、山东和北京等,这是因为这些地区由于经济和社会发展的原因,人口密度相对较高,同时林地面积相对较少。这造成了人均森林面积明显偏低,对当地的生态环境建设产生了较大的压力。人均公共绿地面积的均值为 18.35 公顷/万人,标准差为 11.22。最大值为 57.12 公顷/万人,最小值为 7.04 公顷/万人。这反映出我国的城市绿地建设仍然面临城市绿地资源总量不足,各地区之间存在明显差异,分布不均衡的问题。人均草原面积的均值为 134.8 公顷/人,但标准差高达 474.14。单位面积森林蓄积量的均值为 0.03 立方米/公顷，标准差为 0.02。最大值达到 0.09 立方米/公顷，而最小值为 0.01。这说明我国在 2000 年开始实施的退耕还林还草政策取得了显著成效，生态效益得到了较大的提高。湿地面积占比的均值为 8.38%，标准差为 12.09。最大值高达 73.27%，最小值为 0.45%。湿地面积标准差相对较小的主要原因是沿海城市拥有相对较多的湿地面积，对湿地的形成和保护发挥着关键作用。单位面积 CO_2 固定量的均值为 3 245.4 吨/平方千米，标准差为 2 518.79 吨/平方千米。最大值达到 9 551.67 吨/平方千米，而最小值为 114.81 吨/平方千米。在我国国土面积不变的情况下，活立木总蓄积量每年都在增长，这些树木蓄积对整个生态环境起到了积极的作用，有助于应对气候变化。

在人类生态安全响应子系统(R)方面，科研经费投入均值为 1.52%，标准差为 1.11%，最大值高达 5.98%，而最小值仅为 0.25%。这表明我国的科研经费投入呈现出稳定的增长趋势，为我国科技水平的不断提升提供了有力支持。生态环境补水均值为 3.41 亿立方米，标准差为 3.02 亿立方米，最大值高达 16.4 亿立方米，而最小值为 0.1 亿立方米。生态环境补水标准差较大，这主要是由于部分地区的经济和社会发展导致人口密度相对较高，但林地面积相对较少，因此当地对生态环境补水的需求较大。森林灾害防治率平均值为 70.18%，标准差为 20.63%，最大值为 100%，最小值为 15.2%。大部分地区的森林灾害防治率都超过 70%，这表明我国在森林灾害的预防和治理方面取得了显著成效。生活垃圾无害化处理率均值为 88.18%，标准差为 13.66%，最大值为 100%，而最小值仅为 41.7%。其中，经济欠发达地区和中小型城市因垃圾分散、收集运输困难以及处理能力较弱，面临更大的垃圾无害化处理挑战，需要更多的支持和改进。最后，环境保护和生态建设的财政支出占比均值为 2.78%，标准差为 0.83%，最大值为 5.44%，最小值为 1.25%。目前，我国在环境保护和生态建设方面主要依赖财政投入，但为了进一步推动可持续的生态建设发展，需要积极调动更多的投资主体参与，以确保这一关键领域的可持续发展。

6.2 计量模型

6.2.1 Tobit 方法的研究综述

数据包络分析法(DEA)可用于评价不同地区决策单元之间的相对效率,并可根据松弛变量对非 DEA 有效个体的改进建议进行改进。但影响整体效益的因素分析还需要借助多变量分析技术,有效评价外部环境因素对林业产业生态安全效率影响的显著性。为此,本研究采用截断回归方法(Tobit 回归)来进行林业产业生态安全效率的外部影响因素分析。具体而言,以 DEA 分析获得的相对效率值为被解释变量,以外部环境因素为解释变量,开展回归分析。由于 DEA 模型计算所得效率值值域在 0～1 之间,数据处于截断状态,因此不能直接使用普通最小二乘法(OLS),而应该使用 Tobit 回归方法。这种分阶段对决策单元分别进行系统内部效率评价和系统外部影响因素分析(Tobit 回归)的研究方法被称为 DEA-Tobit 两阶段法。

DEA-Tobit 两阶段分析方法已广泛应用于各个领域,如工业和农业生产领域、科学和技术创新领域、教育领域、医药和金融领域等。例如,曾福生(2012)采用数据包络模型计算了中国各地区粮食生产效率,并利用 Tobit 回归模型分析了影响粮食生产的效率的因素,如化肥施用量和有效灌溉面积等。韩晶(2008)运用数据包络模型法对我国主要钢铁企业的生产效率进行了分析,并利用 Tobit 回归分析对投入和产出之外的其他因素进行了分析。郭淡泊(2012)采用 DEA-Tobit 两阶段方法对 39 个国家和地区的创新体系进行了效率评价,并对创新主体、创新支持、创新环境和创新体系等方面的相关因素进行了探讨。梁文艳(2009)通过 DEA-Tobit 模型研究了中国西部农村小学的效率,在计算样本小学的效率之后,从学校类型和班级规模来分析相关因素。陈冰(2013)利用基于面板数据的 DEA-Tobit 模型评价了我国医药上市企业的绩效和影响因素。庞瑞芝(2007)采用 DEA-Tobit 两阶段回归模型对中国上市银行的经营效率进行了评价分析,并对人均成本率和上市年数等相关因素进行了实证检验。

针对 DEA-Tobit 两阶段模型在各领域应用的普遍性和一致性,本研究基于数据包络分析方法,对林业产业生态安全效率进行了测度,同时采用 Tobit 回归分析方法对相关因素进行了分析。

6.2.2 Tobit回归方程的构建

经过前述林业产业生态安全效率的测算，已经得出了林业产业生态安全效率值。为了进一步对林业产业生态安全效率值的影响因素进行分析，本章将以前文计算所得综合效率值TE、纯技术效率值PTE和规模效率值SE作为被解释变量，以表6-1中PSR模型所属的影响因素为解释变量，建立回归方程测定影响效率。由于通过SBM-DEA模型计算所得效率值在0～1之间，数据被截断，不能直接使用普通最小二乘法(OLS)进行回归分析，而应该使用截断回归法Tobit模型。Tobit模型是一种处理截断数据的多变量分析技术，它可以克服OLS方法在估计截断数据时产生的偏差和低效问题。本研究采用最大似然法对Tobit回归方程进行估计。Tobit回归方程的形式见公式(6-1)：

$$Y_{it}=\begin{cases}\alpha_{it}+\beta X_{jt}+\varepsilon, & \alpha+\beta X+\varepsilon>0\\ 0, & \alpha+\beta X+\varepsilon\leqslant 0\end{cases} \tag{6-1}$$

式中，X_{it}为解释变量，表示林业产业生态安全效率的影响因素，即第j个系统外部影响因素第t年的数值；Y_{it}为被解释变量，为第i个地区第t年的林业产业生态安全效率值；β为回归系数；ε为随机干扰项。

为了消除数据的异方差性问题且不改变数据的性质和关系，通过对自变量取自然对数进行处理，然后将相应的Tobit回归方程修改，见公式(6-2)：

$$Y_{it}=\alpha+\beta_1\ln X_1+\beta_2\ln X_2+\cdots\cdots+\beta_n\ln X_n+\varepsilon\quad(n=1,2,\cdots\cdots,16) \tag{6-2}$$

式中，$X_1,X_2,\cdots,X_{16}$分别指代表6-1中所列的解释变量。

对于被解释变量综合效率(TE)、纯技术效率(PTE)和规模效率(SE)，为了检验解释变量分别对这三个效率的影响，本文分别构建了回归模型，见公式(6-3)、(6-4)和(6-5)所示：

$$TE_{it}=\alpha+\beta_1\ln X_1+\beta_2\ln X_2+\cdots\cdots+\beta_n\ln X_n+\varepsilon\quad(n=1,2,\cdots\cdots,16) \tag{6-3}$$

$$PTE_{it}=\alpha+\beta_1\ln X_1+\beta_2\ln X_2+\cdots\cdots+\beta_n\ln X_n+\varepsilon\quad(n=1,2,\cdots\cdots,16) \tag{6-4}$$

$$SE_{it}=\alpha+\beta_1\ln X_1+\beta_2\ln X_2+\cdots\cdots+\beta_n\ln X_n+\varepsilon\quad(n=1,2,\cdots\cdots,16) \tag{6-5}$$

6.3 实证结果分析

6.3.1 影响因素对效率值影响的 Tobit 回归测度结果

通过 DEA-SBM 模型对于综合效率(TE)、纯技术效率(PTE)和规模效率(SE)的分析可以看出,2012 年以来,由于国家对生态文明重视程度的重大提升,部分指标数据统计采用了更加严格的标准,导致整体效率值分析结果产生了较大的波动。因此,在进行 Tobit 回归计算时,被解释变量效率值的取值采用 2012 年到 2014 年间的数据,选用 Stata 软件进行运算,结果如表 6-3 所列。

表 6-3 影响因素分别对被解释变量(TE、PTE 和 SE)进行 Tobit 回归测度结果

影响因素	变量回归结果(TE)	变量回归结果(PTE)	变量回归结果(SE)
城市化水平	1.637***(4.72)	1.060***(2.75)	0.794**(2.24)
森林消长比	0.080***(5.59)	0.089***(5.60)	0.016(1.11)
单位 GDP 能耗	−0.070***(−3.69)	−0.069***(−3.26)	−0.014(−0.71)
生态林面积占比	0.120*(1.80)	0.043(0.58)	0.087(1.28)
人均森林面积	−0.412***(−6.28)	−0.306***(−4.21)	−0.187***(−2.79)
单位面积森林蓄积量	0.093(1.21)	0.123(1.44)	−0.007(−0.08)
人均公共绿地面积	−0.030(−0.57)	−0.004(−0.06)	−0.023(−0.43)
人均草原面积	0.262***(5.03)	0.180***(3.11)	0.140***(2.63)
湿地面积占比	0.015(0.52)	0.011(0.35)	0.005(0.17)
单位面积 CO_2 固定量	0.126*(2.13)	0.071(1.09)	0.080(1.32)
科研经费投入强度	−0.459***(−6.38)	−0.413***(−5.18)	−0.112(−1.53)
生态环境补水	−0.103***(−4.4)	−0.022(−0.86)	−0.100***(−4.18)
森林灾害防治率	0.277***(4.69)	0.062(0.94)	0.231***(3.83)
生活垃圾无害化处理率	−0.306**(−2.00)	−0.301*(−1.77)	−0.219(−1.40)
环保和生态建设财政占比	0.342***(3.99)	0.211**(2.22)	0.140(1.60)
常数项(CONS)	−2.652**(−2.6)	−1.197(−1.06)	−0.225(−0.22)

注:括号中为 t 值,* 表示在 10%的水平上显著;* * 表示在 5%的水平上显著;* * * 表示在 1%的水平上显著。

根据表 6-3 中的回归结果，可以将各影响因素对被解释变量（TE、PTE 和 SE）进行 Tobit 回归测度的结果进行深入分析。

① 综合效率（TE）。回归结果显示，单位 GDP 能耗、人均森林面积、科研经费投入强度、生态环境补水、生活垃圾无害化处理率等因素对其有负向影响，而城市化水平、森林消长比、生态林面积占比、人均草原面积、单位面积 CO_2 固定量、森林灾害防治率、环保和生态建设财政占比等因素对其有正向影响，其中城市化水平、森林消长比、单位 GDP 能耗、人均森林面积、人均草原面积、科研经费投入强度、生态环境补水和森林灾害防治率等因素的影响是显著的，而其他因素的影响则不显著。

② 纯技术效率（PTE）。回归结果显示，科研经费投入强度对其有负向影响，而城市化水平、森林消长比、人均草原面积等因素对其有正向影响，其中城市化水平和人均草原面积的影响是显著的，而其他因素的影响则不显著。

③ 规模效率（SE）。回归结果显示，单位 GDP 能耗、人均森林面积和生态环境补水对其有负向影响，而城市化水平、生态林面积占比、人均草原面积、单位面积 CO_2 固定量和森林灾害防治率等因素对其有正向影响，其中城市化水平、人均森林面积、人均草原面积和生态环境补水等因素的影响是显著的，而其他因素的影响则不显著。

6.3.2 压力子系统（P）对效率值影响的回归结果分析

（1）人均 GDP 对效率值影响的回归结果分析

人均 GDP 对林业产业的生态安全综合效率（TE）、纯技术效率（PTE）和规模效率（SE）都有负向影响，且对综合效率（TE）和规模效率（SE）的影响是显著的，而对纯技术效率（PTE）的影响则不显著。这样的负相关关系揭示了以下几个方面的问题和原因：

① 发展水平低。目前我国林业产业的发展整体处于较低的发展水平，高污染、高排放、高能耗仍然是林业产业发展面临的主要问题。我国经济的发展仍然处于环境库兹涅兹曲线倒 U 曲线的左侧，伴随着人均 GDP 的增长，在环境治理方面仍然面临着严峻的挑战，环境问题以及由此引发的生态安全问题也越来越突出。这说明，需要转变经济发展方式，提高经济增长质量和效益，降低对环境和生态的负面影响。

② 技术水平未提升。GDP 的提升并未有效提升林业产业技术水平，影响系数为负向，但相关性并不显著，说明林业产业的技术水平并未伴随着国民经济的发展有显著提升。这说明，需要加强科技创新和技术推广，提高林业产业的技术水平和应用水平，提升林业产业的纯技术效率（PTE）。

③ 产业结构调整。近年来伴随着经济的发展以及人们对环境要求的提高，我国陆续关停了大量高能耗、高污染、低水平的“两高一低”企业，林业企业，特别是林业造纸企业首当其冲。《中华人民共和国环境保护法》的强力约束以及环保部门不断提升的治污要求，严格限制了部分“两高一低”林业产业的发展，特别是短期内影响显著。林业产业规模的提升长期来看必须依靠林业产业技术水平的提升，特别是林业第二产业原有“两高一低”的特点必须依靠技术水平的提高来减少污染排放，逐渐实现循环经济可持续的发展。这说明，需要优化林业产业结构和布局，提高林业产业规模效率(SE)。

(2) 城市化水平对效率值影响的回归结果分析

城市化水平对林业产业生态安全的三个效率指标——综合效率(TE)、纯技术效率(PTE)和规模效率(SE)均有显著的正向影响。这表明，城市化进程的加速对林业产业的发展具有促进作用，可以激发林业产业的集聚效应，从而提高技术水平和规模效益。具体分析如下：

① 综合效率(TE)。城市化水平对综合效率(TE)的影响系数为1.637，是所有影响因素中最大的一个。这说明，城市化水平是影响林业产业生态安全综合效率(TE)的最主要因素。城市化水平的提高可以为林业产业带来多方面的优势：一是可以扩大林业产业的市场规模和消费需求，推动林业产业的增长和壮大；二是可以提升林业产业的人力资本和技术水平，推动林业产业的创新和转型；三是可以优化林业产业的空间分布和资源配置，推动林业产业的协调和集约。

② 纯技术效率(PTE)。城市化水平对纯技术效率(PTE)的影响系数为1.060，仅次于综合效率(TE)。这说明，城市化水平也是影响林业产业生态安全纯技术效率(PTE)的重要因素之一。城市化水平的提高增加了林业产业的技术投入和研发支出，促进林业产业的技术创新和改进；增加了林业产业的技术交流和合作机会，促进林业产业的技术引进和扩散；另外，城市化水平的提高增加了林业产业的技术人才和专家队伍，促进林业产业的技术培训和应用。

③ 规模效率(SE)。城市化水平对规模效率(SE)的影响系数为0.794，也是一个较大的正数。这说明，城市化水平还是影响林业产业生态安全规模效率(SE)的一个重要因素。城市化水平的提高增加了林业产业的规模经济和集聚效应，促进林业产业的规模扩张和优化；增加了林业产业的规模弹性和灵活性，促进林业产业的规模调整和适应；同时，城市化水平的提高还增加林业产业的规模协同和协作效应，促进林业产业的规模协调和协同。

(3) 森林消长比对效率值影响的回归结果分析

森林消长比对林业产业生态安全的三个效率指标——综合效率(TE)、纯技术效率(PTE)和规模效率(SE)均有显著的正向影响。这表明，我国目前整体的森林消长比处于较低水平，即森林生长量远高于森林消耗量，这对我国的林业产业和林业生态安全建设有利。具体分析如下：

① 综合效率(TE)。森林消长比对综合效率(TE)的影响系数为 0.080,是影响林业产业生态安全综合效率(TE)的一个重要因素。提高森林消长比,一是可以增强森林资源的更新能力和碳汇功能,提升森林资源的生态价值和经济价值;二是可以减缓森林资源的过度开发和浪费,降低森林资源的消耗强度和环境压力;三是可以优化森林资源的结构和质量,提高森林资源的抵御灾害和适应变化的能力。

② 纯技术效率(PTE)。森林消长比对纯技术效率(PTE)的影响系数为 0.089,是影响林业产业生态安全纯技术效率(PTE)的主要因素。提高森林消长比,一是可以促进林木育种技术和森林养护技术的研发和应用,提高林木品种和质量;二是可以促进经济型树种和生态型树种的种植和利用,提高林业产业的附加值和竞争力;三是可以促进循环经济和绿色发展理念在林业产业中的推广和实施,提高资源利用效率和环境保护水平。

③ 规模效率(SE)。森林消长比对规模效率(SE)的影响系数为 0.016,但相关性不显著。这说明,森林消长比与林业产业生态安全规模效率(SE)之间关联性较弱。这与我国不同地区之间森林消长比存在较大差异有关。在我国部分地区仍存在着森林消长比大于 1 的情况,这部分地区要适当加大林木的种植规模,严格控制森林资源的采伐,从而达到森林资源的良性增长,逐步提高到当地的生态效益。而在我国其他地区,森林消长比小于 1 的情况较为普遍,这部分地区要进一步合理利用森林资源,从而达到森林资源的可持续利用,以达到全国生态效益的均衡提高。

(4) 单位 GDP 能耗对效率值影响的回归结果分析

单位 GDP 能耗对林业产业生态安全的三个效率指标——综合效率(TE)、纯技术效率(PTE)和规模效率(SE)都有负向影响,且对综合效率(TE)和纯技术效率(PTE)的影响是显著的。这样的负相关关系说明,单位 GDP 能耗与林业产业生态安全综合效率呈反向变动关系,进一步表明我国当前的单位 GDP 能耗处于一种较高的水平。结合我国经济发展中对资源需求大、资源约束矛盾突出的现状,这样高能耗的资源消耗,显然不利于我国的林业产业和林业生态安全建设。具体分析如下：

① 综合效率(TE)。单位 GDP 能耗对综合效率(TE)的影响系数为－0.070,单位 GDP 能耗是制约林业产业生态安全综合效率(TE)的一个重要因素。降低单位 GDP 能耗一方面可以减少能源消耗和排放,降低环境压力和污染物负荷;另一方面,可以提高能源利用效率和节约性,增加能源供给和安全性;同时,降低单位 GDP 能耗可以促进能源结构和质量的优化,增加清洁能源和可再生能源的比重。

② 纯技术效率(PTE)。单位 GDP 能耗对纯技术效率(PTE)的影响系数为－0.069,是制约林业产业生态安全纯技术效率(PTE)的主要因素。降低单位 GDP 能耗可以促进节能技术和设备的研发和应用,提高技术水平和创新能力;可

以促进节能管理和服务的推广和实施，提高管理水平和服务质量；可以促进节能文化和理念的宣传和培育，增强节能意识和行为。

③ 规模效率(SE)。单位GDP能耗对规模效率(SE)的影响系数为－0.014，但相关性不显著。这说明，单位GDP能耗与林业产业生态安全规模效率(SE)之间关联性较弱。这与我国不同地区之间单位GDP能耗存在较大差异有关。在我国部分地区，单位GDP能耗较高，这部分地区要适当调整林业产业的规模和结构，淘汰高能耗、高污染、低效益的企业，发展低能耗、低污染、高效益的企业。而在我国其他地区，单位GDP能耗较低，这部分地区要适当扩大林业产业的规模和市场，利用节能优势，提高林业产业的竞争力和效益。

6.3.3 状态子系统(S)对效率值影响的回归结果分析

(1) 生态林面积占比对效率值影响的回归结果分析

生态林面积占比对综合效率(TE)的影响系数为0.120，且相关性显著。这表明，随着生态林面积的增加，我国林业产业和林业安全建设得到了促进。提高生态林面积占比可以增强森林资源的生态功能和服务，提升其生态价值和经济价值；同时，可以减缓森林资源的过度开发和浪费，降低资源消耗强度和环境压力；此外，还可以优化森林资源的结构和质量，提高其抵御灾害和适应变化的能力。该计算结果与实际情况相符，说明我国在生态林建设方面取得了显著成效。

生态林面积占比对纯技术效率(PTE)和规模效率(SE)的影响系数分别为0.043和0.087，均为正向，但规模效率的作用大于纯技术效率。这表明，在技术层面上，生态林建设对林业产业，特别是林业第二产业和第三产业的发展有一定促进作用，但作用有限；在规模层面上，生态林建设对林业第一产业的发展有较大促进作用。这反映了我国在生态林建设方面仍存在一定的技术缺口，主要依靠增加森林覆盖面积来提高综合效率。因此，在保证森林面积足够的同时，应加大对生态林建设的科技支持。

(2) 人均森林面积对效率值影响的回归结果分析

一般认为，人均森林面积的增长会促进林业产业生态安全效率的提升。然而，实证分析表明，人均森林面积对综合效率(TE)的影响系数为负(－0.412)，且相关性显著。这表明我国目前的人均森林面积尚未达到能够促进林业产业和生态安全建设的水平。这主要是由于我国森林资源总量不足、质量不高，导致生态问题与可持续发展之间存在矛盾。

人均森林面积指标反映了森林资源的人均丰富程度。对纯技术效率(PTE)的影响系数为－0.306，对规模效率(SE)的影响系数为－0.187，均为负向且相关性显著。纯技术效率的影响系数绝对值明显大于规模效率的影响系数，说明我国人均森林面积较小，制约了生态安全建设，对综合效率的影响不大。从规模角度来看，需要继续加强林业建设，以缓解生态环境压力；从技术角度来看，需要在现有技术水平的基础上，加大技术投入和引进相关人才，以提高技术效益，使人均森林面积这一因素能够对林业产业及生态安全产生积极影响。

(3) 单位面积森林蓄积量对效率值影响的回归结果分析

单位面积森林蓄积量对综合效率(TE)的影响系数为正值(0.093)，表明提高森林蓄积量对林业产业生态安全效率的提升具有积极作用，为我国林业产业的发展和生态安全建设提供了更有利的资源条件。增加森林蓄积量能够促进林业产业的可持续发展，实现经济效益与生态效益的双赢。从纯技术效率(PTE)的影响系数来看，影响系数为正(0.123)，揭示了森林蓄积量提升对林业产业，尤其是林业第二产业的发展具有积极意义，有助于提供更高质量的原材料。随着森林蓄积量的提升，林业产业的技术水平将得到提高，从而推动林业第二产业的蓬勃发展。然而，规模效率(SE)的影响系数为负(−0.007)，这意味着增加森林蓄积量对林业产业的生态安全规模效率产生了负面影响。仅仅增加能源供给并不能满足我国当前粗放型林业产业的发展需求，应更加重视技术水平的提升，以推动整个产业朝着绿色、可持续发展的方向迈进。

从模型计算所得数据的显著性来看，该项指标对三个效率值的影响系数均不显著，表明本研究所提供的数据相关性较弱，反映出我国森林蓄积量水平较低，对林业产业及生态安全发展的支撑力量远未达到充分。因此，需要进一步深入研究并采取相应的政策措施，充分发挥森林蓄积量在促进林业产业生态安全和可持续发展方面的潜力。

(4) 人均公共绿地面积对效率值影响的回归结果分析

人均公共绿地面积对林业产业生态安全的综合效率(TE)、纯技术效率(PTE)和规模效率(SE)的影响系数分别为−0.030、−0.004和−0.023，均为负值，且相关性不显著。这说明，人均公共绿地面积与林业产业生态安全综合效率之间存在负相关关系，但影响程度不大。城市公共绿地面积的人均占有量提升虽然对城市生态系统有利，但对林业产业的发展并无实质性影响。这与城市林业的发展目的和特点有关。城市林业的主要目的是提高城市景观和生态，而非提升林业产业的经济效益和竞争力。城市林业的特点是规模较小、结构复杂、管理困难，因此对林业产业的技术水平和规模效率的提升作用不大。因此，在提高人均公共绿地面积的同时，还需加强对林业产业的技术支持和规模优化，以提高林业产业生态安全综合效率。

(5) 人均草原面积对效率值影响的回归结果分析

人均草原面积对林业产业生态安全的综合效率(TE)、纯技术效率(PTE)和规模效率(SE)的影响系数分别为0.262、0.180和0.140，均为正值，且相关性显著。

这表明，人均草原面积是影响林业产业生态安全综合效率（TE）的重要因素。提高人均草原面积可以增加草原资源的供给能力和安全性，提高草原资源的生态和经济价值；提高草原资源的质量和抵御灾害、适应变化的能力；同时，提高草原资源的稳定性和可持续性，提升其生态服务和社会效益。该计算结果与我国现实情况相符，说明退耕还林还草工程的开展为林业产业的发展奠定了良好基础。

人均草原面积对纯技术效率（PTE）和规模效率（SE）的影响系数虽然均为正向，但纯技术效率的作用大于规模效率。这表明人均草原面积对林业产业，特别是对林业第二产业和第三产业的发展有较大促进作用；而在规模层面上，对林业第一产业的发展有一定促进作用，但作用相对较小。这反映了我国在退耕还林还草工程方面仍存在一定的规模缺口，主要依靠提高草原质量来提升综合效率。因此，在提高人均草原面积的同时，应加强对退耕还林还草工程的规模支持，扩大林地和草地的覆盖范围和数量，使草原带来的生态效益最大化。

(6) 湿地面积占比对效率值影响的回归结果分析

湿地面积占比对林业产业生态安全的三个效率指标——综合效率（TE）、纯技术效率（PTE）和规模效率（SE）均有正向影响，但相关性不显著。这表明，湿地面积占比与林业产业生态安全综合效率之间存在正相关关系，但影响程度有限。具体而言，湿地面积占比对综合效率（TE）的影响系数为 0.015，表明提高湿地面积占比可以增强湿地资源的生态功能和服务，提升其生态和社会价值；增强湿地资源的保护和恢复能力，提高其抵御灾害和适应变化的能力；同时，提升湿地资源的稳定性和可持续性，增加其生态和环境效益。

湿地面积占比对纯技术效率（PTE）和规模效率（SE）的影响系数分别为 0.011 和 0.005，均为正向，但对纯技术效率的作用大于规模效率。这说明，在技术层面上，湿地面积占比对林业产业特别是第二产业和第三产业的发展有较大促进作用；而在规模层面上，湿地面积占比对第一产业的发展有一定促进作用，但作用不大。这反映了我国在湿地保护方面存在一定的规模缺口，主要依靠提高湿地质量来提升综合效率。因此，在提高湿地面积占比的同时，应加强对湿地保护的规模支持，扩大湿地资源的覆盖范围和数量，以最大化湿地带来的生态效益。

(7) 单位面积 CO_2 固定量对效率值影响的回归结果分析

单位面积 CO_2 固定量对林业产业生态安全的综合效率（TE）、纯技术效率（PTE）和规模效率（SE）的影响系数分别为 0.126、0.071 和 0.080，均为正值，且相关性显著。这表明，随着活立木蓄积量的增加，CO_2 固定量也在不断增加，对生态环境有较大作用，从而促进生态安全建设。单位面积 CO_2 固定量可以增加森林资源的碳汇功能和环境功能，提高其生态和社会价值；提升森林资源的质量和价值，提高其经济价值和竞争力；同时，增加森林资源的稳定性和可持续性，提高其抵御灾害和适应变化的能力。

虽然单位面积 CO_2 固定量对纯技术效率（PTE）和规模效率（SE）的影响系数均为正向，但对规模效率的作用大于纯技术效率。这说明，在技术层面上，单位面积 CO_2 固定量对林业产业特别是第二产业和第三产业的发展有一定促进作用，但作用相对较小；在规模层面上，单位面积 CO_2 固定量对第一产业的发展有较大促进作用。这反映了我国在单位面积 CO_2 固定量方面仍有潜力未被充分挖掘，主要依靠增加活立木蓄积量来提高综合效率。因此，在保证活立木蓄积量充足的同时，应加大对单位面积 CO_2 固定量的技术支持。

6.3.4 响应子系统(R)对效率值影响的回归结果分析

(1) 科研经费投入强度对效率值影响的回归结果分析

科研经费投入强度是衡量林业产业科技创新能力和技术水平的重要指标。一般认为，科研经费的投入会促进林业产业生态安全效率的提升。然而，从回归结果可以看出，目前我国科研经费投入强度对林业产业结构生态安全综合效率（TE）的影响系数为负（−0.459），且相关性显著。这表明，当前我国科研经费的投入未能满足林业产业生态安全综合效率提升的需要，存在科研经费浪费、低效或与林业产业发展需求不匹配等问题。

此外，科研经费投入强度对纯技术效率（PTE）的影响系数也为负（−0.413），且相关性显著。这说明当前林业产业技术水平的提升未能满足林业生态安全建设的需要，在一定程度上阻碍了林业生态安全的发展。这与我国林业产业技术创新能力不强、技术转化率低、技术应用范围窄等因素有关。因此，后续需要进一步提升林业产业的科技含量和技术水平，使现代林业朝着循环经济和生态安全的方向发展。

科研经费投入强度对规模效率（SE）的影响系数为负（−0.112），但相关性不显著。这表明科研经费投入强度对当前我国林业产业的规模而言是不足的，林业产业的发展仍基于规模的粗放型增长，而非高新技术导向。这与我国林业产业结构不合理、资源利用不充分、产品附加值低等因素有关。长远来看，这对林业产业的发展及生态安全水平的提升是不利的。因此，需要优化林业产业结构，提高资源利用效率，增加产品附加值，实现规模效益和技术效益的双重提升。

(2) 生态环境补水对效率值影响的回归结果分析

生态环境补水是指为了维持生态系统的正常运行和功能，向生态系统补充的水量。生态环境补水是保障林业产业生态安全的重要措施，一般认为生态环境补水会提高林业产业生态安全效率。然而，从回归结果可以看出，目前我国生态环境补水对林业产业结构生态安全综合效率（TE）的影响系数为负（−0.103），且相关性显著。这表明，生态环境补水量与林业产业生态安全综合效率呈反向变动关系，即生态环境补水量越大，林业产业生态安全综合效率越低。这说明水资源的过度开发利用使得人类对生态环境的干扰程度超过了生态环境承载力，出现了严重的生态环境问题，如水土流失、干旱、污染等。这些问题不仅影响了林业产业的生产效率，也损害了林业产业的生态效益。

此外，生态环境补水对纯技术效率(PTE)的影响系数为负(−0.022)，但相关性不显著。这表明生态环境补水与林业产业生态安全的纯技术效率之间关联性较弱。这与我国林业产业在节水技术、水资源管理技术、水资源保护技术等方面还有较大的提升空间有关。需要加强林业产业相关技术的研发和应用，提高林业产业对水资源的利用效率和保护能力，减少对生态环境补水的依赖。

生态环境补水对规模效率(SE)的影响系数为负(−0.100)，且相关性显著。这表明生态环境补水与林业产业生态安全的规模效率之间呈反向变动关系，即生态环境补水量越大，林业产业规模效率越低。这说明当前我国林业产业规模与可用水资源之间存在不匹配问题，导致了规模收益递减或规模收益负增长。因此，需要合理安排生态用水规模，让水资源发挥更大的生态环境功能。

(3) 森林灾害防治率对效率值影响的回归结果分析

森林灾害防治率是指在一定时期内，对森林灾害进行防治的面积占受灾面积的比例。森林灾害防治率是反映林业产业生态安全防范能力和应对能力的重要指标，一般认为森林灾害防治率会提高林业产业生态安全效率。从回归结果可以看出，目前我国森林灾害防治率对林业产业结构生态安全综合效率(TE)的影响系数为正(0.277)，且相关性显著。这表明森林灾害防治率与林业产业生态安全综合效率呈正向变动关系，即森林灾害防治率越高，林业产业生态安全综合效率越高。经济投入的比重和对森林灾害防治的重视程度都会对林业产业生态安全综合效率的提升起到促进作用。

此外，森林灾害防治率对规模效率(SE)的影响系数也为正(0.231)，且相关性显著。这表明森林灾害防治率与林业产业生态安全的规模效率呈正向变动关系，即森林灾害防治率越高，林业产业规模效率越高。主要木材产区对森林灾害的重视程度较高，应对森林灾害措施比较健全，规模效益显著。

森林灾害防治率对纯技术效率(PTE)的影响系数为正(0.062)，但相关性不显著。这表明森林灾害防治率与林业产业生态安全效率的纯技术效率之间关联较弱。这与我国林业产业在森林灾害预警技术、森林灾害监测技术、森林灾害评估技术等方面还有较大的提升空间有关。因此，需要加强林业产业相关技术的研发和应用，提高林业产业对森林灾害的预防和应对能力，提升纯技术效益。

(4) 生活垃圾无害化处理率对效率值影响的回归结果分析

生活垃圾无害化处理率是指在一定时期内，对生活垃圾进行无害化处理的量占总量的比例。作为反映林业产业环境保护水平和社会责任感的重要指标，一般认为生活垃圾无害化处理率会提高林业产业生态安全效率。然而，从回归结果可以看出，目前我国生活垃圾无害化处理率对林业产业生态安全综合效率（TE）的影响系数为负（−0.306），且相关性显著。这表明，生活垃圾无害化处理率与林业产业生态安全综合效率呈反向变动关系，即生活垃圾无害化处理率越低，林业产业生态安全综合效率越低。这反映出我国生活垃圾无害化处理情况不容乐观，不利于生态安全水平的提升，存在技术落后、设施不完善、管理不规范等问题。

此外，生活垃圾无害化处理率对纯技术效率（PTE）的影响系数也为负（−0.301），且相关性显著。这表明生活垃圾无害化处理率与林业产业生态安全的纯技术效率呈反向变动关系，即生活垃圾无害化处理率越低，林业产业的纯技术效率越低。当前，生活垃圾无害化处理率未能达到促进林业生态安全提升的要求，与国外发达国家相比，生活垃圾无害化处理技术仍需进一步提升，存在技术创新能力不强、技术转化和应用不广泛、技术监督和评估不完善等问题。

生活垃圾无害化处理率对规模效率（SE）的影响系数为负（−0.219），但相关性不显著。这表明生活垃圾无害化处理率与林业产业生态安全效率的规模效率之间相关性较弱，即生活垃圾无害化处理率与林业产业规模之间没有明显关联。这与我国林业产业规模结构不合理、资源利用不充分、产品附加值低等因素有关，存在规模收益递减或规模收益负增长等问题。

(5) 环境保护和生态建设的财政支出占比对效率值影响的回归结果分析

环境保护和生态建设的财政支出占比是指在一定时期内，政府对环境保护和生态建设的财政支出占总支出的比例。作为反映政府对林业产业生态安全重视程度和投入力度的重要指标，一般认为提高环境保护和生态建设的财政支出占比会提高林业产业生态安全效率。从回归结果看出，目前我国环境保护和生态建设的财政支出占比对林业产业结构生态安全综合效率（TE）的影响系数为正（0.342），且相关性显著。这表明，环境保护和生态建设的财政支出占比与林业产业生态安全综合效率呈正向变动关系，即环境保护和生态建设的财政支出占比越高，林业产业生态安全综合效率越高。现阶段，我国政府对林业产业生态安全的重视程度较高，财政投入力度较大，对林业产业生态安全效率的提升起到了积极作用。

环境保护和生态建设的财政支出占比对纯技术效率（PTE）的影响系数也为正（0.211），且相关性显著。这表明环境保护和生态建设的财政支出与林业产业生态安全的纯技术效率呈正向变动关系，即环境保护和生态建设的财政支出占比越高，林业产业的纯技术效率越高。纯技术效率的提升离不开财政支出的支持，如何更有效地利用财政来促进技术水平的提高，是未来需要关注的问题。需要加强财政资金的监督和评估，优化财政资金的分配和使用，提高财政资金使用效率。

环境保护和生态建设的财政支出占比对规模效率(SE)的影响系数为正(0.140),但相关性不显著。这表明环境保护和生态建设的财政支出占比与林业产业生态安全的规模效率之间相关性较弱,即环境保护和生态建设的财政支出占比与林业产业规模之间没有明显关联。这与我国林业产业规模结构不合理、资源利用不充分、产品附加值低等因素有关。需要优化林业产业规模结构,提高资源利用效率,增加产品附加值,实现规模效益。

7

林业产业生态安全协调发展的多层对策体系构建

7.1　多层对策体系的框架结构与机理分析

7.1.1　多层对策体系的框架结构

本章从林业生态建设和林业产业发展中暴露的问题出发，构建了涵盖目标驱动、影响要素和参与主体的多层对策体系(图 7-1)，将目标、影响因素和对策措施等有机结合，形成一个完整的逻辑框架(吴远征等，2016)。该框架从系统思维的角度进行构建，反映了林业生态安全与林业产业协调发展的复杂性和动态性。

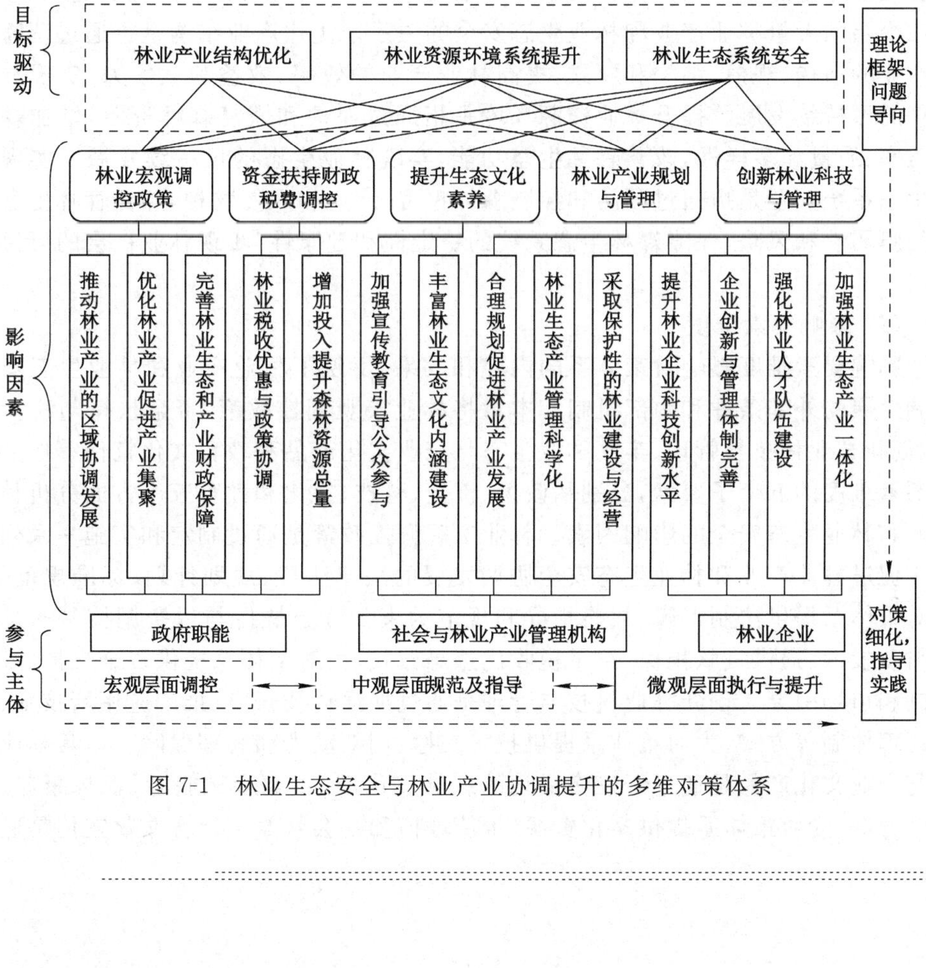

图 7-1　林业生态安全与林业产业协调提升的多维对策体系

首先，明确林业生态安全与林业产业协调发展的目标，即实现林业产业结构优化、林业资源环境系统提升，并最终实现林业生态系统安全。这个目标从国家战略和社会需求的角度出发，符合可持续发展的理念。其次，分析影响林业生态安全与林业产业协调发展的因素，包括政策、资金、文化、规划、管理和科技等方面。这些因素从宏观、中观和微观三个层面进行梳理，涵盖了不同主体的角色和职责。最后，根据影响因素，提出相应的对策措施，既要考虑各因素之间的内在联系和协同作用，又要注重各因素的重要性和优先级。这些对策措施从目标驱动的角度进行设计，旨在解决存在的问题和挑战，促进林业生态安全与林业产业协调发展。

7.1.2 多层对策体系的运行分析

(1) 动因驱动维度

动因驱动维度指导对策体系的目标和方向，反映了林业产业和林业生态安全协调发展的内在需求和外部期望。本章将优化林业产业结构、提升林业资源环境和实现林业生态系统安全作为动因驱动维度的三个子目标，分别从经济、生态和社会三个层面考量林业产业和林业生态安全的关系。优化产业结构是指通过调整林业产业的布局、规模、结构和模式，提高林业产业的效率、效益和竞争力，实现林业经济的可持续发展。提升林业资源环境是指通过保护和恢复森林资源，增加森林覆盖率、质量和多样性，改善森林生态功能，实现林业生态的可持续发展。实现林业生态系统安全是指通过预防和控制森林灾害、疾病和入侵物种，降低森林生态系统的脆弱性和风险，保障森林生态系统的稳定性和健康性，实现林业社会的可持续发展。

(2) 影响要素维度

影响要素维度影响对策体系的内容和效果，反映了林业产业和林业生态安全协调发展的外部条件和内部机制。本章将林业宏观调控政策、资金扶持与税费调控、创新林业科技与管理、丰富林业生态与产业文化产品和教育文化宣传等作为影响要素维度的五个子要素，分别从政策、资金、科技、文化和教育五个方面分析林业产业和林业生态安全的影响因素。林业宏观调控政策是通过制定和实施一系列有利于促进林业产业和林业生态安全协调发展的法律法规、规划计划、标准规范等，为对策体系提供法制保障、战略指导和规范约束。资金扶持与税费调控是通过增加财政投入、提供贷款担保、给予税收优惠等方式，为对策体系提供资金支持、激励机制和市场引导。创新林业科技与管理是通过加强科技研发、推广应用新技术、完善管理体制等方式，为对策体系提供技术支撑、创新动力和管理保障。丰富林业生态与产业文化产品是通过开发多样化的森林文化产品，如森林旅游、森林康养、森林教育等，为对策体系提供文化资源、价值增值和社会效益。教育文化宣传是通过加强林业生态文化的教育培训、宣传推广、公众参与等方式，为对策体系提供文化氛围、意识提升和行为引导。

(3) 参与主体维度

参与主体维度是实施对策体系的主体和途径，反映了林业产业和林业生态安全协调发展的责任分担和合作机制。本章将政府、林业产业管理机构、林业企业和民众作为参与主体维度的四个子主体，分别从宏观、中观和微观三个层面分析林业产业和林业生态安全的参与主体。政府是在国家层面负责制定和执行林业宏观调控政策、资金扶持与税费调控等对策的行政机关，是对策体系的领导者和推动者。林业产业管理机构是在行业层面负责制定和执行林业产业规划与管理、丰富林业生态与产业文化产品等对策的专业机构，是对策体系的协调者和服务者。林业企业是在市场层面负责创新和应用林业科技与管理、优化林业产业结构等对策的经营主体，是对策体系的执行者和受益者。民众是在社会层面负责参与和支持教育文化宣传、提升林业资源环境等对策的利益相关者，是对策体系的监督者和享受者。

本章立足于多维动态创新模型的理论框架，从优化林业产业、提升林业生态安全的动力维度出发，站在政府宏观调控层面、林业产业发展及微观参与主体的角度，对影响二者协调发展的影响因素进行全面分析，以期为林业产业的优化调整和林业生态安全水平的提升提供系统化、多层次、有针对性的对策体系。

7.2 林业产业生态安全协调发展的宏观层面对策

7.2.1 推动林业产业的区域协调发展

林业产业区域的协调发展是指在不同地域之间实现林业产业的合理分布、有效衔接和互利共赢。这是一个动态过程，需要区域间产业合作的有效融合，通过比较优势实现林业产业的区域协调发展，并进一步提高林业产业效率。具体措施如下。

（1）加快推进跨地区林业产业转移

随着国内外经济环境的不断变化以及劳动力和土地等价格的急剧上涨，林业产业从传统的东部发达省份向市场广阔、原料丰富的中西部地区转移，进一步提升了资源配置效率，同时也促进了不同区域的协调发展。为了加快推进跨地区林业产业转移，需要采取以下措施：首先，制定和实施跨地区林业产业转移规划，明确转移方向、范围、步骤和目标，统筹考虑各地区的资源禀赋、市场需求、政策支持等因素，形成合理的转移路径和模式。其次，加强跨地区林业产业转移的政策支持，包括给予转出地区适当的补偿和扶持，给予转入地区优惠的税收和财政政策，简化转移过程中的行政审批和监管手续，提供转移资金和技术支持等。再次，建立跨地区林业产业转移的协作机制，包括建立信息交流和共享平台，促进转出地区和转入地区之间的技术、人才、资本等要素的流动和对接，建立利益协调和风险分担机制，解决转移过程中出现的利益冲突和风险问题等。最后，通过引进东部地区先进的技术和经验，资本将投入真正有效的项目，最终形成不同省份之间产业结构的优化协调。随着中西部地区企业投资环境和基础设施建设的不断改善，林业生态与产业转型升级加速，促进了东西部地区产业结构的优化。

（2）因地制宜确定地区林业发展战略

我国地域辽阔，各区域林业发展的自然资源和社会环境不同，因此必须根据区域实际情况确定林业产业发展目标和森林资源培育措施，既要保障生态安全，又要考虑地区经济社会的发展。为了因地制宜，根据区域特点确定林业发展战略，需要采取多种措施。如对各区域进行林业产业和林业生态安全的综合评价，分析各区域的优势、劣势、机遇和挑战，确定各区域的林业发展定位和目标，制定相应的林业发展规划和政策。对于重点生态建设区域，本身的林业资源并不丰富，要控制对森林的采伐等经营性活动。若本地区林业制造业较为发达，林业产业发展的战略选择应集中在自身的专业优势上，充分利用资源的外部优势和自身的加工制造能力来提高产业竞争力，通过提高林业制造业的利润率来提升本地区的林业竞争力。当然，如果本地区林业制造业不发达，就要与周边地区紧密合作，做到优势互补，在林业发展过程中争取实现共赢。对于生态安全区域，这些地区在林业资源和传统林业工业方面具有明显优势，根据自身优势，在林业产业相关政策和发展机遇下，将劣势条件最大限度地转换为自身发展的优势。例如，发展以森林资源为基础的多元化产业，如森林旅游、森林康养、森林碳汇等，增加森林资源的附加值和社会效益；发展以森林工程为核心的高附加值产业，如木材深加工、生物质能源、木质化学品等，提高森林工程的技术含量和市场竞争力；发展以森林生态为导向的绿色产业，如有机农产品、药用植物、食用菌等，满足消费者对绿色健康产品的需求。总之，在林业产业发展中，不同地区应根据自身实际情况充分发挥林业产业特色，体现其作为经济发展基础条件的作用。

7.2.2 优化林业产业结构促进林业产业集聚

产业集聚是指在一定的地理空间内，相同或相关的产业通过竞争和合作，形成规模效应、专业化分工和创新协同等优势，提高产业的效率和竞争力。产业集聚作为经济全球化背景下优化经济增长方式、充分发挥资源再分配的有效途径，将产业发展所需的技术、资源、市场等要素有效聚集，解决了集聚产业的共同需求，实现不同要素之间的有效衔接，有效降低了要素流动和二次配置的成本。目前，一些极具特色的林业产业集群已在中国林业产业的若干省份形成，尤其是在林业加工领域，如人造板产业集群和竹产业集群。整体来看，这些集群区域主要分布在经济发达省份，对经济环境的依赖性较高。林业产业集群的成长既需要各地区根据自身特点选取适当的集群成长模式，又要按照集群生态系统结构要素制定有利于推进所选模式实施的配套对策。具体措施如下。

(1) 制定促进林业产业集聚提升的整体规划

促进林业产业集聚水平的提升、加快林区经济发展，必须制定促进林业产业集聚提升的整体规划。产业集聚整体规划的制定应基于可持续发展理念，立足于提升集聚区域企业的经济效益和产业竞争力。为了制定促进林业产业集聚提升的整体规划，需要对各地区进行林业资源和市场的调查和评估，分析各地区的资源禀赋、市场需求、政策支持等因素，确定各地区适合发展的林业产业类型和方向，形成合理的区域分工和协作。进一步，根据各地区森林资源特色和现有产业基础，大力推动区域名牌产品战略，因地制宜，发挥区域优势，实现区域品牌的影响力，促进区域内林业产业集聚企业的生产标准化程度提升、规模效益凸显、产业链延伸，实现产业整体增值。同时，还要利于实现产业集聚服务体系，如政府部门、林业行业协会、专业金融服务机构、专业人员培训机构等的产业支撑体系的集聚。通过建立信息交流和共享平台，促进各地区之间的技术、人才、资本等要素的流动和对接；通过建立利益协调和风险分担机制，解决各地区之间出现的利益冲突和风险问题；通过建立评价和监督机制，保证各地区之间的质量标准和环境要求的一致性和可持续性。

（2）充分发挥林业龙头企业的主导作用

林业产业集群作为一个复杂的生态环境体系，其成长的动力主要来自龙头企业的带动作用。龙头企业作为林木基地和消费市场的中间环节，起到把握市场发展脉络和辐射示范的巨大作用，是林业产业集聚程度不断提升的根本。林业龙头企业的发展和壮大可以推动林业产业集聚程度更快提升，促进附属企业的可持续发展。为了充分发挥林业龙头企业的主导作用，应以提高林业产业集群的市场竞争力为宗旨，引导企业走联合发展之路，推进企业做大做强，加快培育林业龙头企业，增强其对区域内产业发展的辐射带动作用。对具有一定规模的林产品龙头企业加大政策引导和扶持力度，在政策制定上给予一定的税收优惠或政策鼓励，引导企业向精深加工方向发展，提高产品的科技含量和市场竞争力，促使龙头企业的辐射带动力得到最大程度发挥。同时，促进龙头企业与中小企业之间的合作与协调，形成产业集群内部的分工合作和互利共赢。龙头企业应调整产品结构，做大做强主导产业，分离配套产品和加工辅料产业，中小企业要积极配合，搞好配套改进，加强产业关联，形成集群产业的规模效益，实现产业链的逐步延伸，构建更具竞争力的产业集群。此外，还可以引入多元化的龙头企业，形成集群区域内部强势企业之间的竞争与合作，防止由于部分企业垄断市场导致的竞争失效，不断强化规模效应，使产业集聚优势不断增强。通过吸引外来资本、技术、人才等要素进入集群区域，增加集群区域内部的创新活力和活跃度；通过鼓励本地优秀企业向外扩张、开拓新市场、建立新基地等方式，增加集群区域外部的影响力和扩张性。

（3）打造林业产业集群区域品牌

与单一企业品牌相比，“区域品牌”更具形象性和直接性，是众多企业品牌精髓的集中和提炼，具有更广泛、更持久的品牌效应。实施区域品牌战略有助于增强产业集群的外部影响力，实现产业集聚及竞争力水平的提升。集群区域品牌作为在特定区域内可以共享的无形资产，给相关企业带来了更好的效益预期，使得集群区域内的企业之间的分工合作不断强化、创新水平不断提升，能够获得更多的市场认可度。为此，要从企业技术创新、管理创新、形式创新等方面不断提升。首先，建立集群区域品牌的认证和保护机制，通过制定和实施一系列有利于提高集群区域品牌的质量标准、知识产权保护、市场监管等政策和措施，为集群区域品牌提供法律保障、信誉保障和市场保障。其次，加强集群区域品牌的宣传和推广，通过利用各种媒体和渠道，如网络、电视、报刊、展会等，向国内外消费者展示和介绍集群区域品牌的特色、优势和价值，增加集群区域品牌的知名度和美誉度。最后，促进集群区域品牌的创新和升级，通过鼓励和支持集群区域内的企业进行产品设计、技术改造、市场开拓等方面的创新活动，不断提高集群区域品牌的附加值和核心竞争力。

7.2.3 完善林业生态和林业产业财政保障

通过合理的税收政策和其他相应的政策协调，能够调节林业产业发展，保护林业生态安全。具体措施如下。

(1) 加大森林资源建设的资金投入

由于林业建设的生态属性和正外部性特点，其资金投入大部分来源于财政投入，特别是林业重点工程建设每年都会投入大量建设资金。但未涵盖在重点工程内的林区林木资源抚育及可持续发展建设同样需要大量资金投入，才能实现整体森林资源的生态平衡(贺超等，2014)。为了加大森林资源建设的资金投入，需要进一步缩小林业重点工程区域和一般林区的补贴差异，建立造林、抚育等的普惠补贴政策。对于森林蓄积量低、林分质量差的地区，应进一步加大林业建设资金投入，增加森林培育面积，实现国家森林资源平衡发展的目标。逐步建立起新型林业金融体系，作为林业建设资金的有效补充。政府应积极构建适应新时期林业产业发展需求的金融体系，拓宽林业产业融资渠道，通过金融资本投资引领社会投资转向林业相关产业，以满足日益完善的林业市场经济环境，建立现代林业产业集群发展的金融保障体系，促进林业产业发展实现良性循环。同时，建立多元化的森林资源保护和利用机制，如森林生态补偿、森林碳汇交易、森林保险等，为森林资源提供多层次、多渠道、多形式的资金支持，激励各方参与森林资源建设和保护。

(2) 建立财税扶持政策

充分认识林业产业作为生态主体的重要性和产业发展的基础薄弱特点，加大国家对林业产业的政策扶持力度，通过降低税率、调整税费，提高林业企业的效益，使其能有更多的资源和动力提升规模与技术。具体措施如下：首先，对从事造林、抚育、防火等生态公益性活动的个人或单位给予免征农业税、所得税、增值税等优惠政策；对从事木材深加工、生物质能源、木质化学品等高附加值产业的企业给予适当的税收减免或退还政策；对从事森林旅游、森林康养、森林教育等多元化产业的企业给予一定的税收优惠或政策鼓励，促进林业产业的多样化和绿色化发展。其次，对林业产业的税费进行规范和简化，取消或减少一些不合理或重复的税费项目，降低林业企业的负担，提高林业企业的效率。采取“一清、二转、三改、四留”的措施(刘国成和徐怡红，2001)，即清理各种名目繁多的收费项目，转移一些非税收入到税收体系中，改革一些不合理的税收制度，留存一些有利于林业产业发展的税收优惠政策。最后，建立健全林业产业的税收激励机制，通过对林业产业进行差别化的税收政策，鼓励林业企业加大技术创新、产品升级、市场拓展等方面的投入，提高林业产业的附加值和竞争力。例如，对从事森林认证、森林碳汇、森林保险等有利于提高森林生态价值的企业给予更多的税收优惠或补贴；对从事木材深加工、生物质能源、木质化学品等有利于提高森林经济价值的企业给予更多的税收减免或退还。

(3) 加快生态环境治理的政策支持

通过加快制定和完善有关促进林业生态环境建设和土地开发利用的标准体系，促进林业生态环境建设。通过出台扶持政策，如免征农业税、所得税、增值税等，提升退耕还林还草政策的执行效果。由政府统筹规划生态效益补偿机制，解决经营者的后顾之忧。东部发达地区的经验表明，产业快速发展离不开国家优惠政策和财政资金的大力支持(李波，2007)。林业产业转型升级同样需要国家政策的大力扶持，在利用好现有优惠政策，如天然林保护工程和西部大开发政策等的同时，积极根据区域特点和优势争取新政策、引进新项目，促进生态环境治理。具体措施如下：首先，建立科学合理的林地使用制度，规范和控制林地开发利用活动，防止过度开垦、滥伐滥牧等破坏森林生态环境的行为。制定和实施严格的林地保护法律法规，加强对违法违规行为的监督和惩罚，维护森林资源和土地权益。其次，加强森林资源和生态环境监测评估体系建设，建立健全森林资源调查统计、森林健康监测、森林火灾预警、森林碳汇核算等技术支撑平台，及时掌握森林资源和生态环境变化情况，为科学制定和调整相关政策提供依据。再次，实施森林生态效益补偿机制，通过财政转移支付、市场化交易、社会捐赠等多种方式，对从事森林生态保护和建设的个人或单位给予适当的经济补偿，激励各方参与森林生态环境建设和保护。最后，建立健全森林生态效益评价和分配机制，按照“谁保护、谁受益、谁补偿”的原则，合理确定补偿标准和方式，保证补偿的公平性和有效性。

(4) 优化国际贸易及投资政策

进一步制定和完善有关促进林产品贸易发展的法律法规体系，如制定林产品出口技术标准，规定林产品应使用的管理方法，规定林产品特性或相关生产工艺等，增强绿色贸易壁垒谈判能力，使林区的林产品能够通过国外的技术性贸易壁垒；建立健全森林认证体系，使林产品能够被国际承认和接受；加强林产品贸易的管理，遵守贸易规则，重视国际社会有关环境问题的关注，尽量减少贸易摩擦，并与交易方营造双赢局面，使林业产业尽快与国际接轨。同时，应通过各种优惠政策吸引外资投入，通过对林业产业提供低税率、长期低息、贴息信贷的经济扶持，为吸引外商投资提供一个良好的软硬件环境，重视对外商投资的设备保护和投资环境的改善等。具体措施包括：首先，加强对国际市场的调查和分析，及时掌握国际市场需求变化和竞争态势，制定符合国际市场需求和规则的林产品出口战略和政策，提高林产品出口的质量和效益。其次，加强对国际贸易规则和绿色贸易壁垒的研究和应对，积极参与国际贸易组织和多边贸易谈判，维护我国在国际贸易中的合法权益，争取更多的市场准入和优惠待遇。再次，加强对森林认证体系的建设和推广，提高我国森林认证的覆盖率和水平，增加我国林产品在国际市场上的信誉和竞争力。同时，加强对森林认证标准和程序的监督和评估，保证森林认证的公正性和有效性。最后，加强对外商投资的引导和服务，通过优化投资环境、简化审批流程、提供政策支持等方式，吸引外商投资我国林业产业。与此同时，加强对外商投资的监管和协调，防止外商投资对我国森林资源和生态环境造成不利影响。

7.3 林业产业生态安全协调发展的产业层面对策

7.3.1 合理规划，促进林业产业结构调整

林业产业结构合理化的过程就是从结构不合理调整到合理的过程，这是一个动态的过程，体现在林业技术水平的提升、集约化程度的提高和附加值与深加工程度的提升。林业产业结构的优化和调整，核心是培育和选择主导产业，加速衰退产业的退出和转型。鉴于中国林业产业的发展现状，林业产业结构调整和优化的方向首先是加强林业一次产业的基础地位，提高林业二次产业的科技水平，加快林业第三产业的快速发展。具体措施有如下几个方面。

(1) 挖掘林业第一产业发展的潜力

在林业第一产业发展中，应充分挖掘当地林地生产潜力，加快用材林资源培育，促进第一产业发展。坚持以市场需求为导向，选择适合当地发展的林产品；充分发挥比较优势，实现比较优势最大化；大力发展特色林产品，包括经济林、林药、花卉等。这些特色林产品不仅能够满足市场需求，还能够提高林农收入，促进农村经济发展。充分发展商品林经济，从长远来看，结合木材供应短缺的现状，应该积极发展大径用材林、速生丰产林、珍贵树种和工业原料林，通过科技创新，缩短生产周期，逐步缓解木材供需结构性矛盾。同时，也要注意保护和恢复天然林资源，实施森林可持续经营。同时，充分利用林下土地资源，发展林药、森林畜牧业、林草和家禽等，应该充分利用资源共享的概念，积极发展立体复合经营种养业。这样既能够提高土地利用效率，又能够提高生态效益和经济效益。

(2) 利用现代科技发展林业第二产业

要实现林业第二产业的优质发展，必须依靠科技进步，实施科技创新，应用高新技术成果，延伸产业链，提高产品科技含量，增加附加值。如果传统林业第二产业集中在物理加工和利用木材的技术，下一步应该以化学加工利用树木的技术为主导方向。在发展林业第二产业时，要充分依靠先进的科技和机器设备，加快木材加工业的发展，立足于木材加工和精深加工。具体措施包括：

其一，引进和消化国外先进技术和设备。提高木材加工质量和效率，降低木材加工成本和能耗，提高木材利用率和附加值。同时，开发新型的木材加工产品，如

木塑复合材料、木质活性炭、木质纳米材料等，拓展木材加工的应用领域和市场空间。

其二，以化学加工利用树木的技术为主导方向。扩大和提高木材纤维、木质化学品和生物质能源的产量和质量。通过生物技术、化学技术和物理技术的综合应用，提高木材纤维的品质和功能，开发高性能的纤维素纤维、纳米纤维素、纤维素酯等新型纤维产品。通过改善木质化学品的生产工艺和设备，提高木质化学品的附加值和环境友好性，开发高附加值的木质化学品，如香料、药物、染料等。通过利用生物质能源技术，提高生物质能源的转化效率和利用效率，开发清洁的生物质能源，如乙醇、甲醇、沼气等。

其三，加强名牌产品和龙头企业培育。形成区域化的规模集聚效益，促进"龙头企业＋中小企业＋林产基地＋林农"的产业发展模式的快速发展。通过建立品牌战略，提高林业第二产业的知名度和美誉度，增强市场竞争力。通过培育龙头企业，带动中小企业的发展，形成产业集群，实现规模经济。通过建立稳定的林产基地和林农合作关系，保证原料供应和质量控制，实现产业链协同。

(3) 发展以森林生态旅游为主导的林业第三产业

以森林旅游为核心的第三产业是林业产业新的经济增长点。发展森林旅游，要注重以人为本，充分体现回归自然的性质，注重生态旅游的特点，努力把握"森林"的特色。同时，整合资源体系，打破各地区城市、县、乡的行政界线，建立和加强自然保护区和国有林场、森林公园的科学建设和管理，以点带面，形成一个区域网络。根据林业自身特点，制定发展旅游市场的具体措施，形成区域性专业旅游服务集团的优势。此外，要加强各旅游点的基础设施建设，积极开发具有鲜明森林特色的旅游产品，促进自然景观与人文景观的合理结合，不断吸引更多游客，促进经济发展。还应积极开发多种森林经营形式，包括合理开发林地、动植物、特种林产品、地下矿产资源、水等自然资源，推进产业化进程。具体措施包括：

其一，建立科学合理的森林旅游规划体系。根据不同地区的自然条件、资源特点、市场需求和发展潜力，制定合理的森林旅游开发目标、规模、布局、模式和措施，形成统一的森林旅游规划体系，指导森林旅游的有序发展。

其二，建立完善的森林旅游管理体制。明确各级政府、林业部门、旅游部门、林场和社区等各方的职责和权利，建立有效的沟通协调机制，实现森林旅游的多方参与和共同管理。同时，加强对森林旅游的监督和评估，建立健全森林旅游的质量标准、安全规范、环境保护等法律法规，保证森林旅游的质量和安全。

其三，建立健全的森林旅游服务体系，提高森林旅游的服务水平和满意度。通过加强对森林旅游人员的培训和考核，提高其专业素养和服务技能，提供优质的导游、住宿、餐饮、娱乐等服务。通过建设完善的交通、通信、医疗等基础设施，提高森林旅游的便利性和舒适性。通过建设优美的景观、文化、休闲等设施，提高森林旅游的吸引力和趣味性。

其四，建立合理的森林旅游收益分配机制，实现森林旅游的公平性和可持续性。通过制定和实施合理的门票制度、收费标准、税收政策等，合理确定森林旅游的收益来源和分配方式，保证各方的合理收益。同时，通过建立有效的生态补偿机制、社会保障机制、社区参与机制等，保护当地居民的利益和权益，促进当地社会经济发展。

(4) 控制木材资源型生态产业的发展规模

木材资源型生态产业是指以木材加工及竹、藤、棕、苇制品制造业，木、竹、藤家具制造，木、竹、苇造纸和纸制品等为代表的产业。这类产业虽然能够创造经济效益，但也会消耗大量的木材资源，对森林生态环境造成一定的影响。因此，要实现林业生态和林业产业的协调发展，应该转变工业发展方式，实现资源型产业的集约化、规模化经营。同时，也要优化和调整木材资源的生态演替，保证森林资源的可持续利用。具体措施包括：

其一，解决木材来源和增加木材的问题。应提高木材利用企业的进口力度，引进国外优质的木材资源，满足国内市场的需求，减少对国内森林资源的压力。同时，也要开展技术创新，提高木材利用率和附加值，减少木材资源的浪费，提高林产品的竞争力。此外，还要加强国内森林资源的培育和保护，提高森林蓄积量和质量，扩大用材林面积和种类，提高森林资源的供给能力。

其二，进一步扩大木材资源和生态连续性行业市场。在这个过程中，市场机制将摒弃落后产业在木材资源的生态演替中的发展模式，并产生更多的发展新机遇，从而为木材资源型生态产业的可持续发展提供新动力。具体而言，就是要通过市场竞争和政策引导，淘汰一些低效、高耗、高污染的木材加工企业和产品，促进一些高效、节能、环保的木材加工企业和产品的发展。同时，也要拓展木材加工产品的应用领域和市场空间，开发一些新型、高附加值、低碳环保的木材加工产品，如木塑复合材料、木质活性炭、木质纳米材料等。

其三，建立健全木材资源型生态产业的监管和评价体系。通过制定和实施一系列有利于保护森林生态环境和促进木材资源型生态产业发展的法律法规和政策措施，为该产业提供法律保障、政策支持和市场导向。同时，通过建立健全森林资源调查统计、森林健康监测、森林碳汇核算等技术支撑平台，及时掌握森林资源和生态环境变化情况，为科学制定和调整相关政策提供依据。此外，还要建立健全木材资源型生态产业的评价和监督机制，通过对该产业的经济效益、社会效益和生态效益进行综合评价，对该产业的发展规模、结构和方式进行合理控制和调节，保证该产业的健康发展。

(5) 优先发展非木材资源型产业

根据林业生态安全与林业产业协调发展的需要，在发展林业经济的过程中，应解决优势资源的效益最大化问题。由于非木材资源的生产具有木材消费较少的优势，非木材资源型产业是林业生态安全与林业产业协调发展过程中应大力扶持的重点产业。非木材资源型产业主要包括经济林、林药、花卉、森林食品、森林旅游等产业。应大力发展非木材资源型产业，提高辐射能力，促进规模化生产，增强加工企业的技术含量，降低资源、能源和水的消耗，促进非木材资源向高技术含量、高附加值、高资源利用率的方向发展，推动林木加工产业的升级。同时，非木材林产品加工业的发展必须与林业第一产业紧密相连，形成区域特色产业，充分发挥资源优势，延长产业链，促进当地经济的发展，提高人民的生活水平。具体措施包括：

其一，以市场需求为导向，选择适合当地发展的非木材林产品，充分发挥比较优势，实现比较优势最大化，大力发展特色非木材林产品。这些特色非木材林产品不仅能够满足市场需求，还能够提高林农收入，促进农村经济发展。例如，可以根据不同地区的气候条件和土壤特点，发展适合当地的经济林、林药、花卉等；可以根据不同地区的文化传统和消费习惯，发展具有地方特色的森林食品、森林手工艺品等。

其二，利用现代科技发展非木材资源型产业，提高非木材资源的利用效率和附加值。通过引进和消化国外先进技术和设备，提高非木材资源的加工质量和效率，降低非木材资源的加工成本和能耗，提高非木材资源利用率和附加值。同时，也要开发新型的非木材资源加工产品，如生物质能源、植物提取物、植物纤维等，拓展非木材资源加工的应用领域和市场空间。

其三，加强名牌产品和龙头企业培育，形成区域化的规模集聚效益，促进"龙头企业+中小企业+基地+农户"的产业发展模式的快速发展。通过建立品牌战略，提高非木材资源型产业的知名度和美誉度，增强市场竞争力。通过培育龙头企业，带动中小企业的发展，形成产业集群，实现规模经济。通过建立稳定的基地和农户合作关系，保证原料供应和质量控制，实现产业链协同发展。

7.3.2 林业生态产业管理科学化

林业生态安全与林业产业的协调发展长期受制度性、体制性的影响，要发展林业产业和建设林业生态文明离不开宏观层面的机制保障，必须规范林业产业发展的组织管理，走出一条可持续的发展之路。具体措施有如下几个方面。

(1) 深化集体林权制度改革

我国集体林权制度改革已经全面启动，并取得了显著成效，在促进森林资源培育和林业产业发展方面初见成效。然而，集体林权制度改革是一项重大的系统工程，需要较长时间来完善和实施。目前还存在一些问题，如林地流转和资金投入问题，只有妥善解决这些问题，才能减少对林权改革效益的不利影响。为了巩固和深化集体林权制度改革，应坚持因地制宜、逐步推进的原则，根据不同地区的自然条件、资源特点、社会经济状况和群众意愿，制定合理的改革方案和步骤，避免一刀切和急于求成。坚持效率与公平相结合的原则，充分尊重和保护林农的合法权益，让林农共享改革成果，激发林农的积极性和主动性。同时，也要考虑到社会公平和生态安全的要求，防止出现资源过度开发和生态破坏的现象。坚持政府主导、群众参与、多方协作的原则，充分发挥政府在改革中的引导、推动、监督和服务作用，为改革提供必要的政策支持、资金保障、技术指导和法律保障。同时，也要充分调动林农、企业、社会组织等各方面的积极性和创造性，形成改革的合力。

(2) 制定林业产业发展的行业层面规划

合理的林业产业总体规划对林业生态安全建设和林业产业发展具有重要的指导作用。各级政府和林业管理机构、林业行业组织要加强产业政策的支撑作用，结合各地区的资源优势，明确产业发展规划，指导林业企业有序发展。同时，在制定林业产业发展行业或区域规划时，必须具有前瞻性、针对性和可操作性。具体措施包括：首先，根据国家战略规划和国际市场需求，确定林业产业发展的总体目标、方向和重点领域。以提高森林覆盖率、森林质量、森林功能和森林效益为核心，以促进森林资源可持续利用为基础，以满足人民群众日益增长的生态文明建设需要为导向，以发展林业生态产业为主线，以提升林业产业的科技水平、附加值和竞争力为重点，制定符合国情和地域特点的林业产业发展规划。其次，根据不同地区的资源禀赋、市场需求和发展潜力，确定林业产业发展的区域布局、产业结构和发展模式。充分发挥各地区的比较优势，形成区域特色和优势互补的产业格局。合理调整林业产业的内部结构，优化林业一、二、三次产业的比例和关系，提高林业产业的综合效益。创新林业产业的发展模式，探索适合不同地区的经营管理方式，如合作社、公司、基地等。同时，根据林业产业发展的实际情况和存在的问题，确定林业产业发展的重点任务、措施和保障条件。突出抓好林业生态建设、林产品加工、森林旅游等重点领域，加快推进林业科技创新、人才培养、品牌建设等重点环节，解决好林地流转、资金投入、市场开拓等重点问题。最后，加强对林业产业发展规划的实施和监督，及时调整和完善规划内容，保证规划的科学性和有效性。

(3) 建立合理的资金引进管理机制

林业产业具有生产周期长、投资回收期长、投资风险大等特点。这些特点决定了林业产业的发展需要长期稳定的资本投入，否则林业的可持续发展将无法得到保证。根据林业生态安全的发展目标和林业产业的协调发展，合理引入管理机制是林业生态安全建设和林业产业升级的根本保证。建立合理的资金管理机制，应该采取以下措施：第一，增加政府对林业生态建设和产业发展的财政投入，为林业提供必要条件和保证。政府应该在财政预算中安排专项资金，支持森林资源培育、森林生态修复、森林防火防灾等公益性项目，提高森林生态效益。同时，也要支持木材资源型和非木材资源型产业的发展,提高森林经济效益。政府还应该通过税收优惠、贷款贴息、补贴奖励等方式,鼓励社会资本投入到林业生态建设和产业发展中来。第二,拓宽引资渠道,吸引大量社会资本参与到林业生态建设和产业发展中来。通过改善投资环境,完善法律法规,保护投资者的合法权益,增强投资者的信心和积极性。通过创新投资方式,推广股份制、合作制、承包制等多种形式,实现多元化投资主体和利益主体。通过加强项目策划和宣传推介,打造一批有市场前景和社会效益的优质项目,吸引国内外投资者参与。第三,加强资金的使用监督和评价,提高资金的使用效率和效益。通过建立健全资金的申请、审批、拨付、使用、核算、监督等制度,规范资金的管理流程,防止资金的挪用、浪费和滥用。通过建立健全资金的绩效评价和考核机制,对资金的使用情况进行定期检查和评估,对资金的使用效果进行定量和定性分析,对资金的使用问题进行及时发现和纠正,对资金的使用绩效进行奖惩和激励。

(4) 发挥林业行业协会的自律、自治和管理作用

林业行业协会是一个取得法人资格的非营利社团组织,该组织为了促进全体成员的共同利益,参与处理林产品流通、促进林业产业科学研究和技术推广,为林业企业、林农、政府相关部门提供了一个中间平台。特别是随着中国林业产业发展的逐渐国际化,在处理国际林产品贸易争端、加强国际生态环境交流与合作等方面,林业行业协会发挥着越来越重要的作用。然而,目前我国不同地区的林业行业协会组织普遍存在质量参差不齐,不能很好地参与生产实践、代表性不强、经验不足、处理国内国际争端能力弱的状况。因此,林业行业协会应积极改善工作,发挥其在林业生态安全建设和林业产业协调发展中应有的作用。具体措施包括:第一,加强自身建设,提高组织能力和服务水平。通过加强对成员单位的招募和管理,扩大组织规模和覆盖范围,增加组织代表性和影响力。通过加强对干部和职工的培训和考核,提高其专业素养和工作能力,增强其为成员单位服务的意识和能力。通过加强对内部制度和规范的建立和执行,提高组织运行的效率和规范性,增强组织内部的凝聚力和向心力。第二,加强行业自律,维护行业秩序和利益。通过制定和实施行业标准、规范、准则等,规范行业行为,提高行业质量,保障行业安全。通过建立和完善行业信用体系、监督检查体系、惩戒制度等,监督行业经营,打击违法违规行为,维护公平竞争。通过建立和完善行业协商机制、仲裁机制、调解机制等,协调行业关系,化解行业矛盾,保护合法权益。第三,加强技术创新,推动行业进步和发展。通过加强对科研机构、高校、企业等技术创新主体的联系和协作,促进技术创新资源的整合和共享,提高技术创新能力和水平。通过加强对技术创新项目的申报、评审、扶持、推广等工作,促进技术创新成果的转化和应用,提高技术创新效益和影响力。通过加强对技术创新人才的培养、引进、激励等工作,促进技术创新人才的成长和发展,提高技术创新人才的数量和质量。第四,加强对外交流与合

作，提升行业国际地位和影响力。通过加强对国际林业组织、国际林业协会、国外林业机构等的联系和沟通，了解国际林业动态和趋势，参与国际林业事务和活动，提升国际林业话语权和影响力。通过加强对国外林业市场、林产品贸易、林业投资等的调研和分析，掌握国外林业机遇和挑战，拓展国外林业合作空间和渠道，提升国外林业竞争力和合作力。通过加强对国外林业技术、管理、经验等的引进和学习，借鉴国外林业先进理念和做法，提高国内林业水平和质量。

7.3.3 采取保护性的林业建设与经营

现阶段，环境问题日益突出，公众对环保的关注程度越来越高，森林的环境功能和生态效益的作用也越来越受到重视。生态环境建设的战略重要性和中国林业生态安全的战略地位凸显，采取保护性的林业建设与经营促进林业生态安全建设进入了崭新的阶段。

森林资源是林业产业发展的物质基础，是林产品加工业、林业旅游与休闲服务业、非木材资源开发与利用业发展的重要资源支撑。应采取保护性的建设与经营，积极培育和合理利用森林资源，建立与林业主导产业相匹配的用材林基地，通过合理布局、建立集约化经营资源基地，是林业产业高效发展的基础。同时，也可以依托森林资源开发利用森林景观资源，进一步建立多资源利用培育基地。具体措施包括以下几个方面。

(1) 做好林业资源保护中的选种育种工作

树种和苗木作为森林资源培育的物质基础，对造林成功与否和林木质量的提升起到基础性作用(彭方仁等，2005)。因此，树种的选择和开发、培育优良的种苗应作为森林资源培育的重点。各地区要根据自身林木资源基础条件，积极调整人工造林的树种结构、扩大树种选择范围，加强树种选育，以改变造林树种结构单一的局面。围绕定向、丰产、优质、高效的目标培育满足加工业需求的、集约化的人工林。确保采用良种育苗造林，加强林木生产基地建设，采用新技术提高种苗质量，采用现代化手段实现种苗繁育开发、供应和监管体系，采用全过程的质量控制体系提高人工林造林质量。

(2) 进一步提高森林资源的科学经营水平

首先，通过调整木材采伐比例，逐步减少主伐比重，加强林木资源经营管理，提升现有森林资源质量，特别是对珍贵树种限量采伐，扩大抚育主要林业树种来补充主伐的数量(王洪军和宫芳，2004)。其次，加大森林生态资源的培育。重点发展林木的培养和种植、经济林产品的种植和采集两个方面，即通过经济林产品的种植与采集带动林木的培养和种植，从而实现巩固该区域森林资源培育产业发展的政策目的。最后，加快对中幼林的抚育和低产低效林的改造。加大对幼中龄林的抚育管理力度，实施复层林定向培育技术，针对不同的森林状况制定不同的抚育措施，超前更新质量较差的幼中龄林，调整树种结构改造低产低效林，逐步提升低产低效林的产量和质量，以提升现有森林资源的林木质量。

(3) 强化林木资源监管与保护

一方面，加强生态监管和区域环境预警，提高环境执法水平。通过政府规划和严格执法，严格控制直至取缔高能耗、高污染、低效率产业发展，提升区域环境质量。另一方面，开展生态功能保护区建设。林业各部门之间协调合作，创新生态功能保护区管理体制与机制，探索有效保护途径，建立生态功能保护区建设管理的长效机制。确立生态功能保护区物种资源保护的重点领域和优先项目，建立生态功能保护区建设的管理制度、政策法规体系和质量控制标准。

7.3.4 丰富林业生态文化，提升公众参与度

发展林业生态文化产业，首先要通过社会治理机制创新，实现资源节约型、环境友好型和人口均衡型的生态社会，保障产业发展、提升民生质量、统筹城乡均衡发展，建立资源节约、生态友好的产业政策体系，完善生态环境考评体系，加快淘汰落后产能、保障生态补偿、污染治理和资源节约机制，促进林业生态文化产业的顶层制度设计。其次，建设富有地方特色的林业生态文化内涵与发展体系。依托各地独特的自然景观和丰富的文化资源，丰富林业区域文化软实力内涵。同时，各地通过政策倾斜和多元化的林业文化产业投入机制，依托市场鼓励多元主体积极参与，促进各地区林业生态文化的快速发展。第三，充分利用风景名胜区、自然保护区和森林公园等的森林环境资源优势发展森林生态旅游产业。同时，关注各个旅游景区的生态承载能力，在旅游热点时段合理引导分流游客，倡导“绿色旅游”，使旅游业发展实现可持续快速增长。第四，加强林业生态文化宣传教育，普及林业生态文化知识，提高全民参与生态文化建设的积极性。引导社会大众树立正确的价值观和消费观，珍惜自然资源，促进林业生态文化、林业产业发展和林业资源提升的可持续协调发展状态。

在发展林业生态文化建设的同时，注重人与自然的和谐共处，不断改进和完善生态文明建设中的各项法律法规，综合采用经济、法律、行政手段，切实激发各林区生态环境建设的积极性。同时，还应考虑到自然、人和社会的进步与经济增长、物质生产、思想道德及精神需求之间的平衡关系，紧抓“四个文明”建设，促进社会经济向着更好更快的方向发展。具体措施包括以下几个方面。

(1) 营造生态保护和生态恢复的个体意识和执政意识

树立大局意识和长远意识，避免资源环境破坏型的粗放型增长。通过加强宣传教育和示范引导，提高公众对于生态环境保护和恢复的认识和责任感，培养公众

对于绿色消费和低碳生活方式的习惯和偏好。通过加强政府部门之间和上下级之间的沟通协调,形成统一的生态保护和恢复的目标和措施,消除政策的不一致性和执行的滞后性。通过加强生态环境保护和恢复的考核和激励,建立与经济社会发展相协调的生态文明评价体系,实现生态效益和经济效益的双赢。

(2) 经济发展应以当地森林资源的承载力为基础

坚决禁止过度开发、破坏环境的做法,真正实现人与自然的和谐共生。通过科学评估当地森林资源的数量、质量、功能和价值,确定合理的开发利用强度和方式,避免对森林资源造成不可逆转的损失。通过优化产业结构和布局,发展低耗能、低污染、高附加值的林业生态文化产业,提高资源利用效率和环境容量。通过加强生态补偿和环境修复,对于因开发利用而造成的森林资源损失和环境破坏,采取相应的补偿措施和修复措施,恢复森林资源的生态功能和价值。

(3) 将资源消耗、环境损失和环境效益纳入政府经济发展水平考核体系

实现国民经济绿色核算与政府各项考核相结合,促进人与自然平衡关系的建立。通过建立健全资源消耗、环境损失和环境效益的统计监测和评价体系,反映国民经济发展的真实成本和收益,是国家和民族全面发展的客观基础。通过建立健全资源消耗、环境损失和环境效益的考核激励和约束机制,调整国民经济发展的目标和方式,是国家和民族协调发展的有效手段。

(4) 强调公众对生态环境建设的监督权

充分调动公民生态环境保护的积极性,增强公民生态环境保护的意识。让每个公民都能够充分意识到生态环境是大家的,要形成国家利益、公共利益和个体利益的聚合点,依靠国家、单位和个人的共同努力实现良好生态和良性经济发展的目标。通过建立健全公众参与生态环境保护的渠道和方式,如公开信息、征求意见、举报投诉等,让公众有机会、有权利、有能力参与生态环境保护的决策、实施和监督。通过建立健全公众参与生态环境保护的奖惩机制,如表彰奖励、扶持补贴、责令整改、处罚罚款等,让公众有动力、有责任、有义务参与生态环境保护的行动。

7.4 林业产业生态安全协调发展的微观层面对策

7.4.1 提升林业企业的科技创新水平

林业产业水平的提升关键在于林业科技手段的革新,为此需要科技投入的不断增加和管理体制的不断完善。林业企业需加强清洁生产技术的研究,如清洁能源开发、末端废弃物回收利用、生产过程污水及废气治理技术等,以提升林业产业的环境治理水平,满足林业生态安全建设的要求和国家环境保护法律法规的需要。同时,林业企业内部管理过程中应实施生态审核制度,将生态环境管理纳入企业日常生产过程,实现林业生产过程的监督评价。通过企业不断地技术创新和管理创新提升企业林产品的质量和档次,降低生产成本和环境污染,最终提升林产品在国内外市场的综合竞争力。林业科技水平的提升需要林业企业的投入,也需要政府支持、金融创新、信贷支持等手段的整合。具体措施包括:

(1) 增加政府对林业企业科技创新的资金扶持力度

通过采取金融创新和优惠补贴等形式为企业科技创新提供资金支持,提升企业科技创新动力。政府应该在财政预算中安排专项资金,支持林业企业开展清洁生产技术、节能减排技术、循环经济技术等方面的研发和推广,提高林业产业的环境效益。同时,政府还应该通过税收优惠、贷款贴息、奖励补贴等方式,鼓励林业企业开展新产品、新工艺、新模式等方面的研发和推广,提高林业产业的经济效益。

(2) 筛选出一批企业规模较大、管理完善、生产技术先进、产品销售前景好、辐射带动能力强的企业

由政府提供信贷支持,进一步扩大生产规模,实现龙头企业对林业建设的带动作用。政府应该根据各地区的资源禀赋和市场需求,确定优势产业和重点项目,重点支持具有核心竞争力和市场潜力的龙头企业,为其提供优先审批、优先放款、优先担保等信贷服务,降低其融资成本和风险,促进其规模化、集约化、品牌化发展。同时,政府还应该引导龙头企业与其他中小型企业、合作社、农户等形成利益联结机制,实现上下游协作和共赢发展。

(3) 为企业打造科技创新的软、硬件平台

通过建设知识共享平台、提供原创技术支持来改进科研综合服务水平。硬件

上，实现大型科研仪器设备、科学数据、图书文献资源等的共享，构建科技信息网络和产业生态创新网络。政府应该加强对林业科研机构、高校、企业等技术创新主体的支持和协调，建立科技资源共享机制和平台，为林业企业提供便捷的科技信息查询、数据分析、仪器设备使用等服务，降低林业企业的科技创新成本和难度。软件上，建设生态高新技术成果转化平台，重视科技信息、先进工艺和高新技术资源的科技成果转化，突破技术创新的共享“瓶颈”，加快技术创新效率。政府应该加强对林业科研成果的保护和推广，建立科技成果转化机制和平台，为林业企业提供专利申请、技术转让、项目合作等服务，促进林业企业的技术升级和产品创新。

7.4.2 强化林业企业的人才队伍建设

人才队伍建设是林业企业发展的关键任务，只有树立“人才资源是第一资源”的观念，同时注重用人机制改革、人才激励机制改革和实现人才的持续教育提升，才能不断适应林业生态与林业产业协调发展的需要。具体措施如下：

(1) 制度上重视人才队伍建设

各级林业部门、林业企业要把林业人才队伍建设作为战略重点来抓，把人才队伍建设作为我国林业产业发展的第一要务，进一步完善林业人才的引进机制、使用机制、人才评价机制等，实现人才资源的高效利用和优化配置。

(2) 创新人才激励机制

建立健全多元化的薪酬激励机制，包括以绩效工资为核心的薪酬分配激励机制、市场化的产权激励机制、文化的精神激励机制和多样化的科研扶持机制。通过这些激励机制，让林业人才感受到自身价值的体现和社会认可，激发其创新创造的动力和热情。

(3) 完善人才培养与继续教育体系

对林业人才，特别是对林业基层专业技术人才，要不断进行知识更新，加强继续教育保障和政策支持力度，探索多元化的人才继续教育模式。通过定期组织培训、交流、考察等活动，提高林业基层专业技术人才的理论水平和实践能力，增强其适应市场变化和技术进步的能力。

作为林业企业，在具体实践中，应该努力做到以下几点：

(1) 人才选聘与岗位配置相匹配

注重人才专业技能与健全人格的全面发展。根据企业发展战略和生产经营需要，科学合理地确定岗位职责和任职条件，公开公平公正地进行人才招聘和选拔，使每个岗位都能配备合适的人才。

(2) 关注人才的道德修养和职业素质

培养具有社会责任感和环境意识的优秀林业人才。同时，高度重视激励制度的设计和建设。通过激励制度为员工营造积极进取的制度环境，不仅包含工资、奖金和福利的提升，更包含适合社会发展的长效制度措施。如设立专项奖金、股权分红、技术成果奖励等，激励员工提高工作效率和质量，增加企业收益和竞争力；完善职称晋升、学历提升、技能培训通道等，激励员工提高自身素质和能力，增加个人发展和就业机会。

（3）针对性地进行专业科技知识教育和相应的技能培训

作为林业生产主体和核心要素，劳动者的综合素质，包括体质、知识、技能、品德等，直接影响林业企业生产效益的提升和产业结构的转变。林业企业应通过不断地专业知识教育和技能培训提高劳动者的综合素质。如组织员工学习林业相关的法律法规、政策规定、行业标准等，增强其法制意识和规范意识；组织员工学习林业相关的新技术、新工艺、新产品等，增强其创新意识和实践意识。

（4）完善科技人才管理制度，形成有效的人才激励机制

林业企业应制定具体的吸引和培养人才的配套政策及措施，形成"高素质—高效率—高收入"的人才结构。如建立科技人才库，定期对科技人才进行评估和分类，为其提供相应的岗位安排和职业规划。如建立科技人才梯队，根据科技人才的年龄、资历、水平等，为其提供相应的培养计划和发展空间；建立科技人才激励机制，根据科技人才的贡献、成果、影响等，为其提供相应的奖励措施和荣誉表彰。

7.4.3　加快林业生态与产业一体化发展

在对全国的林木资源及林业企业进行摸底调研的基础上，加快编制林业生态与产业一体化发展规划。通过发展规划宏观引导，最终实现原料林种植、林木采伐、加工利用、林产品流通、林业生态环境保护的协调发展等，实现林业产业发展与林业生态安全建设的协调发展。要实现林业生态与产业的一体化发展，需要从政府主导、林业龙头企业带动和林木资源保障等方面采取综合措施，做好政府、企业、农户之间的衔接与协调。具体措施如下：

（1）发挥政府在林业生态产业一体化中的主导作用

首先，在林权制度改革的背景下明晰林地产权，实施分类经营，解除对商品林发展的约束，放活采伐政策保障原料林采伐指标，赋予林业企业及林农根据市场需求自主调整林木采伐的权力。其次，实施林业企业税费改革，给予林业企业优惠的税费政策，利于林业企业的初期培育和快速发展。再次，不断完善政府服务体系建设和服务意识提升，对林业企业进行全方位的管理扶持。最后，安排用于原料林基地建设的专项启动资金，帮助营林企业积极争取国家预算内林业项目贴息贷款。

（2）实施规模化发展战略，扶持和壮大龙头企业，增强市场竞争力

针对我国林业企业规模相对较小、实力弱的现状，有选择地筛选出一批规模效

益良好、生产技术先进、产品市场预期良好、企业管理相对完善的林业企业，给予信贷、资金、技术扶持，同时鼓励企业进行技术改进、生产流程更新、提升治污水平，实行“大企业＋中小企业＋加工户”的联合形式，形成“梯度”加工经营“联合体”，用优势龙头企业“打头”，对外主打一种产品、一个品牌，实行“一体化”经营，实现林业企业市场竞争力的提升。

（3）建设原料林基地，保障林业产业生态的可持续发展

原料林基地建设是林业产业发展的关键，为林业产业发展提供强有力的资源支撑。采用积极的财政、金融政策，积极进行原料林基地建设，加大森林资源培育，加快森林认证进程，促进林木采伐后的及时更新，为原料林基地建设和林木培育技术更新提供资金扶持，为林业产业和林业生态的可持续发展提供稳固的森林资源支撑，真正实现产业提升、企业增产、林农增收。

8

结论与展望

8.1 主要结论

8.1.1 生态安全效率的静态分析结论

本研究从林业产业生态的共生关系出发，依据协同发展理论的核心思想，在充分考虑 FES-FI 复合系统投入指标与产出指标存在的松弛改进问题的基础上，利用基于松弛变量的数据包络分析模型 DEA-SBM 模型定量测度林业产业生态安全效率。在查阅现有文献的基础上，依据数据包络模型指标的选取原则，最终确定林业产业经济效益、林业产业高级化指数、营林投资占比和林业环境污染治理投资等投入指标和森林空气质量提升贡献率、林产工业单位 GDP 废水排放量等产出指标，对 2005—2014 年我国 31 个省级行政区的林业产业生态安全效率进行了静态角度的分析，得出以下结论：

① 我国林业产业发展整体水平偏低，特别是技术效率值较差，林业产业的发展过程中前期更多地依赖于规模的扩张。但近年来仅有少部分地区能够实现规模收益不变（达到 DEA 有效）或规模效率递增，大部分地区则处于规模收益递减状态，依赖规模扩张的林业产业发展已经不能满足林业生态安全水平提升的需要。提升林业产业技术效率、控制林业产业粗放型发展的规模是实现林业产业生态安全效率提升的关键。

② 从截面空间特性来看，东部地区的 SBM 综合效率值大部分年份明显高于中西部地区，且东、中、西部技术效率和规模效率存在明显趋同的特点。在前期纯技术水平差异明显的情况下，规模效率趋同，说明中、西部地区早期林业产业粗放型增长趋势明显，不利于林业产业的可持续发展以及林业生态安全水平的提升。通过聚类分析的结果，我国 31 个省级行政区被划归为效率安全区、技术效率主导的效率双高区、规模效率主导的低水平发展区和分解效率双低区，不同归属的地区提升林业产业生态安全效率应采取不同的策略。

8.1.2 生态安全效率的动态分析结论

基于 Malmquist 指数及分解计算公式，从效率变化、技术效率和技术进步三方面分析了林业产业对林业生态安全提升效率的时序演进过程、省域层面和东、中、西三大地区之间的比较，研究了效率值的动态变化及区域差异，主要结论如下：

① 从时间序列来看，林业产业生态安全效率 Malmquist 指数呈现 W 型走势，波动较大，林业生态安全与林业产业的协调与可持续发展面临较大压力。技术效率大部分年份处于效率改善状态，但技术进步指数偏低，林业产业技术进步较为缓慢，不利于林业产业的可持续发展。由此导致林业产业在国民经济增长方面的贡献率长期处于偏低状态，不利于林业生态安全的提升。要实现林业产业生态的协调发展，单靠技术效率的提升已经远远不能解决生产中遇到的问题，技术进步的推动成为制约我国林业生态与林业产业协调发展的关键因素。

② 从区域发展的角度来看，林业产业生态安全效率的差异系数整体较高，东部地区的技术进步优势相对明显，各地区林业产业生态安全效率公平性较低，体现了地区间发展的不均衡。2010 年以来，中西部地区 Malmquist 指数提升明显，中西部地区在产业结构调整过程中逐步发挥了林业产业的后发优势，林业产业提升和林业生态安全协调发展的趋势逐渐显现。

8.1.3 生态安全效率的影响因素分析结论

借助 PSR 模型，从复合系统所处的外部环境对林业产业-林业生态安全复合系统所产生的经济发展的压力(P)、资源环境的质量与状态(S)和人类面对环境问题所采取的改进措施(R)等角度出发，选取影响因素进行回归分析发现，PSR 模型中林业产业-生态发展压力子系统(P)、资源环境状态子系统(S)和人类生态安全响应子系统(R)均包含了显著性相关的影响因素。

① 压力子系统(P)中，城市化发展及森林消长比与林业产业生态安全效率呈现正相关。城市化的发展促进了产业集聚，利于产业规模的扩张和技术水平的提升。同时，我国近年来森林消长比整体处于较低水平，森林覆盖率和森林蓄积量持续增加。但人均 GDP 和单位 GDP 能耗与林业产业生态安全效率呈现负相关。我国经济发展处于环境库兹涅兹曲线倒 U 曲线左侧，经济的发展中单位 GDP 能耗处于较高水平，不利于生态安全水平的提升。

② 状态子系统(S)中，生态林面积占比、单位面积森林蓄积、人均草原面积、湿地面积占比和单位面积 CO_2 固定量等指标与林业产业生态安全效率呈现正相关。近年来，随着国家环保力度和生态文明意识的增强，环境基础条件整体在向着生态安全提升的方向发展。但由于我国人口基数大，人均森林面积和人均公共绿地面积等指标处于较低水平，与林业产业生态安全效率呈负相关，对生态安全的发展造成了较大的压力。

③ 响应子系统(R)中，环境保护和生态建设的财政支出占比和森林灾害防治

率等指标与林业产业生态安全效率呈现正相关，说明我国以政府为主导的环境保护政策取得了较好的效果。但环保财政支出主要对纯技术效率产生影响且相关性显著，森林灾害防治率主要是规模效率相关且相关性显著。两者对林业产业生态安全效率在不同的角度产生正向影响。但从科研经费投入强度和生活垃圾无害化处理角度来看，两者与林业产业生态安全效率呈现负相关，投入强度和技术提升能力与林业产业生态安全效率之间的差异较大，无法满足快速增长的生态安全的需要。从生态环境补水角度来看，水资源的过度开发利用使得人类对生态环境的干扰程度超过了生态环境承载力，出现了严重的生态环境问题。

在内外部静态和动态全面分析的基础上，提出了提升林业生态安全效率的多层次对策体系。该体系从政府宏观调控、产业中观规范、企业微观参与提升的角度对影响因素进行系统分析，以期实现林业产业系统和林业生态系统之间的协调发展。

8.2 创新之处

本研究的创新之处有以下几点。

其一，提出了林业产业生态安全效率的概念，抓住了林业产业生态安全关联的关键点，解决了原有研究将两者独立分析的不足。

已有研究对林业产业生态安全之间的关联分析普遍将两者作为独立的个体来研究两者之间的关联，本研究在通过对两者内涵进行分析的基础上提出了林业产业生态安全效率的概念，抓住林业产业对林业生态安全影响的关键点。从林业产业-林业生态安全复合系统的投入和产出角度对林业产业对林业生态安全的提升效率进行分析，目的是通过对林业产业及其三次产业的变动对林业生态安全的影响进行定量分析，为优化林业产业投入和提升生态安全水平提供理论依据。考虑到时间和区域等变动因素，对林业产业生态安全效率的测量从静态和动态两个角度进行了全面测度分析。

其二，从系统投入和产出的角度出发对林业产业的生态安全综合效率值、规模效率值和技术效率值进行了分析，克服了原有关联研究仅站在系统外部影响因素的角度进行分析的弊端。

从林业产业-林业生态安全复合系统的投入和产出角度对林业产业对林业生态安全的提升效率进行分析，目的是通过对林业产业及其三次产业的变动对生态安全的影响进行定量分析，为优化林业产业投入和提升生态安全水平提供理论依据。考虑到时间和区域等变动因素，使用 SBM 数据包络分析的方法，从静态角度对不同地区林业产业生态安全效率进行分析，同时根据效率值的区域分布情况对不同地区的林业产业投入带来的生态效益提升效果进行区划分析，实现对林业产业优化和林业生态安全的针对性调整，利于后续为林业产业政策的制定提供借鉴依据。

其三，从时间维度对林业产业生态安全效率值进行了动态分析，克服部分已有研究仅从区域角度进行静态比对分析的不足。

已有林业产业和林业生态之间的关联研究大多站在不同林区、不同省域的视角进行比对分析，难于体现由于时间推进带来的技术效率值的提升和林业产业技术进步情况。本研究基于 DEA-Malmquist 指数及分解计算公式对不同年度、不同区域(涵盖省级行政区的比较和东中西三大地区)的林业产业生态安全效率的动态变化及区域差异进行了分析。同时，将 Malmquist 指数分解为技术效率指数和技术变动指数，以更为全面、准确地分析效率变化的趋势及规律。

其四，系统性考虑了林业产业生态安全效率的内外部影响因素，避免了已有研究在优化林业产业和提升林业生态安全水平时对策的盲目性。

静态 SBM 模型和动态的 Malmquist 指数仅对林业产业-林业生态安全复合系统内部的投入和产出角度进行了效率测量，未考虑复合系统外部相关因素的影响。本研究借助 PSR 模型，从复合系统所处的外部环境对林业产业-林业生态安全复合系统所产生的经济发展的压力(P)、资源环境的质量与状态(S)和人类面对环境问题所采取的改进措施(R)等角度选取影响因素，对被解释变量(林业产业的生态效率值)限定在[0,1]之间的截尾数据基于 Tobit 模型进行回归分析。根据 Tobit 模型分析所得回归分析结果，从林业产业优化调整与林业生态安全水平提升两者协调发展的角度出发，借助多维动态创新模型构建了涵盖目标驱动、影响要素和参与主体的多层对策体系，并从政府宏观调控、产业中观规范、企业微观参与提升三个层面对影响因素进行系统分析，以期实现林业产业系统和林业生态系统之间的协调发展。

8.3 不足及展望

生态安全的研究目前处于初期阶段，并且与国家安全紧密相关，至关重要。然而，对于生态安全影响最重要的林业生态安全的研究仅处于起步阶段，特别是对于林业产业生态安全效率分析与定量测量尚有许多问题值得深入探讨。就本研究的内容而言，仍有以下问题值得进一步研究：

（1）投入产出效率分析的相关性问题

通过数据包络分析进行投入产出效率分析时，投入指标与产出指标之间应具有直接相关性。但对于林业产业的调整和林业生态安全之间的影响关系及投入与产出指标的选取是否具有直接相关性，相关研究并不多见。本研究在投入产出指标的选择过程中尽管参照了大量文献，具有一定的理论基础，但限于产业系统与生态系统之间的关联滞后性和多种不可控因素的影响，仍然存在主观判断的问题。需要在后续研究过程中对指标之间的直接关系进行深入研究。

（2）指标选取的局限性问题

由于林业产业和林业生态安全研究过程中涉及的范围广，功能结构复杂且研究成果数量有限，造成了指标选取受限，特别是部分指标限于数据获取难度，无法进行全国范围的系统性对照。因此，在后续的研究过程中需要加强指标数据的收集和整理工作，依托更加全面和准确的数据对林业产业生态安全效率进行更加准确的定量分析，以提高林业产业生态安全效率的理论价值和现实指导意义。

（3）区域性特点的可比性问题

由于林业产业的区域性特点非常强，受气候、地形、水源、林地种群等影响较大。进行 DEA 效率分析对比时，不同区域之间的可比性问题值得讨论。生态安全是系统性问题，受限条件很多，简单的效率对比并不一定能够说明问题的差异。后续研究中可以选取不同地区有代表性的林区数据进行比对，以提高分析结果的准确性和对策体系的针对性。

参 考 文 献

[1] AGRAWALA S, VAN A M. Adapting development cooperation to adapt to climate change[J]. Climate Policy, 2008, 8(2): 183-193.

[2] MARIA Å, KILPIÖ A, PELTOLA T. Institutional change from the margins of natural resource use: the emergence of small-scale bioenergy production within industrial forestry in Finland[J]. Forest Policy and Economics, 2010, 12(3): 181-188.

[3] Allenby B R, Erkman S. Industrial ecology: a strategic approach[J]. Journal of Industrial Ecology, 2001, 5(1): 81-93.

[4] ALTENBURG T, SCHMITZ H, STAMM A. Breakthrough? China's and India's transition from production to innovation[J]. World Development, 2008, 36(2): 325-344.

[5] AMSDEN A H. Asia's next giant: South Korea and late industrialization [M]. New York: Oxford University Press, 1989.

[6] SHPAK N, DAMARY R. Government support for the developing entrepreneurship in Switzerland and Russia with emphasis on forestry and forest-based industries [J]. Economy of Region, 2013: 171-179.

[7] BALDACCI E, CUI Q, CLEMENTS B J, et al. Social spending, human capital, and growth in developing countries: implications for achieving the mdgs[J]. IMF Working Papers, 2004, 4(217): 1.

[8] BARNEY G O. Ecological security: a "more imaginative" response involving youth[J]. ISYP Journal on Science and World Affairs, 2006, 2(2): 93.

[9] BARTELL S M, LEFEBVRE G, KAMINSKI G, et al. An ecosystem model for assessing ecological risks in Québec rivers, lakes, and reservoirs[J]. Ecological Modelling, 1999, 124(1): 43-67.

[10] BENITES J R, TSCHIRLEY J B. Land quality indicators and their use in sustainable agriculture and rural development[J]. FAO Land and Water Bulletin, 1997, 12(5): 2-6.

[11] BENNETT B M, KRUGER F J. Ecology, forestry and the debate over exotic

trees in South Africa [J]. Journal of Historical Geography, 2013, 42: 100-109.

[12] BINI C, GEMIGNANI S, ZILOCCHI L. Effect of different land use on soil erosion in the pre-alpine fringe(North-East Italy): Ion budget and sediment yield[J]. Science of the Total Environment, 2006, 369(1/2/3): 433-440.

[13] BOHLE H G. Vulnerability and criticality: perspectives from social geography[J]. IHDP update, 2001, 2(1): 3-5.

[14] CHENERY H B, ROBINSON S, SYRQUIN M, et al. Industrialization and growth: a comparative study[M]. New York: Published for the World Bank [by] Oxford University Press, 1986

[15] CLARK C. The conditions of economic progress[M]. London: Macmillan and co., limited, 1940.

[16] COSTANZA R, RUTH M. Using dynamic modeling to scope environmental problems and build consensus[J]. Environmental Management, 1998, 22(2): 183-195.

[17] DAI J. Ecological industrial structure: a new perspective for industrial development [J]. Chinese Journal of Population, Resources and Environment, 2004, 4(1): 53-58.

[18] DAR A A, AMIRKHALKHALI S. Government size, factor accumulation, and economic growth: evidence from OECD countries[J]. Journal of Policy Modeling, 2002, 24(7/8): 679-692.

[19] DE BENEDICTIS L, TAJOLI L. Trade structure and economic growth in small open economies: evidence from vector autoregression models[J]. The World Economy, 2008, 31(1), 32-51.

[20] NICHOLAS E BIRCH A, BEGG G S, SQUIRE G R. How agro-ecological research helps to address food security issues under new IPM and pesticide reduction policies for global crop production systems [J]. Journal of Experimental Botany, 2011, 62(10): 3251-3261.

[21] EDER N R. Ecological security in Northeast Asia[M]. Seoul: Yonsei University Press, 1998.

[22] FAO. Forest products yearbook 1989-2002[J]. FAO Static Series, 2003(12): 12-17.

[23] FÄRE R, GROSSKOPF S, LINDGREN B, et al. Productivity changes in Swedish pharamacies 1980-1989: a non-parametric malmquist approach[J]. Journal of Productivity Analysis, 1992, 3(1): 85-101.

[24] FEDER G. On exports and economic growth[J]. Journal of Development Economics,1983,12(1/2):59-73.

[25] FELTON A,BOBERG J,BJÖRKMAN C,et al. Identifying and managing the ecological risks of using introduced tree species in Sweden's production forestry[J]. Forest Ecology and Management,2013,307:165-177.

[26] FUSSLER C,JAMES P. Eco-irmovation:a breakthrough discipline for innovation and sustainability[M]. London:Pitman Publishing,1996.

[27] GERTLE N. Designing an industrial ecosystem[J]. Environmental Science & Technology,2004,38(6):4-6.

[28] GLENNA L L. Systemic constraints to ecological well-being:the case of the 1985 food security Act1[J]. Rural Sociology,1999,64(1):133-157.

[29] GREUNZ L. Intra- and inter-regional knowledge spillovers:evidence from European regions[J]. European Planning Studies,2005,13(3):449-473.

[30] HAKEN H. Synergetics:an introduction[M]. Berlin,Heidelberg:Springer-Verlag,1977.

[31] HAQUE M S. Environmental discourse and sustainable development linkages and limitations[J]. Ethics and the Environment,2000,5(1):3-21.

[32] Haskell B D,Norton B G,Costanza R. What is ecosystem health and why should we worry about it[J]. Ecosystem health:New goals for environmental management,1992:3-19.

[33] HELLSTRÖM T. Dimensions of environmentally sustainable innovation:the structure of eco-innovation concepts[J]. Sustainable Development,2007,15(3):148-159.

[34] HENSON P,THRAILKILL J,GLENN B,et al. Using ecological forestry to reconcile spotted owl conservation and forest management[J]. Journal of Forestry,2013,111(6):433-437.

[35] HIRSCHMAN A O. The strategy of economic development[M]. New Haven:Yale University Press,1958.

[36] HOFFMAN W. The stages of economic growth[J]. Economic Journal,1931,41(162),237-249.

[37] JAMES B. Research on institutional innovation of non-public forestry[J]. Forestry Economy,2004(252):14-15.

[38] JAMES P. The sustainability circle:a new tool for product development and design[J]. Journal of Sustainable Product Design,1997,2(2):52-57.

[39] JANSEN L. The challenge of sustainable development[J]. Journal of

Cleaner Production,2003,11(3):231-245.
[40] JOGO W,HASSAN R. Balancing the use of wetlands for economic well-being and ecological security:the case of the Limpopo wetland in southern Africa[J]. Ecological Economics,2010,69(7):1569-1579.
[41] JONG-WHA LEE. The impact of trade on economic growth:a case study of Taiwan[J]. Economic Development and Cultural Change,1995,43(2):341-360.
[42] JORGENSON D W,WILCOXEN P J. Global change,energy prices,and US economic growth[J]. Structural Change and Economic Dynamics,1992,3(1):135-154.
[43] L. Food security:an ecological-social analysis to promote social development[J]. Journal of Community Practice,2011,19(1):62-79.
[44] KALI R. Trade structure and economic growth:further empirical evidence. [J]. Journal of Economic Integration,2007,22(3),435-460.
[45] KENNEDY P. The rise and fall of the great powers[M]. New York:Random House,1987.
[46] KONDRATYEV,K Y. Ecological security of the baltic region countries[J] Vestnik Akademii Nauk Sssr,1989(4):120-124.
[47] KRAVETS P V. Specifics of the ecological management system development in forestry[J]. Marketynhi menedzhment innovatsii,2011(3):196-202.
[48] KULLENBERG G. Regional co-development and security:a comprehensive approach[J]. Ocean & Coastal Management,2002,45(11/12):761-776.
[49] KUZNETS S. Economic growth and income inequality[M]//The Gap between Rich and Poor. London:Routledge,2019:25-37.
[50] KUZNETS S. Economic growth of nations; total output and production structure[M]. Cambridge,Mass.:Belknap Press of Harvard University Press,1971.
[51] LEVIN V,RAUT L K. Exports and economic growth:evidence from the semi-industrialized countries[J]. World Development,1999,27(1),109-122.
[52] LI Y S,MEI B,LINHARES-JUVENAL T. The economic contribution of the world's forest sector[J]. Forest Policy and Economics,2019,100:236-253.
[53] LOWENTHAL E,KASTENBERG W E. Industrial ecology and the global economy[J]. Journal of Industrial Ecology,1998,2(2):79-91.
[54] LOWENTHAL M D,KASTENBERG W E. Industrial ecology and energy

systems: a first step[J]. Resources, Conservation and Recycling, 1998, 24(1): 51-63.
[55] MADELLA M. Droughts, food and culture: ecological change and food security in Africa's later prehistory[J]. Geoarchaeology, 2004, 19(8): 809-811.
[56] MALIN F, MKEN M. Human livelihood security versus ecological security: an ecohydrological perspective[J]. Stockholm International Water Institute, 2002: 37-41.
[57] MALMQUIST S. Index numbers and indifference surfaces[J]. Trabajos de Estadistica, 1953, 4(2): 209-242.
[58] MAZUMDAR D. Trade and growth: a reexamination[J]. Journal of International Trade & Economic Development, 1996, 5(2): 133-150.
[59] MCMAHON J P. International expectations for sustainable forestry: a view from the U. S. forest industry[M]//Planted Forests: Contributions to the Quest for Sustainable Societies. Dordrecht: Springer Netherlands, 1999: 329-338.
[60] MEADOWS D H, RANDERS J, MEADOWS D L. Limits to growth: the 30-year update[M]. Chelsea Green Publishing, 2013.
[61] MISCHE P M. Ecological security and the need to reconceptualize sovereignty[J]. Alternatives: Global, Local, Political, 1989, 14(4): 389-427.
[62] MISRA A K, LATA K, SHUKLA J B. A mathematical model for the depletion of forestry resources due to population and population pressure augmented industrialization[J]. International Journal of Modeling, Simulation, and Scientific Computing, 2014, 5(1).
[63] MORI K, SHINJO H, KATO A, et al. Comparison of different soil classification systems using 5 profiles from different forest ecosystems in Japan[J]. Pedologist, 2005, 49(1): 10-21.
[64] KEIKO M O R I, HITOSHI SHINJO, AYAKOKATO, et al. Comparison of different soil classification systems using 5 profiles from different forest ecosystems in Japan[J]. Pedologist, 2005, 49(1): 10-21.
[65] MUTENJE M J, ORTMANN G F, FERRER S R D. Management of non-timber forestry products extraction: local institutions, ecological knowledge and market structure in South-Eastern Zimbabwe[J]. Ecological Economics, 2011, 70(3): 454-461.
[66] NARKEVITCH I P. National and international-organizations activity for

ecological security[J] Khimicheskaya Promyshlennost,1988(5):310-313.

[67] NIQUIDET K. Revitalized? an event study of forest policy reform in British Columbia[J]. Journal of Forest Economics,2008,14(4):227-241.

[68] NORBERG-BOHM V. Stimulating "green" technological innovation: an analysis of alternative policy mechanisms[J]. Policy Sciences,1999,32(1):13-38.

[69] ODUM E P,FINN J T,FRANZ E H. Perturbation theory and the subsidy-stress gradient[J]. BioScience,1979,29(6):349-352.

[70] OKORE I K,TIJANI-ENIOLA H,AGBOOLA A A,et al. Impact of land clearing methods and cropping systems on labile soil C and N pools in the humid zone Forest of Nigeria[J]. Agriculture,Ecosystems & Environment, 2007,120(2/3/4):250-258.

[71] PASTOR J T,KNOX LOVELL C A. A global malmquist productivity index [J]. Economics Letters,2005,88(2):266-271.

[72] PENEDER M. Industrial structure and aggregate growth[J]. Structural Change and Economic Dynamics,2003,14(4):427-448.

[73] PETER S. The role of industrial ecology in sustainable development[J]. Journal of Cleaner Production,1997,5(1-2):75-81.

[74] QUIGLEY T M,HAYNES R W,HANN W J. Estimating ecological integrity in the interior Columbia River basin[J]. Forest Ecology and Management, 2001,153(1/2/3):161-178.

[75] RANÄNGEN H, ZOBEL T. Revisiting the "how" of corporate social responsibility in extractive industries and forestry[J]. Journal of Cleaner Production,2014,84:299-312.

[76] RAPPORT D J,FRIEND A M. Towards a comprehensive framework for environmental statistics: a stress-response approach[M]. Ottawa: Statistics Canada,May 1979.

[77] RAPPORT D J. What constitutes ecosystem health? [J]. Perspectives in Biology and Medicine,1989,33(1):120-132.

[78] RAPPORT D J,BÖHM G,BUCKINGHAM D,et al. Ecosystem health: the concept,the ISEH, and the important tasks ahead[J]. Ecosystem Health, 1999,5(2):82-90.

[79] RENNINGS K. Redefining innovation: eco-innovation research and the contribution from ecological economics[J]. Ecological Economics, 2000, 32 (2):319-332.

[80] RICARDO D. On the principles of political economy, and taxation[M].

London:J. Murray,1817

[81] ROSTOW W W. The stages of economic growth: a non-communist manifesto [M]. Cambridge[Eng.]:University Press,1960.

[82] RUITENBEEK H J. Distribution of ecological entitlements:implications for economic security and population movement [J]. Ecological Economics, 1996,17(1):49-64.

[83] SANO SABURŌ. Industrial structure and the allocation of investment[J]. Economic Research(in Japanese),1957(10):2-21.

[84] SCHAEFFER D J,HERRICKS E E,KERSTER H W. Ecosystem health:I. measuring ecosystem health[J]. Environmental Management,1988,12(4): 445-455.

[85] SINGANDHUPE R B,NANDA P,PANDA D K,et al. Analysis of water and food security scenarios for 2025 with the PODIUM model:the case of Agro-Ecological Region 12 of India[J]. Irrigation and Drainage,2008,57 (4):385-399.

[86] SMITH A. An inquiry into the nature and causes of the wealth of nations:a selected edition[M]. Oxford:Oxford University Press 2008(1776).

[87] SUREN R. Industrial ecology and sustainable development:an overview[J]. International Journal of Sustainable Development,2001,4(1):82-94.

[88] TAYLOR V. Ecological security:an evolutionary perspective on globalization[J]. Environmental Politics,2005,14(5):712-713.

[89] THIELE R M. A computable general equilibrium analysis for Cameroon[J]. Quart Inter Agricultural. 2004,(2):62-78.

[90] TOKUCHI N,TATENO R,FUKUSHIMA K. Influence of forest disturbance and test application of PNET model for determining long-term impact influences[J]. Japanese Journal of Limnology(Rikusuigaku Zasshi),2006,67(3):245-257.

[91] TONE K. A slacks-based measure of efficiency in data envelopment analysis [J]. European Journal of Operational Research,2001,130(3):498-509.

[92] TURYAHABWE N, BANANA A Y. An overview of history and development of forest policy and legislation in Uganda[J]. International Forestry Review,2008,10(4):641-656.

[93] VLEK P L G,LE Q B,TAMENE L. Assessment of land degradation,its possible causes and threat to food security in sub-Saharan Africa[M]//Food Security and Soil Quality. Boca Raton:CRC Press,2010:57-86.

[94] WADE R. Governing the market:economic theory and the role of government in

East Asian industrialization[M]. Princeton, NJ: Princeton University Press, 1990.

[95] WAHLQVIST M L, MCKAY J, CHANG Y C, et al. Rethinking the food security debate in Asia: some missing ecological and health dimensions and solutions[J]. Food Security, 2012, 4(4): 657-670.

[96] WEBB A J, KHALAFALLA A. Trade structure and economic growth in Malaysia: a VAR analysis[J]. Journal of Economic Development, 2001, 26(2), 59-71.

[97] WHITFORD W G, RAPPORT D J, DESOYZA A G. Using resistance and resilience measurements for fitness tests in ecosystem health[J]. Journal of Environmental Management, 1999, 57(1): 21-29.

[98] WOHIFAHRT G. The Swedish forest industry in the calycle[J]. Unsolved (FAO), 1996(187): 265-273.

[99] WUBET T, WEIß M, KOTTKE I, et al. Two threatened coexisting indigenous conifer species in the dry Afromontane forests of Ethiopia are associated with distinct arbuscular mycorrhizal fungal communities[J]. Canadian Journal of Botany, 2006, 84(10): 1617-1627.

[100] YAO X. The construction of an ecological civilization and the transformation of industrial structure[J]. China Industrial Economics, 2009(7): 5-12.

[101] 白俊红,江可申,李婧.中国地区研发创新的技术效率与技术进步[J].科研管理,2010,31(6):7-18.

[102] 曹红军.浅评 DPSIR 模型[J].环境科学与技术,2005,28(S1):110-111.

[103] 曹建华,王红英.林业政策模拟模型研究:一个分析的框架[J].江西农业大学学报,2005,27(4):602-606.

[104] 曹玉书,楼东玮.资源错配、结构变迁与中国经济转型[J].中国工业经济,2012(10):5-18.

[105] 曾福生,高鸣.我国粮食生产效率核算及其影响因素分析:基于 SBM-Tobit 模型二步法的实证研究[J].农业技术经济,2012,(7):63-70.

[106] 曾丽云,韦素琼.基于景观格局的福州 LUCC 与生态安全响应[J].福建师范大学学报(自然科学版),2011,27(4):138-142.

[107] 柴禾,奥德投资智利造林[J].世界林业动态,2003(22):45-48.

[108] 陈冰,吉生保.中国医药行业上市公司的绩效评价及影响因素:基于面板数据的 DEA-Tobit 实证研究[J].中央财经大学学报,2013(8):62-68.

[109] 陈飞翔,居励,林善波.开放模式转型与产业结构升级[J].经济学家,2011(4):47-52.

[110] 陈国阶.论生态安全[J].重庆环境科学,2002(3):1-3.

[111] 陈仕鸿，徐姝妤，欧阳泽拯，等. 中国工业污染环境治理投资与经济增长关系的实证研究：基于10省市面板数据的分析[J]. 科学决策，2015(2)：43-54.

[112] 丁枫华，吕森伟，刘术新. 基于生态足迹的丽水市区域生态安全演变特征[J]. 福建农林大学学报(自然科学版)，2012，41(2)：197-202.

[113] 丁贺，聂华，张颖. 中国林业产业结构演变趋势及弹性模型分析[J]. 世界林业研究，2014，27(2)：57-60.

[114] 丁贺，张颖，聂华. 基于动态偏离份额法的北京市林业产业结构和竞争力研究[J]. 江苏农业科学，2014，42(5)：412-415.

[115] 董沛武，张雪舟. 林业产业与森林生态系统耦合度测度研究[J]. 中国软科学，2013(11)：178-184.

[116] 董玮，田淑英，刘浩. 林业生态经济发展多维度公共政策选择与测度[J]. 中国人口·资源与环境，2017，27(11)：149-158.

[117] 董智勇. 世界林业发展道路[M]. 北京：中国林业出版社，1992.

[118] 段伟，马奔，孙博，等. 林业生态工程对山区减贫影响实证分析：一个结构方程模型(SEM)[J]. 干旱区资源与环境，2017，31(12)：8-12.

[119] 樊宝敏，李智勇，张德成，等. 基于人林共生时间的森林文化价值评估[J]. 生态学报，2019，39(2)：692-699.

[120] 范德成，李昊，刘贇. 基于改进DEA：以复相关系数为基准的滞后期的我国产业结构演化效率评价[J]. 运筹与管理，2016，25(3)：195-203.

[121] 范金，郑庆武，梅娟. 应用产业经济学[M]. 北京：经济管理出版社，2004.

[122] 房用，王淑军. 生态安全评价指标体系的建立：以山东省森林生态系统为例[J]. 东北林业大学学报，2007，35(11)：77-82.

[123] 傅一敏，涂成悦，刘金龙. 生态文明建设背景下地方林业"政策试验"的新尝试：以福建永安重点生态区位商品林赎买为例[J]. 环境保护，2017，45(24)：59-64.

[124] 高洪深. 经济系统分析导论[M]. 北京：中国审计出版社，1998：304-323.

[125] 耿玉德，张朝辉. 东北国有林区林业产业生态位演化因子提取与识别研究：基于态势感知可视化模型[J]. 软科学，2014，28(5)：90-94.

[126] 宫继萍，石培基，魏伟. 基于BP人工神经网络的区域生态安全预警：以甘肃省为例[J]. 干旱地区农业研究，2012，30(1)：211-216.

[127] 郭淡泊，雷家骕，张俊芳，等. 国家创新体系效率及影响因素研究：基于DEA-Tobit两步法的分析[J]. 清华大学学报(哲学社会科学版)，2012，27(2)：142-150，160.

[128] 郭跃芳. 生态文明进步与产业结构高级化：基于河南省的实证研究[J]. 生态经济，2017，33(1)：180-184.

[129] 韩晶.中国钢铁业上市公司的生产力和生产效率:基于DEA-TOBIT两步法的实证研究[J].北京师范大学学报(社会科学版),2008(1):119-126.

[130] 贺超,张晓旭,袁畅彦,等.我国国有林场盈亏能力分析:基于基本财务数据[J].林业经济,2014,36(11):17-21.

[131] 洪伟,闫淑君,吴承祯.福建森林生态系统安全和生态响应[J].福建农林大学学报(自然科学版),2003,32(1):79-83.

[132] 侯元兆,陆文明,于玲.智利林业考察报告[J].林业调查规划,2003(3):5-20.

[133] 户超,王洪翠,罗阳.P-S-R模型在海河流域湿地生态安全评价中的应用[J].水资源保护,2012,28(4):38-41.

[134] 黄莉莉,米锋,孙丰军.森林生态安全评价初探[J].林业经济,2009,31(12):64-68.

[135] 江飞涛,李晓萍.直接干预市场与限制竞争:中国产业政策的取向与根本缺陷[J].中国工业经济,2010(9):26-36.

[136] 姜钰,耿宁.林业产业结构与森林生态安全动态关系研究:以黑龙江省为例[J].中南林业科技大学学报,2017,37(12):163-168.

[137] 蒋敏元.把握系列特点特征 建立有中国特色比较发达的林业产业体系[J].中国林业企业,1996(4):4-8.

[138] 蒋昭侠.产权改革:产业结构有效调整的基石[J].上海经济研究,2005,17(2):79-83.

[139] 蒋峥.森林产业面临战略转变[J].林业经济文摘,1996(4):39-47.

[140] 金碚,吕铁,李晓华.关于产业结构调整几个问题的探讨[J].经济学动态,2010(8):14-20.

[141] 金相灿,王圣瑞,席海燕.湖泊生态安全及其评估方法框架[J].环境科学研究,2012,25(4):357-362.

[142] 巨乃岐.试论生态危机的实质和根源[J].科学技术与辩证法,1997,14(6):20-25.

[143] 雷加富.关于相持阶段的林业产业发展问题[J].绿色中国,2005,27(8):12-17.

[144] 李昂,赵天宇.基于生态敏感性评价的严寒地区林业村镇景观生态安全格局研究[J].中国园林,2016,32(3):85-89.

[145] 李波.大兴安岭地区林业产业结构调整的对策研究[J].绿色财会,2007(10):11-12.

[146] 李德一,张树文.基于DPSIR和RBF神经网络的哈大齐城市带生态安全评价[J].农业系统科学与综合研究,2010,26(4):401-406.

[147] 李光泗,沈坤荣.技术能力、技术进步路径与创新绩效研究[J].科研管理,

2003,23(1):1-4.

[183] 邵砾群,陈海滨,刘军弟,等.基于灰色理论的陕西省林业产业结构分析预测[J].西北林学院学报,2012,27(5):289-292.

[184] 沈坤荣,李震.供给侧结构性改革背景下制造业转型升级研究[J].中国高校社会科学,2017(1):64-73.

[185] 沈坤荣,徐礼伯.中国产业结构升级:进展、阻力与对策[J].学海,2014(1):91-99.

[186] 盛辉.习近平生态思想及其时代意蕴[J].求实,2017(9):4-13.

[187] 史亚楠,佟光霁.浅析城镇化建设中生态环境保护的问题及对策[J].农业经济,2013(8):45-47.

[188] 宋彩平,朱超平.基于投影寻踪模型的林业产业生态系统和谐性研究[J].林业经济问题,2015,35(3):262-267.

[189] 孙芬,吴涌泉,刘秀华,等.基于GIS的三峡库区土地生态安全评价:以丰都县沿江地区为例[J].中国农学通报,2012,28(8):240-247.

[190] 孙鸿烈,陈宜瑜,于贵瑞,等.国际重大研究计划与中国生态系统研究展望:中国生态大讲堂百期学术演讲暨2014年春季研讨会评述[J].地理科学进展,2014,33(7):865-873.

[191] 孙鸿烈,郑度,姚檀栋,等.青藏高原国家生态安全屏障保护与建设[J].地理学报,2012,67(1):3-12.

[192] 孙建.生态与产业互动 促进林业可持续发展[J].林业经济,2003,25(11):21-24.

[193] 唐怀民.澳大利亚、新西兰林业产业化的启示[J].安徽林业,2002,28(1):12-13.

[194] 陶金华,纳日碧力戈.明清时期清水江流域苗侗社会的林业生态补偿机制研究[J].中央民族大学学报(哲学社会科学版),2018,45(4):5-14.

[195] 万晖,饶勤武.转型时期中国产业结构优化的现实困境与出路研究[J].经济问题,2012(5):33-36.

[196] 王洪军,宫芳.森林资源培育利用中的问题及对策[J].森林工程,2004,20(4):14-15.

[197] 王立新,刘钟龄,刘华民,等.内蒙古典型草原生态系统健康评价[J].生态学报,2008,28(2):544-550.

[198] 王丽琼.基于超效率DEA-ESDA的中国生态效率时空格局分析[J].重庆师范大学学报(自然科学版),2015,32(5):152-157.

[199] 王树义.可持续发展与中国环境法治-生态安全及其立法问题专题研究[M].北京:科学出版社,2007.

［200］王晓磊，王成．城市森林调控空气颗粒物功能研究进展［J］．生态学报，2014，34(8)：1910-1921．
［201］王晓云，杨秀平，张雪梅．基于 DEA-Tobit 两步法的城镇化效率评价及其影响因素：从人口城镇化与土地城镇化协调发展的视角［J］．生态经济，2017，33(5)：29-34．
［202］王兆君．林业生态体系和林业产业体系协同运行的思考［J］．林业经济，2001，23(1)：40-45．
［203］魏彬，杨校生，吴明，等．海岛林业生态安全评价［J］．南京林业大学学报(自然科学版)，2010，34(4)：161-164．
［204］魏远竹，朱永法．产业结构调整与林业经济增长方式转变［J］．北京林业大学学报，2001，23(1)：72-75．
［205］吴远征，倪杰，董玉婷．基于多维动态创新模型的大学生创新创业提升策略［J］．实验室研究与探索，2016，35(2)：205-210．
［206］谢煜．林业生态与产业共生协调度评价模型及其应用研究［D］．南京：南京林业大学，2010．
［207］邢玉升，陈东旭．基于演化博弈的生态林业补偿机制研究［J］．哈尔滨商业大学学报(社会科学版)，2018(5)：77-87．
［208］熊立春，王凤婷，程宝栋．中国林业产业结构优化及其影响因素分析［J］．农业现代化研究，2018，39(3)：378-386．
［209］熊升银．中国城镇化的生态环境效应：基于工业污染治理投资视角的实证研究［J］．技术经济，2017，36(12)：86-90．
［210］徐美，朱翔，刘春腊．基于 RBF 的湖南省土地生态安全动态预警［J］．地理学报，2012，67(10)：1411-1422．
［211］闫淑君，洪伟，吴承祯．闽江口琅岐岛生态足迹分析［J］．福建农林大学学报(自然科学版)，2010，39(4)：421-425．
［212］杨继平．充分认识林业在全面建设小康社会中的光荣使命和艰巨任务［J］．中国林业，2003(9)：3-7．
［213］杨京平．生态安全的系统分析［M］．北京：化学工业出版，2002．
［214］杨佩卿．新型城镇化视阈下推进新农村建设的路径选择［J］．当代经济科学，2017，39(1)：105-112．
［215］杨倩倩，陈英，金生霞，等．西北干旱区土地资源生态安全评价：以甘肃省古浪县为例［J］．干旱地区农业研究，2012，30(4)：195-199．
［216］杨强．生态足迹视角下河南省新型城镇化发展的影响因素与对策研究［J］．中国农业资源与区划，2018，39(6)：116-121．
［217］杨清可，段学军，叶磊，等．基于 SBM-Undesirable 模型的城市土地利用效率

评价:以长三角地区16城市为例[J].资源科学,2014,36(4):712-721.

[218] 叶林,余江.中国工业化的进展、新情况和成功实现[J].武汉大学学报(哲学社会科学版),2014,67(2):117-125.

[219] 余吉安,聂森,江生生.中国林业产业的基本任务及顶层设计研究[J].生态经济,2015,31(5):88-92.

[220] 俞静,马瑞.我国盐业体制改革下食盐价格形成机制的研究:基于不同市场结构的分析[J].价格理论与实践,2016(6):92-95.

[221] 俞孔坚,游鸿,许立言,等.北京市住宅用地开发压力与城市扩张预警:基于阻力面的分析[J].地理研究,2012,31(7):1173-1184.

[222] 战国强.广东省森林生态体系布局调整与优化[J].广东林业科技,2015,31(4):112-115.

[223] 张大红.中国林业经济发展问题:基点·视角·途径[J].绿色中国,2005,27(1):24-28.

[224] 张广来,罗鹏,廖文梅.南方集体林区林业产业结构变化规律及其驱动机制研究[J].林业经济,2015,37(8):101-108.

[225] 张红丽,滕慧奇.林业生态安全预警测度与技术干预分析[J].科技管理研究,2017,37(19):246-252.

[226] 张继权,伊坤朋,Hiroshi Tani,等.基于DPSIR的吉林省白山市生态安全评价[J].应用生态学报,2011,22(1):189-195.

[227] 张建国,吴静和.现代林业论[M].北京:中国林业出版社,1996.

[228] 张捷,周雷.国际分工对产业结构演进的影响及其对我国的启示:基于新兴工业化国家跨国面板数据的经验分析[J].国际贸易问题,2012(1):38-49.

[229] 张晶,罗峰.旅游地生态安全评价:以杭州西溪湿地为例[J].广西社会科学,2012(3):64-67.

[230] 张礼涛.我国需求结构调整对经济波动影响的实证分析[J].统计与决策,2015,31(24):136-139.

[231] 张绍良,杨永均,侯湖平.新型生态系统理论及其争议综述[J].生态学报,2016,36(17):5307-5314.

[232] 张硕辅.全面加快水利改革发展 走治水利民强市之路[J].中国水利,2011(5):37-38.

[233] 张晓平,赵艳艳,金凤君,等.近25年来国内外可持续发展研究热点追踪:基于CiteSpace的文献计量分析[J].中国科学院大学学报,2022,39(1):55-63.

[234] 张晓琴,谢煜.县域城镇化发展:生态理念、耦合机理及其实现路径[J].农林经济管理学报,2016,15(6):727-734.

[235] 张幼文,薛安伟.要素流动对世界经济增长的影响机理[J].世界经济研究,2013(2):3-8.
[236] 张雨竹,王玉芳,宫力平.黑龙江省非木质林产品产业与林业产业结构关联分析[J].林业经济,2016,38(2):68-74.
[237] 张玉珍,李延风,段勇.闽江流域生态安全预警研究[J].福州大学学报(自然科学版),2012,40(1):132-137.
[238] 张智光.基于生态-产业共生关系的林业生态安全测度方法构想[J].生态学报,2013,33(4):1326-1336.
[239] 张智光.林业生态安全的共生耦合测度模型与判据[J].中国人口·资源与环境,2014,24(8):90-99.
[240] 张智光.实现产业与生态互利共生的林业绿色供应链模式研究[J].南京林业大学学报(自然科学版),2012,36(2):3-10.
[241] 章光新.东北粮食主产区水安全与湿地生态安全保障的对策[J].中国水利,2012(15):9-11.
[242] 赵科科,孙文浩.我国坝上地区可持续发展的城镇化路径探析:以张家口市沽源县为例[J].现代城市研究,2017,32(7):72-79.
[243] 赵正,高阳,卢琳琳,等.北京市林业产业结构的灰色动态关联分析[J].资源开发与市场,2014,30(8):929-933.
[244] 郑新立.转变发展方式是解决当前和长远经济社会发展问题的关键[J].宏观经济管理,2011(8):4-5.
[245] 郑宇梅,高纯一,雷光春.林业产业集聚水平与生态效率实证分析:基于中国15个省域面板数据的检验[J].经济地理,2017,37(10):136-142.
[246]《中国城市发展报告》编委会.中国城市发展报告-2015[M].北京:中国城市出版社,2016.
[247] 周岚,施嘉泓,崔曙平,等.新时代大国空间治理的构想:刍议中国新型城镇化区域协调发展路径[J].城市规划,2018,42(1):20-25.
[248] 朱君,胡增林.谈林业系统林产业组成结构及经营对象[J].内蒙古林业调查设计,2007,30(1):42-43.
[249] 朱曼,苏喜友.基于GM(1,1)模型的四川省林业产业结构预测[J].四川农业大学学报,2013,31(1):105-109.
[250] 朱翔,朱云,翟云波,等.长株潭地区水环境生态安全评价[J].湖南大学学报(自然科学版),2011,38(1):72-77.
[251] 邹长新,陈金林,李海东.基于模糊综合评价的若尔盖湿地生态安全评价[J].南京林业大学学报(自然科学版),2012,36(3):53-58.